[南非]唐·皮诺克、[南非]科林·贝尔 / 编　　刘洋、张弘兆杰 / 译

THE LAST ELEPHANTS
最后的大象

GUANGXI NORMAL UNIVERSITY PRESS

广西师范大学出版社

·桂林·

纳米比亚西北部适应了沙漠环境的大象构成了本书内容（贫穷的农村社会与野生动物之间经常存在的问题关系）的一部分。本书还研究了农村社会如何成功地融入到野生动物和旅游业中，使大象和人类能够和谐共处。

📷 海因里希·凡·登·伯格摄，纳米比亚西北部

"与世界上的任何地方都不一样，非洲会永远改变你。一旦你到了那里，你就再也不是原来的你了。但你如何向一个从未感受过它的人描述它的魔力呢？这片尘土飞扬的大陆最古老的道路是大象的小径，你如何讲述这片大陆的魅力呢？"

——布莱恩·杰克曼

"破坏环境的一代不是付出代价的一代，这就是问题的所在。"

————————

万加瑞·马塔伊

马丁·哈维摄，安博塞利国家公园和乞力马扎罗山

目 录

在非洲
每月、每周、每天
每15分钟到20分钟就有一只大象被偷猎

皮埃特·拉斯摄，肯尼亚安博塞利国家公园

斯科特·雷姆塞摄，津巴布韦 马纳波尔斯

  大象普查证实了我们许多人一段时间以来一直担心的事情——我们星球上最珍贵的物种之一即将在偷猎者、犯罪集团、军阀和贩卖者手中灭绝。

  我出生的时候，非洲有100万只大象。到2015年我的女儿夏洛特出生时，草原象的数量已经锐减到了35万只。以目前非法偷猎的速度，当夏洛特25岁时，非洲象可能会从野外消失。

  我们不能让这种事情发生。我不想成为看着这些标志性物种消失的一代，然后向孩子们解释为什么明明我们有工具取胜却输掉了这场战斗。

  我们有机会终止长期以来我们发出的关于野生动物产品的价值和吸引力的混杂信息的传播。我们需要非常清楚地表明，象牙是毁灭的象征，不是奢侈品，也不是任何人需要买卖的东西。我们必须说明，犀牛角不能治愈任何疾病，也不需要一个合法的市场。我们必须向世界发出一个信息，即买卖象牙、犀牛角或其他非法野生动物产品不再被接受。

  这场危机不仅关乎动物，还关乎人类。当他们的自然资源被非法和残酷地剥夺时，世界上最贫穷的一些人将会受苦。在世界上最脆弱的地区，当每周有两名管理员在战斗前线丧生时，受害的正是这些家庭。许多国家脆弱的民主制度正面临战争、暴力和腐败的威胁，而非法野生动物贸易为这些问题提供资金和燃料。

  我们无法挽回过去犯下的错误。但是我们能够而且必须为我们今天所做的决定承担道德责任。有时我们会感到无能为力，无法为我们极度关心的物种做出改变。但也有一些鼓舞人心的迹象：中国和美国已经禁止了国内象牙贸易，国际自然保护联盟也呼吁所有国家也这样做。一些国家焚烧或粉碎被没收的象牙。这些都是重要的措施，但进展缓慢，我们不能盲目乐观。

  《最后的大象》传达了许多来自不同领域但为保护非洲大象而努力的人们的信息。它收集了顶级野生动物摄影师的大量图片，这些图片是了解这些非凡生物的世界窗口。我希望这本书能鼓励我们保持压力，并迅速和有效地采取行动，以保护我们的自然遗产。

序 言

这本书的名字有预言性吗？我们不希望如此，但种种迹象令人担忧，值得深思。在非洲，每2万人就有一只大象；根据2016年的大象普查，大象数量不到45万只，远低于100年前的300万到500万只。在人类人口迅速增长的同时，大象的数量却直线下降。人象冲突和偷猎似乎不可避免，我们知道谁会赢得这些比赛。

写这本书最初是源于在开普敦喝咖啡时产生的一个想法。由迈克·蔡斯和凯利·兰登协调的2016年大象无国界组织的草原象普查结果刚刚公布，结果令人震惊。在非洲，平均每小时有3只草原象被杀死。再加上森林象，就是每15分钟就一只大象被射杀。

我们都很了解非洲，与非洲大陆有过多次接触，都喜欢大象。我们能不能通过叙述和摄影做另一种普查，招募当地每天处理大象问题的人们？这本书是我们自筹资金汇编的，我们无法支付他们薪水。他们会贡献自己的时间、语言和形象吗？我们写了一封电子邮件，选择整个大陆我们知道的与大象打交道的收件人，按下发送键，然后等待。

回复让人感到温暖和谦逊。每个人都看过普查结果，也像我们一样，非常担心。书中章节的作者来自各行各业：科学家、诗人、禁猎区守卫、积极分子、学者、旅舍老板和非政府组织的工作人员。顶尖的野生动物摄影师发来了他们的作品集，并附言：随你挑。

这个项目迅速扩大。每一章都是极品，所以我们不能拒绝。这些照片美极了，我们怎么能不用优质的再生纸、顶级的设计师和一流的打印机把它们放大呢？我们拼命地努力，一切尽力做到最好。大象值得我们为之努力。

这本书是对许多为大象的福祉而努力的人们的致敬，特别是那些每天为了野生动物而冒着生命危险的人们，尤其是野外管理员和反偷猎小组。

这本书也是对许多选择与大象共处而不是针对它们的许多非洲社区的感谢。

这本书还是对研究人员伊恩和欧利亚·道格拉斯－汉密尔顿、乔伊斯·普尔、辛西娅·莫斯、达芙妮·谢尔德里克、保拉·卡胡姆布、迈克·蔡斯、凯利·兰登、米歇尔·亨利、莎伦·平科特和许多其他人的致敬，他们是大象世界的珍妮·古道尔和戴安·弗西，把自己的一生献给了这些伟大、优雅和迷人的动物。

我们希望这本书能帮助实现两个愿望。第一，《濒危野生动植物种国际贸易公约》(*Convention on International Trade in Endangered Species of Wild Fauna and Flora*，简称 CITES) 缔约国大会将所有国家的所有大象都列入附录一，禁止大象或大象器官的跨国贸易。

第二，那些接收和使用合法或偷猎得来的象牙的国家（主要是中国*、越南、老挝和日本）严厉和强烈禁止象牙在其境内和网络平台上的贸易和使用。

大象的数量正在锐减。它们可能会灭绝。在它们生活过的许多国家，特别是在西非国家，大象数量的下降情况尤其严峻。它们需要并且值得我们保护。我们不能看着野象走向灭绝。这将对地球的生命结构造成可怕的、不可饶恕的伤害。如果我们以一种深刻而古老的方式失去了这些自人类诞生以来就一直与人类相伴的有智慧、有思想的动物，我们将会感到非常孤独。

唐·皮诺克、科林·贝尔

---

*中国已于2017年12月31日前全面禁止象牙贸易。——译者注

大象：
一场人类—动物的危机

伊安·麦卡勒姆博士

　　大象不仅仅是生态系统中的关键物种，也是一个指示物种，是反映所有其他野生动物命运的巨大灰色镜子。

　　如果我们不能保护这么庞大的动物，我们又怎么能保护那些小东西呢？

野生动物的未来和它们赖以生存的栖息地不能被简单地概括为一场动物危机。这是人类的危机，我指的是人性的危机。我认为，我们最大的挑战不仅是同人类犯罪行为作斗争，而且是同我们内心的敌人作斗争。内心的敌人有四种：人类的无知、人类的冷漠、人类的权利，以及最可悲的人类失败主义的愤世嫉俗的语言——我们对此无能为力……太迟了。

　　是时候好好审视一下我们自己了。是时候改变我们的语言以及用语言来改变我们和野生动物之间的联系和关系了。不要再说它们是非人类。野生动物是不同于人类的其他人。大的、小的、有鳞的和有羽毛的，它们存在于我们的血液和灵魂里。没有它们，我们会是谁，又会是什么？

📷 凯利·兰登摄，大象无国界组织，马米利国家公园附近

01

数大象

2016年公布结果的大象普查，且第一次对非洲大象进行的全大陆范围的调查，为评估整个大陆草原象数量的变化提供了基线。

迈克·蔡斯博士、凯利·兰登

大屠杀让我们感到震惊——我们在安哥拉东南部进行航测时，发现每四只象中就有一只死象。就在10年前，在2005年对安哥拉进行调查之后，我们对该地区的大象寄予厚望。在安哥拉内战结束后的18个月内，我们的统计和卫星追踪研究表明，大象正不断地返回该地区，再次回到它们祖先生活的地方。但到了2015年，它们又因为象牙而被屠杀。但是现在，屠杀不仅仅发生在安哥拉，而且发生在整个大陆。

作为大象普查的一部分，我们在24个月内飞行了近30万公里，2015年抵达安哥拉——我们调查的最后一个国家。世界现在知道了非洲草原象的悲惨处境的真相。大象普查由本章的作者之一、大象无国界组织的主要调查员迈克·蔡斯博士设计和领导，由慈善家保罗·加德纳·艾伦和他的妹妹乔迪资助。大象普查是对非洲草原象的首次联合调查。在这个涉及数十名大象研究人员、政府野生动物机构和保护组织的项目中，我们通过小型飞机和直升机进行航测，统计了18个国家的大象

数量。

大象普查的目标是准确地确定非洲草原象在大部分地区范围内的数量和分布情况，为政府和野生动物保护组织提供一个基线，以协调它们在整个非洲的保护工作。

尽管大象体型庞大，但要准确统计大象的数量并不容易，特别是大范围统计，更不用说统计整个大陆的大象数量了。对所有草原象进行普查是不切实际的，费用也极其昂贵，因此我们把重点放在每个国家最大和最密集的种群上，目标是统计整个大陆范围内至少90%的草原象数量。

在开阔的稀树草原和林地栖息地中，直接数大象是最常用的方法，在森林地区，数大象的标记（特别是粪便堆）是最典型的方法。考虑到大象普查的空间规模，我们使用了航测样本计数，这是非洲东部和南部调查非洲大象和其他野生动物时最常用的技术。

大象普查的调查由各个国家的合作研究组织或政府机构进行，所有调查小组均由经验丰富的调查员领导，遵循一致的标准。这些标准包括：

本书地图系原书插附地图

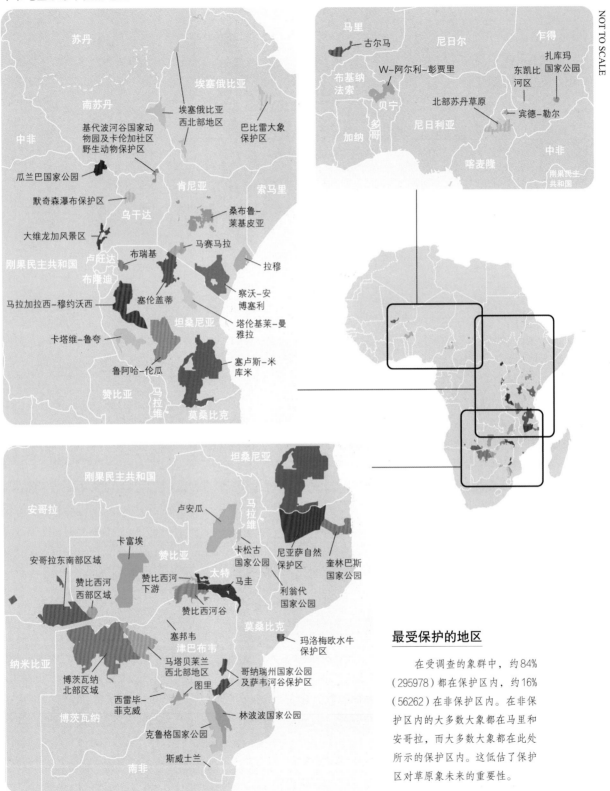

苏丹

南苏丹

中非

埃塞俄比亚

埃塞俄比亚
西北部地区

基代波河谷国家动
物园及卡伦加社区
野生动物保护区

巴比雷大象
保护区

瓜兰巴国家公园

默奇森瀑布保护区

肯尼亚

索马里

乌干达

桑布鲁–
莱基皮亚

大维龙加风景区

刚果民主共和国

卢旺达

布瑞基

马赛马拉

布隆迪

拉穆

马拉加拉西–穆约沃西

塞伦盖蒂

察沃–安
博塞利

卡塔维–鲁夸

坦桑尼亚

塔伦基莱–曼
雅拉

鲁阿哈–伦瓜

塞卢斯–米
库米

赞比亚

马拉
维

莫桑比克

马里

古尔马

布基纳
法索

W–阿尔利–彭贾里

贝宁

尼日尔

加纳

多哥

尼日利亚

喀麦隆

乍得

东凯比
河区

扎库玛
国家公园

北部苏丹草原

宾德–勒尔

中非

刚果民主
共和国

NOT TO SCALE

刚果民主共和国

坦桑尼亚

安哥拉

卢安瓜

马拉
维

卡富埃

安哥拉东南部区域

卡松古
国家公园

尼亚萨自然
保护区

奎林巴斯
国家公园

赞比西河
西部区域

赞比西河—
下游

太特

马圭

赞比亚

赞比西河谷

利翁代
国家公园

塞邦韦

莫桑比克

纳米比亚

博茨瓦纳
北部区域

津巴布韦

马塔贝莱兰
西北部地区

玛洛梅欧水牛
保护区

图里

哥纳瑞州国家公园
及萨韦河谷保护区

博茨瓦纳

西雷毕–
菲克威

林波波国家公园

克鲁格国家公园

斯威士兰

南非

最受保护的地区

在受调查的象群中，约84%
（295978）都在保护区内，约16%
（56262）在非保护区内。在非保
护区内的大多数大象都在马里和
安哥拉，而大多数大象都在此处
所示的保护区内。这低估了保护
区对草原象未来的重要性。

📖 大象无国界组织，https://peerj.com/articles/2354/

·使用最新技术，如 GPS 接收器和数码相机，核实群数，用录音器记录观察结果，用激光测高仪确保飞行高度在标准范围内；

·遵守规定的飞行参数（高度、速度、搜索速度），以降低观察员在调查期间遗漏大象的可能性；

·进行健全的调查设计，包括研究领域的适当分层和全面覆盖；

·使用经验丰富、训练有素的组员以及制定合适的调查计划表，将组员的疲惫感降至最低；

·采用合适的分析方法，估计大象数量和尸体比例。

除了南非的克鲁格国家公园，我们在所有地区都使用了固定翼飞机。按照过去的做法，在克鲁格使用直升机沿着排水系统对大象总数进行统计，使用直升机可以在公园崎岖的地形和茂密的植被中提高能见度。

在大象普查区域，用以下两种调查方法中的其中一种对每一层进行了调查：总计数，使用密集横断面对所有现有大象进行全面普查；或样本计数，统计某一层子集上的大象数量，然后推断整层的大象数量。大象普查调查的样本计数通常占某一层数量的 5%~20%。就样本计数而言，调查强度（实际抽样层的百分比）通常随着层中大象的预期数量的增加而增加。例如，在博茨瓦纳北部的调查中，大象种群特别密集的两个地区（生态系统西部的奥卡万戈三角洲和东北部的乔贝河地区）的调查强度最高。

在大象普查调查中，使用横断面进行的样本计数在目标海拔 91.4 米的飞机两侧有 150~200 米的标称带宽。横截面通常垂直于河流或生态梯度，以使横截面之间大象密度的变化最小化。在山区，我们使用的是块计数，而不是横断面计数。在飞行期间，观察员拍摄了较大象群的照片，以确保准确估计象群的大小。

除了统计活象的数量，我们还统计了大象尸体的数量。死象在几年内仍然可见，所以"尸体比例"（死象数量除以活象加死象数量的总和）与最近的死亡率相关。尸体比例经常被当作种群增长率的指标，比例 <8% 是过去 4 年中种群数量稳定或增长的典型特征，更高的尸体比例可能表明过去 4 年的死亡率超过出生率。调查小组还统计了其他大中型哺乳动物物种，包括牲畜。

大多数调查都是在当地旱季时进行的，那时天气晴朗，落叶树没有叶子，大象更加显眼。一些受调查的象群跨越了国界。在这种情况下，大象的季节性活动可能导致相同的大象在两个不同的国家被重复计算。为了避免在这些情况下发生重复计算，在大多数情况下，沿着国际边界进行调查的调查小组协调调查时间，以便大致同时计算两个国家的大象数量。

我们估计大象普查的草原象总数为 352271 只。博茨瓦纳的大象数量占总数量的 37%，津巴布韦（23%）和坦桑尼亚（12%）也有众多大象。博茨瓦纳和津巴布韦的大象密度最大，所有其他国家的大象密度低于每平方公里 1 只。我们还记录了 201 个偷猎者营地，估计在大象普查调查区域内有 339 万只牲畜。

整个大象普查的总尸体比例为 11.9%。尸体比例 >8% 通常表明种群数量下降。不同国家的比例差异很大，喀麦隆（83%）、莫桑比克（32%）、安哥拉（30%）和坦桑尼亚（26%）的比例最高，这表明这些国家和其他国家的大象数量在大象普查之前的 4 年里有所下降。安哥拉（10%）、喀麦隆（10%）、W- 阿尔利 – 彭贾里生态系统的贝宁西北部公园延伸地（3%）和莫桑比克（3%）的新鲜尸体比例最高，表明这些国家近期大象死亡率较高（见表格）。

在大象普查所涉及的大象总数中，在保护区内观察到约有 84%（295978），在非保护区内观察到的约有 16%（56262）。位于大象普查区域的保护区内的大象比例因国家而异。在马里和安哥拉，大多数大象分布在非保护区内，但在其他受调查的国家中，大多数大象分布在保护区内。所估算的大象数量中的绝大部分大象生活在保护区内——在9个国家中，我们观察到的所有大象都生活在保护区内。这低估了保护区对草原象未来的重要性，以及更好地保护它们的栖息地的必要性。

调查所涉保护区内的尸体比例为12%，非保护区内的尸体比例为13.2%，这表明在保护区和非保护区内的偷猎都很严重。高尸体比例还表明，在我们进行大象普查调查之前的4年中，保护区和非保护区的死亡率可能都超过了出生率。对于保护区而言，这传达的明确意思是，许多保护区未能充分保护大象免被偷猎和免受人象冲突的影响。

根据我们的记录，我们发现在肯尼亚东察沃国家公园北部（52%的尸体比例）、莫桑比克尼亚萨自然保护区（42%）、坦桑尼亚伦瓜禁猎区（36%）的尸体比例特别高，暗示着这里偷猎十分严重。这些保护区和其他保护区需要加强反偷猎措施，以确保它们不会成为大象的"纸公园"。同时，我们估计超过5万只草原象出现在非保护区。因此，在这些拥有众多大象的地区，加强保护也可以使该物种受益。

从历史趋势来看，1995年到2007年前后，大象数量正从20世纪80年代的偷猎大爆发中恢复（见右上方的图表）。此后，趋势发生了逆转，许多国家和整个大象普查调查区域的大象数量都出现了大幅下降。如果大象数量继续以我们估计的2010年~2014年的8%的速度下降，则大象普查调查区域每9年将会失去一半的草原象。有些种群可能会灭绝，特别是在马里、乍得和喀麦隆等草原象种群小而孤立的国家。

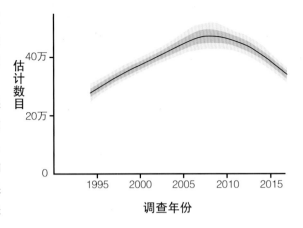

1995年~2016年大象普查调查区域的大象数量变化趋势。

我们几乎可以肯定，大幅下降是因为偷猎造成的。大象偷猎在过去的5~10年间大幅增加，尤其是在东非和西非。据估计，在2010年~2012年间，有高达10万只大象被猎杀。我们的趋势模型显示，根据这3年的历史数据，大象普查区域中的大象数量减少了79413只。同样，对截获的象牙进行的基因分析表明，莫桑比克和坦桑尼亚是草原象象牙的主要来源国。根据我们的趋势模型，截至2014年，这两个国家的大象数量分别以每年14%和17%的速度下降。在我们的数据集中，大象数量下降速度第二快的国家刚果民主共和国也是象牙的主要来源国。

大象密度

- ☐ 0
- 0.01~0.5
- 0.5~1.0
- 1.0~2.0
- 2.0~3.0
- 3.0~8.7

```
0    500    1000    1500 km
```

毛里塔尼亚　马里　尼日尔　乍得　苏丹　厄立特里亚
塞内加尔
亚
比绍　几内亚　布基纳法索　贝宁　尼日利亚　南苏丹　埃塞俄比亚
塞拉利昂　科特迪瓦　加纳　多哥
利比里亚　喀麦隆　中非　肯尼亚　索马里
赤道几内亚
加蓬　乌干达
卢旺达
刚果　刚果民主共和国　布隆迪
安哥拉　坦桑尼亚
安哥拉　马拉维
赞比亚　莫桑比克
津巴布韦
博茨瓦纳　马达加斯加
南非　斯威士兰
莱索托

大象普查

大象普查预计种群数量及尸体比例国别表					所有尸体		新鲜尸体	
国家	大象数量（头）	标准误（SE）	95% 尸体计数（CI）	密度（头/km²）	比例（%）	标准误（%）	比例（%）	标准误（%）
安哥拉	3 395	797	1 778~5 012	0.08	30.0	2.2	10.4	1.7
博茨瓦纳	130 451	6 378	116 957~14 2043	1.28	6.9	0.2	0.1	0.02
喀麦隆	148	84	12~313	0.01	83.4	4.4	10.3	8.4
乍得	743	0		0.08	17.4	0.0	0.1	0.0
刚果民主共和国	1 959	150	1 773~2 254	0.21	1.4	0.2	0.0	0.0
埃塞俄比亚	799	0		0.02	0.2	0.0	0.1	0.0
肯尼亚	25 959	1 805	22 421~29 497	0.3	13.0	0.7	0.9	0.2
马拉维	817	0		0.27	2.0	0.0	0.5	0.0
马里	253	0		0.06	10.0	0.0	0.0	0.0
莫桑比克	9 605	1 018	7 610~11 600	0.1	31.6	1.1	3.0	0.5
南非	17 433	0		0.88	n/a	n/a	n/a	n/a
坦桑尼亚	42 871	3 102	36 792~48 950	0.16	26.4	0.7	1.0	0.2
乌干达	4 864	1 031	2 843~6 885	0.44	0.5	0.2	0.0	0.0
西非	8 911	1 299	6 366~11 457	0.3	9.4	0.1	3.2	0.1
赞比亚	21 759	2 310	17 232~26 289	0.26	4.5	0.4	0.1	0.1
津巴布韦	82 304	4 382	73 715~90 893	1.2	7.8	0.3	0.4	0.1
总计	352 271	9 085	334 464~370 078	0.39	11.9	0.2	0.6	0.05

大象无国界组织 / https://peerj.com/articles/2354/

　　调查的范围很广：24个月内在18个非洲国家来回奔波，跨越近30万公里。目标是确定非洲草原象在大部分地区范围内的数量和分布情况，为政府和野生动物保护组织提供一个基线，以协调他们在整个非洲的保护工作。

为进行大象普查，大象无国界组织的迈克·蔡斯博士（左）和凯利·兰登（右）已经在小型飞机上花了数百个小时数大象。

所偷猎的象牙频繁来自尼亚萨（莫桑比克）和塞卢斯（坦桑尼亚）生态系统。在这两个生态系统中，大象数量在过去10年中减少了75%以上。因此，非法象牙贸易似乎是最近草原象数量趋势的主要驱动因素。

偷猎并不是影响大象数量的唯一人为因素。在调查中我们观察到的大量牲畜表明大象和人类之间的冲突是普遍存在的。到2050年，12个大象普查国家的人口预计将增加一倍，其中许多国家的大象数量已经很少，很容易受到偷猎和栖息地丧失的影响。随着人口的增长，人类与大象之间的冲突也可能会增多，导致大象死亡，栖息地变成农业用地或发生火灾，甚至可能导致大象种群灭绝。

大象普查揭示了不同地区草原象处境的巨大差异。在非洲西部和中部的一些国家（例如乍得、喀麦隆、马里和刚果民主共和国），草原象的数量少，又处于孤立状态，而且由于偷猎和人口增长，大象数量还在减少。分布在尼日尔、布基纳法索和贝宁边界上的W-阿尔利-彭贾里种群是西非或中非唯一的草原象群，有2000多只大象。近年来，W-阿尔利-彭贾里生态系统中的大象数量有所增加，但所记录的新鲜尸体高比例可能是一个警示信号，表明偷猎增加尚未显著影响大象数量。

在东非，莫桑比克和坦桑尼亚的大象数量大幅下降。虽然这两个国家的大象数量仍然相对较多，但偷猎对它们的数量还是产生了重大影响。东非其他地方（包括肯尼亚、乌干达和马拉维）的象群最近展示了更加积极的趋势，表明偷猎危机似乎并没有对所有东非国家产生同样的影响。在非洲南部，博茨瓦纳、南非、赞比亚和津巴布韦这四个国家的大象数量相对较多，最近有增加的趋势，或不显著的下降趋势。非洲南部的偷猎活动比非洲其他地区都少。然而，安哥拉是个例外，该国的尸体比例极高，新鲜尸体数量众多，表明偷猎活动猖獗。

大象普查是首次对非洲大象进行的大陆范围的调查。这些结果将作为评估整个非洲草原象数量变化的基线。由于大象数量变化很快，应定期进行像大象普查这种规模的调查，以衡量数量趋势和保护措施的有效性，确定面临灭绝风险的种群。未来的调查还可能发现干旱和气候变化等新出现的威胁。

理想情况下，这项调查的结果将鼓励非洲和世界各地的人们保护大象种群。大象普查的初步结果已经促使莫桑比克和坦桑尼亚政府采取新的措施来稳定大象数量。非洲草原象的未来最终取决于政府、保护组织和人民打击偷猎、保护大象栖息地和缓解人象冲突的决心。超过35万只大象仍生活在非洲草原上，但由于许多地区的大象数量锐减，需要我们采取行动来扭转大象数量持续下降的趋势。

小组从博茨瓦纳的基地出发，带着摄像机和计数器在大陆来回奔波。他们的发现让人深感不安。

"戴着面具的灰色面孔和古老的生命力量背后隐藏着神秘，这种神秘微妙而有力，令人惊叹和着魔，它控制着通常只有山峰、大火和大海才有的寂静。"

————

彼得·马西森

📷 塔米·沃克摄，津巴布韦·维多利亚瀑布区域

蒂埃里·普里尔摄，博茨瓦纳 乔贝

02

大象为何重要

为了唤醒智慧，
为了感知野生之源，
为了找到你的声音，
高声说出来，
让人类为大象发声。

伊安·麦卡勒姆博士

2012年，在荒野基金会（the Wilderness Foundation）及其美国姊妹组织野生基金会（the WILD Foundation）的支持下，我和我的好友伊恩·米切勒在南非进行了5000公里的探险。这次探险的总体目标是强调和支持走廊保护倡议，使野生动物能够跨越国际边界与邻近的野生栖息地相联系。

我们把这次探险称为"巨人之路"，沿着古代和现在的象群迁徙路线，我们步行、划船和骑自行车穿过纳米比亚、博茨瓦纳、赞比亚南部、津巴布韦、莫桑比克和南非。推广"走廊保护"的概念固然重要，但同样重要的是注意和探索那些最终将保护和维持实际地理走廊的人们的"思想走廊"。显然，与地理走廊和保护区相连的人类社区的信任、尊重、所有权以及知识和经济赋权对这些倡议的未来至关重要。

我从这次探险中获得了许多见解，其中一个让我想起了我很久以前作为一名精神病学家学到的一个教训：永远不要低估你的病人的智慧，在

本实例中，永远不要低估当地人民的智慧。

我们的旅程结束之后，我们探险的另一个更私人的原因才开始浮现。它是围绕着一个问题的答案显现的。我们向农民、野生动物导游、地区酋长和小学生提了这个问题：你能想象一个没有大象的世界吗？一个反复出现的答案是"不能想象"。

还有一些问题：我们要怎么跟孩子们说？这是对人类的控诉！每个答案都与我内心深处的某种东西产生共鸣……每个答案都是更深入的问题的催化剂：如果世界上没有大象，我们会是谁，会是什么？它们的灭绝会对人类产生什么影响？失去这种动物会给景观、其他物种生态（昆虫、鸟类、哺乳动物、植被和树木……）和人类的心灵带来什么样的影响？野生动物和（在本实例中）大象在人类的故事中扮演着什么角色？如果它们的角色毫无意义，为什么那么多人成为保护它们的积极分子？会不会是它们是我们作为人类的认同感所固有的呢？

逃离洪水

　　纵观历史，在非洲的传统和民间传说中，大象扮演着重要的角色。许多人相信它们是古代酋长转世，作为草原和森林的酋长继续存在。在赞比亚西部，大象是权力的象征，洛兹的大酋长利通加的船上有一座大象雕塑。每年，在赞比西河的3月或4月洪水到来之前，备受期待的孔博卡（"逃离洪水"）仪式都会庆祝利通加从他开阔平原上地势低洼的夏日之家搬到地势较高的冬日之家。

约尔格·勃特林摄

保护问题是很情绪化的，也应该情绪化。正是因为我们愤怒，因为我们悲伤，因为我们不会对那些无法发声的动物的命运漠不关心，所以我们才成为积极分子。一想到大象或犀牛或穿山甲以目前的速度被屠杀，我们就会感到愤怒，有时甚至绝望。

别忘了，公平竞争不仅是人类完整性的本质，也是其他灵长目动物的社会进化的完整性的本质。如果我们无法感受别人的命运和处境，无法换位思考，那么我们人类的社会制度就会瓦解。好好想想吧。那时没有道德和个人伦理，没有是非意识，没有怜悯。生物学证据很有说服力。

现代哺乳动物的皮层——更确切地说是前额叶的皮层——是特化细胞镜像神经元的家园。没有这些细胞，我们就无法模仿或解读他人的肢体语言、意图和情感。就个人和社会而言，这些神经元对我们生存的重要性是显而易见的。能够模糊地"解读"他人、对手、朋友、人际关系中的给予者和接受者的意图和情感，对于决策制定、前进还是后退都是至关重要的。我们的生存取决于它。这种能力只有人类才有吗？答案是否定的。

得益于美国神经科学家贾亚克·潘克塞普的工作，我们可以证实我们长期以来一直怀疑甚至目睹的一切。我们与所有哺乳动物共享产生愤怒、恐惧、恐慌、鼓励和欲望情绪的神经回路，以及与玩耍有关的情绪回路。如果没有镜像神经元，那么这个通常被嘲弄的词语"拟人论"（将人类的情感投射到动物身上的行为）就不可能存在。我们无能为力，我们天生就会这样做。这就是为什么我们能够为无声者发声。

除了极少数例外，人类是一种道德动物。大象或狮子的愤怒不亚于我们的愤怒，精神崩溃的动物的绝望不亚于精神崩溃的人类的绝望。

回到本章的标题——大象为何重要，这个标题把我带到了一个叫作保护心理学的不断扩大的环境思考领域的中心。这个领域有理论和实际应用，至少解决两个重要问题：人类在自然中的地位是什么？自然在人类中的地位是什么？同样重要的是，它注重环境教育，我认为最重要的好处之一是：帮助人更好地理解自然世界和人类身份之间的联系。作为一个物种，我们不可能在我们的关系（不仅是人与人之间的关系，还是人与风景、动物、植物、昆虫和生物圈本身的关系）之外定义我们是谁和我们是什么。对于我来说，没有人性这个东西，只有自然和它的人类表达。每一个生物都以它自己的方式来表现和表达自然。

那么大象为何重要呢？它们重要，因为就像任何野生动物一样，它们的生命在生物学上和历史上都与我们的生命联系在一起。它们与人类共享了90%以上的基因组。因为它们是大象，因为它们在人类中所代表的意义，所以它们重要。它们激起了我们的情感。它们在我们的故事、民间传说、神话和语言中活灵活现。它们存在于我们的语言和隐喻中："房间里的大象"（指显而易见而又被忽略的事实），"白象"（指昂贵却无用的东西），有"像大象一样的记忆"（指记忆力好）。

如果人类是会讲故事的动物，那么故事中的动物就是人类故事的一部分。它们存在于我们的血液和灵魂里。它们之所以重要，是因为大象危机就像所有环境危机一样，是我们每个人的危机。这是一种性格上的危机，要么行动起来，要么转过头去。我们之中有谁愿意被打扰，愿意为无声者发声呢？

我们不能忘记，大象危机，就像犀牛危机一样，不是一场动物悲剧，而是一场人类—动物悲剧。《卫报》2016年12月的一篇文章标题是"又一天，又一个野生动物管理员死去"。这些统计数据令人不寒而栗。在非洲，"在过去的十年里，每周有2到3名管理员因公殉职……超过1000人"。想想受到死亡事件影响的家庭所遭受的巨大损失，想想他们的同事、他们的恼火、愤慨和绝望，想想那些把酒精作为麻痹绝望的药物的管理员们。他们的损失就是我们的损失，他们的绝望就是我们的绝望。我们也许是地球上最有效的动物捕食者，但我们也能成为地球上最有效的保护者。

你可能会问，为什么强调大象的重要性？为什么不是犀牛？为什么不是金龟子？为什么不是世界上的海洋和森林？我之所以选择大象，不仅仅是因为这些标志性物种现在遭到了惊人的屠杀（我们现在每小时会失去两到三只大象，只为获得象牙），还有另外两个原因。第一个原因是它们在其生活的生态系统中是关键物种。第二个原因是它们的象征意义（保持它们在人类心中的位置）：它们代表着什么，它们会告诉我们关于我们自己的什么东西。对于我来说，它们是巨大的灰色镜子，反映了世界野生动物物种的命运。

我给你留一个问题。如果我们不能保护这么庞大的动物，我们又怎么能保护地球上那些体型更小、魅力更小的物种呢？我希望这个问题不会被解读为一个需要答案的要求，而被解读为个人挑战。

最后，我们可以从野外和大象身上学到很多关于我们自己的东西。我在本章的开头为它们，也为大象无国界组织的创始人迈克·蔡斯和凯利·兰登写了一首诗。对他们来说，大象很重要。

如果大象去世后只留下牙齿碎片，
那么，关于大象，我们该告诉孩子们什么呢？

📷 彼得·查特威克摄

"我担心当夏洛特公主25岁的时候，非洲象已经从野外消失了。"

———

剑桥公爵威廉王子

約翰·沃斯鲁摄；南非 阿多

⊙ 谢姆·孔皮恩摄，肯尼亚 安博塞利

03

想象非洲的大象

我们也许不知道古代非洲人民对大象的真正看法，但我们知道，他们以最原始的表现形式描绘着大象。

丹·伟利

大约500万年前，南非西海岸比今天更为青葱翠绿，一场骤发的洪水将无数动物埋在了泥土中：剑齿虎、非洲熊和短颈长颈鹿的骨骼构成了上新世最丰富的化石矿床之一。

这些标本中有一个早期的四牙象物种，属于嵌齿象科，它的后代进化成现代大象的三个主要属。400万年前，亚平额猛犸象生活在该地区，两次迁徙到欧洲和亚洲，建立了猛犸象和今天的亚洲象家族谱系。非洲象留在了非洲。大约13万年前，这些巨兽中，一只大象的象牙脱落并且变成了化石，最终在德班北部出土。[1]这些近代大象与人类共同进化。一些人类学家推测，如果大象没有在人类之前走出非洲，那么人类就不可能走出非洲。人类和大象的历史从记忆开始时就深深地缠绕在一起——因此，它们存在于我们不断发展和多样化的艺术形式中。

如今，人们可以看到朗厄班韦赫西海岸沉积

物的化石：曾经鲜活、可食用、好斗、可繁殖的动物的残骸，现在被小心翼翼地保存在一层树脂之下。与化石一样，殖民地时期前的故事往往是从原始情境中提取出来的，但失去了现场表演的活力。部分古老的口语含义丢失了，但也有部分以文字的形式被重新加工：存档，复述，在有大量插图的书籍、简化的旅游手册和网站上再版。

我们也许不知道古代非洲人民对大象的真正看法，但我们知道，他们以最原始的表现形式描绘着大象。这些分布在尼罗河到林波波省的岩石艺术，第一次清楚地表现了人类对这些巨兽的敬畏。利比亚南部曾经是一片草木繁茂的湿地，玄武岩石板上刻着旋涡形的大象蚀刻，独具一格并且精确，看起来十分现代，尽管它们可以追溯到4000~7000年前。

跳过无数中间例子，南部非洲的岩画也表达了对大象的高度尊重。

"由于人类的开发和干扰，大象和犀牛等物种不得不为生存而斗争，这让人无法接受，我们必须竭尽全力扭转这种可怕的局面。我们必须对这个问题负责，找到解决方案。如果犀牛和大象灭绝，这将是对人类一个非常可悲的控诉，如果我们不采取行动，那一天将比我们想象的来得更快。"

———

大卫·爱登堡

津巴布韦穆托科洞穴墙壁上那幅与实物大小相当的绘画、从卡鲁半沙漠到纳米比亚推菲尔泉的"乌菲兹岩石艺术画廊"的蚀刻、塞德堡的精美绘画证明，这些观察肯定是建立在终生联系的基础之上，以及在许多情况下，建立在图腾识别的基础之上。

并不是所有的联系都是友好的：大象曾经是并且现在也是危险的。猎杀一只成年大象是极具勇气的标志，并且可获得丰硕的物质成果。这种猎杀可能比普通猎杀更具机会主义色彩，偶尔也具有仪式感。然而，一些岩石艺术描述了大象被赶进陷阱坑内，或被弄得精疲力竭，身上插着长矛，然后被猎杀的情形。其他表现形式似乎与迷幻舞或将动物力量灌输给人类的相关方式有关。语言学家威廉·布莱克19世纪70年代在开普敦所记录的布须曼民间传说或库库米中这样写道：

一只大象把她背上的小跳羚带走了，而螳螂正在洞里挖食物。螳螂从洞里呼唤小跳羚，但小跳羚没有回应他，而是小象回应了他，声音并不友好。螳螂以为这是因为他从洞里扔出来的土卡住了小跳羚的喉咙。

螳螂从洞里探出身子，想看看为什么小跳羚的喉咙能发出这种声音。他发现了躺在那里的小象，身上有从洞里扔出来的泥土，他打了小象，把小象打倒在地，然后杀死了小象。螳螂通过气味追踪这只死去的大象，但是他决定回家告诉他的妹妹（蓝鹤）关于小跳羚被偷的事情。妹妹责骂他睡在洞里，致使他没听见发生了什么事。

螳螂索要了一些食物，这样他就可以跟着大象到它的地方。他告诉他的妹妹，要留心风什么时候从另一边吹过草地，因为那时他将带着小跳羚回来。他找到了大象的房子，看到了正在和大象的孩子们玩耍的小跳羚，他大声喊了小跳羚。大象看到螳螂来了，就把小跳羚吞下去了。螳螂要求大象把小跳羚还给他，螳螂进入大象的肚脐，把大象绑在背上的小跳羚抱了回来。其他人试图刺死螳螂，于是他从大象的鼻子里出来，飞走了，把孩子还给了他的妹妹。[2]

很难解释这样一个拥有错综复杂的家庭关系、神奇的事件和一个狡猾的欺诈之神的故事。但这样的故事在整个非洲大陆代代相传，有些甚至有着惊人的准确性和稳定性。谁知道这段美妙隐喻的布须曼认知有多古老呢？

"高大的金合欢啊，你枝繁叶茂，绿得发亮，宽大的叶子完全展开。"

布莱克也只在19世纪70年代记录了这一点。[3]

在许多情况下，入侵者一直认为，从阿拉伯到英国的民间传说，都是从像化石一样的遗迹，或者说真实的"原始"印记——演变成丰富多彩的现代传说。例如，为了当前的生态目的，数百种儿童读物重新包装了古老的故事，注入了可能与原始版本完全不同的关系和情感。

撒哈拉沙漠的干涸，加上帝国主义的势力，导致大陆分裂成以阿拉伯为主导的北部和以欧洲为主导的中部和南部。早在罗马帝国时期，北部的象群就灭绝了，战争是其中一个原因。基督教时代以前的埃及托勒密王朝像汉尼拔一样利用和描绘非洲战象。然而，在基督教时代，与大象的联系和关于大象的知识几乎从欧洲意识中消失了。罗马镶嵌画中的精确描绘在整个中世纪和文艺复兴时期被古怪的混合物所取代，直到18世纪，帝国探险队开始把圈养的大象带到欧洲，作为动物园的标本或给皇室的礼物。艺术在观察中变得更加充满现实主义和经验主义。

尽管殖民时期前的人类并不能消灭大型哺乳动物，但众所周知，帝国主义者抵达了撒哈拉以南的非洲，加上他们混乱的慈善事业、对物质掠夺的渴望和对土著社会的普遍蔑视，给大象带来了厄运。在美国和俄罗斯北部，土著猎人可能是导致另一种大象即猛犸象灭绝的致命原因，但携枪的欧洲人的到来则完全不同。起初，少数猎人遇到大量的动物，以至于他们认为这些动物资源似乎取之不尽用之不竭。但就像北美的野牛和旅鸽一样，这些动物资源并不是取之不尽用之不竭。

虽然开阔的稀树草原特别容易受到旅行和屠杀新技术的影响，但西非和中非的森林象也并没有幸免。约瑟夫·康拉德的中篇小说《黑暗的心》（1902）描写了比属刚果唯利是图的疯狂丛林象牙商人库尔茨，这只是掠夺行为的一个文学证明。

象牙是一种激励物——经常用于人类奴隶贸易（康拉德）。矛盾的是，精美的艺术是摧毁大象而产生的结果，从科伊桑的臂章到欧洲的钢琴键和袖扣，再到日本的坠子，再到今天印度尼西亚的宗教神龛。由最古老、最可锻的材料之一制成的漂亮人工制品无疑丰富了人类文化，但这伤害了大象。

这些帝国冒险催生了两种文学流派：游记和狩猎记事。这些备受欢迎、通常配有插图的出版物旨在刺激欧洲足不出户的冒险家，它们形成了相当具体的共性，也表明了态度，这些态度继续影响着现代人们实际对待大象的态度。早期旅行者的动机很复杂：或是纯粹出于好奇心，观察他们可以观察的地方和人们；或是作为渴望自然资源的经济企业家的侦察员；有时还自称是致力于增加科学知识的博物学家。这一研究并不排除销毁大量科学标本的可能性。这些早期旅行者对大象的描述最初受到了中世纪神话的影响，当时中世纪神话正在无知的欧洲流传，他们忽视了大象的生态功能或社会动态。大象之所以迷人，只是因为它们奇特庞大的体型，以及作为各种近乎致命的冒险和灾难的载体。弗朗索瓦·勒·瓦兰特在他1794年的《游记》中定下了基调；后续描述只是对这种态度的一个补充说明：

我开始享受狩猎的乐趣：通过实践，我发现狩猎的趣味性多于危险性。我永远也不明白，后来更加不明白，为什么作者和旅行者用如此多关于这种动物的力量和诡计的谎言来充实他们给我们讲的故事。为什么他们会激发读者对追捕大象的猎人所面临的危险的想象呢？

事实上，如果有人愚蠢和鲁莽到在空旷的乡村攻击一头大象，如果他没有打中，那么他就会死掉。他的马的最快速度永远也比不上那追着他跑的狂怒的敌人的小跑速度。但是，如果猎人知道如何利用他的优势，动物的所有力量都不及他的聪明才智和冷静的头脑。[4]

狩猎记事在19世纪特别受欢迎，尤其是在非洲东部和南部（尽管德国、法国和葡萄牙的猎人也在他们各自的帝国领土上狩猎）。至少在英国文学中，戈登·卡明、昌西·休·斯蒂甘德和弗雷德里克·科特尼·塞卢斯是许多以写作和演讲为生的猎人作家中最有名的。

他们中的许多人都有军事背景。文中写道：

我们刚从竹林茂密的陡峭山坡上下来，穿过山中急流。当我们听到身后山坡上传来了一声巨响时，我们正慢慢地爬上山谷对面的峭壁。我们回头一看，一开始只看到竹子，旁边有某个看不见的东西在移动。树丛不时会颤动一下，树干的顶端会下弯，发出噼啪声，然后消失不见。

透过眼镜，我可以分辨出到处都有不断往上伸的黑色象鼻，为了够着高处的树枝。偶尔还能瞥见竹林间的部分黑色躯体。看了一会儿后，我认出是象群右边的三只公象。

我知道我很可能再也见不到它们了。曾经我把车停在山坡上，仔细查看了它们和路上用作标记的大树的位置，然后我又下到谷底，穿过小溪，艰难地向陡峭山坡上爬去。

当我终于到达之前看到它们所在的地方时，除了它们的足迹，什么也没留下。整个象群都往前走了，甚至连劈开竹子的声音都听不到了。我跟着足迹走了一小段路，因为我既看不见它们，也听不到它们的声音，所以我回到搬运工那里，为我们的营地选了一个地点。[5]

里面有大量这种令人头皮发麻的详细叙述，然后是对切除尸体并从中取子弹的描述，就好像在篝火边讲故事一样。大象的死亡通常用几句话来解释，准备阶段占了大部分篇幅，故事就是一切。这些作家并不是喜欢自吹自擂并且不习惯用钢笔写字的笨手笨脚的乡巴佬，他们往往是博览群书、颇有造诣的作家，而且对自己的读者很精明。他们也常常采用轻描淡写的自嘲语气，享受着在近乎致命的大象攻击等事件中幸存下来的乐趣。这种语气也体现在20世纪的后继体裁中，即同样受欢迎的狩猎管理员回忆录，它集欢乐、勇气和说教于一体。

19世纪末和20世纪初的文学作品展现出一种尴尬有时甚至矛盾的转变，从猎人对日益稀缺的"狩猎游戏"的遗憾，到对与各种猎人（现在被戏称为"偷猎者"）博斗的保护主义者的热情保护。同时人们建立了国家公园，或者提供了现在经常说的"堡垒保护"。文学作品反映了殖民主义在种族、空间和经济上曲解的新保护伦理和策略。

莱德·哈格德的帝国冒险中没头没脑并且贪婪的猎人［如《所罗门王的宝藏》（1885）中的阿兰·夸特梅因］逐渐被猎人出身的环保主义者所取代。例如，斯图尔特·克洛特的《曲线与象牙》（1952）呈现了各行各业的人物性格，包括从大象的角度想象出来的短文，这在当时是很不寻常的。还有一个更神秘的模式，罗曼·加里的《荒漠天堂》（1957）以中非为背景，把一个狂热的保护主义者与人类掠夺者对立起来：

我不允许任何人毫无惊奇感地看着大象。它们巨大的体型、笨拙和庞大的身躯，代表着你梦寐以求的自由。它们是……是的，它们是最后的大象。……老实说，如果能变成大象，我愿意付出任何代价。[6]

越来越多的小说，尤其是受众为年轻读者的小说，都在不同程度上怜悯地想象着大象，但是没有一部像加拿大小说家芭芭拉·高迪的《白骨》（1998）那样。高迪为一群草原象设想了一套完整的文化、语言和历史记忆，这些都是动物学上的知识，试图通过大象的角度来唤起人们的共鸣。

达琳·马蒂的小说《森林中的圆圈》（1984）也表达了类似的尊重。这部小说讲述的是著名的克尼斯纳象，与威尔伯·史密斯的《大象之歌》（1991）形成了鲜明对比，后者更加惊悚，对棘手的猎杀问题进行了浅薄的探讨。

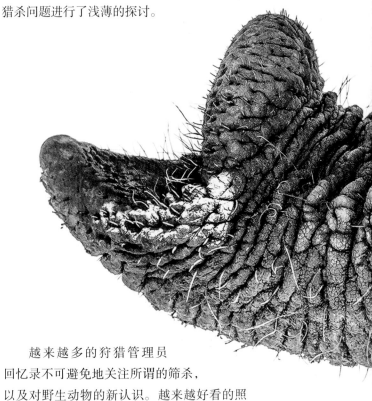

越来越多的狩猎管理员回忆录不可避免地关注所谓的筛杀，以及对野生动物的新认识。越来越好看的照片取代了蚀刻版画。

同时，还出现了所谓的"热门研究回忆录"。同样地，这些回忆录几乎都是白人编写，而且大部分是外籍人士。研究回忆录在东非找到了特殊的表达方式。东非的原始草原、数量相对较多但仍受到威胁的大象和不同肤色的人们吸引了大批业余和专业的大象保护人士和伦理学家。

约翰·沃斯鲁摄，南非 阿多

娅·莫斯的著作《大象的记忆》（1988）和安博塞利国家公园关于名为《回声》的大象纪录片在全球媒体上获得了巨大成功。同样地，凯蒂·佩恩介绍了她对大象亚音速通讯的研究；乔伊斯·普尔记录了一个私人故事；在《被逼向边缘的大象》（2009）中，盖伊·布拉德肖将大象家族动态纳入了女权主义议程中。莎伦·平科特通过一系列书籍，为津巴布韦万基所谓的总统象助选；在《大象的神秘感觉》（2007）中，美国科学家凯特琳·奥康奈尔讲述了她在卡普里维所做的研究，以表明大象也通过地面震动和脚底进行交流。越来越多的人意识到，大象是非常感性、聪明和美丽的动物，拥有复杂的情感和文化。

确实有大量相关的文学资料。这里可以用津巴布韦诗人 N.H. 布莱特尔的作品《大象》中的几行诗作为众多诗歌的代表：

> 大象慢慢地转过身来，
> 晚霞照在巨大的胁腹上，
> 就像峭壁上的铁板，
> 一动不动，背负着众多古老的谎言，
> 和传奇世纪的负担，
> 依然流露出一副漠不关心的样子……[8]

第一批是伊恩和欧利亚·道格拉斯－汉密尔顿，他们的著作《大象之间》（1975）为高度个性化和生动地描述大象行为及生态的实地研究设定了标准。道格拉斯－汉密尔顿虽然承认了一些经济论证的正确性，但他们的结论是"大象满足了人类重振精神的部分深层需求"。这对"那些被迫生活在高度工业化环境中"但试着把这一点告诉象牙偷猎者或犯罪集团头目的人们来说可能也是如此。[7]

在随后的研究人员和活动人士中，女性的数量惊人。其中最杰出的是达芙妮·谢尔德里克，她在内罗毕郊外建立的大象孤儿院仍在运作；辛西

今天的视觉文化充斥着色彩斑斓的工艺品、旅游饰品、茶几书、电影、纪录片、业余爱好者的 YouTube 视频片段……但重要的是，不要忘记在非洲乡村，在特定公园内外，存在着多个层面的人象冲突。文学资料、从大卫·谢泼德到保罗·博斯曼的普世艺术、电视纪录片里没完没了的说教动物学、微型中国象牙雕刻和西方旅游情感几乎都没有提到与大象生活在一起的危险和挫折。鉴于这种冲突，非洲农学家有充分理由憎恨和害怕大象；象牙商人仍然把大象当作货币财富的宝库。在大象的故事流传、被理解并被更好的故事取代之前，它们将一直处于危险之中。

斯科特·雷姆塞摄，南非 乌姆福洛齐河

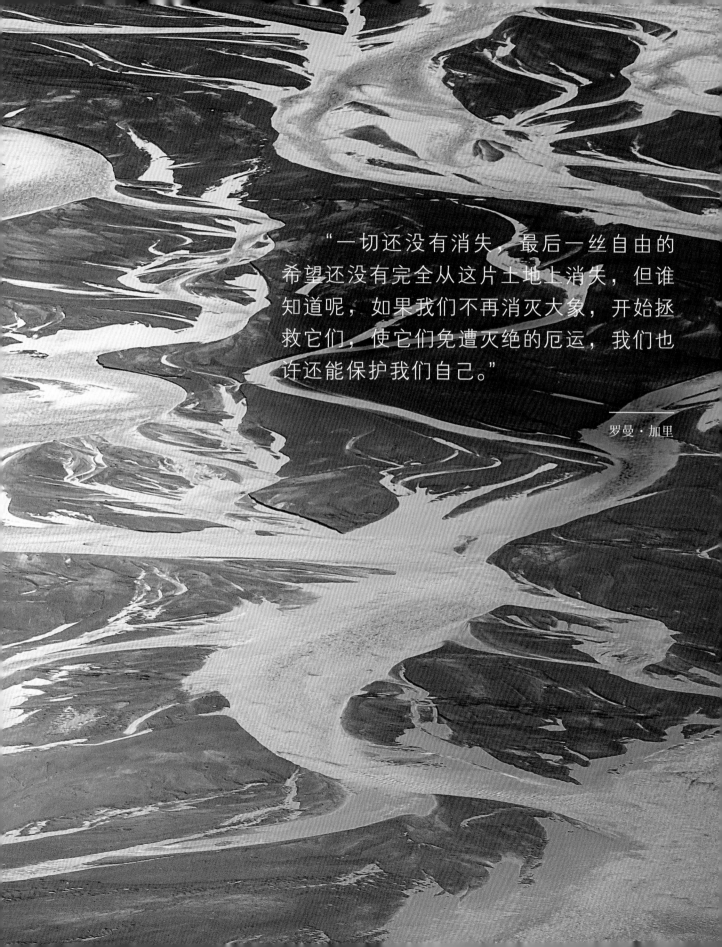

"一切还没有消失，最后一丝自由的希望还没有完全从这片土地上消失，但谁知道呢，如果我们不再消灭大象，开始拯救它们，使它们免遭灭绝的厄运，我们也许还能保护我们自己。"

———— 罗曼·加里

04

偷听的大象

我曾认为，1989年制定的国际象牙贸易禁令将带来永久的和平；
我曾认为，我们的领导人已经吸取了教训。但是我错了。

威尔·特拉弗斯（大英帝国官佐勋章获得者）

非洲大象的耳朵与非洲大陆惊人地相似。就好像大象在偷听这个世界。

想象一下……如果这些处于困境的庞然大物在过去30年左右的时间里一直在倾听，当它们的未来掌握在一个奇怪的、妄自尊大的双足物种的手中时，它们会怎么做呢？

我偷听大象的命运已经30多年了。

我遇到的第一只死象：一具破碎的骨架上覆盖着一大袋腐烂的脓液和皮肤。当我们表达敬意时，鬣狗和秃鹫与我们保持了距离。我们逆风而行，但即使在那里，我们也能闻到那股浓烈的气味，使我们作呕。空气中弥漫着死亡的气息。

那是20世纪70年代中期，在肯尼亚的东察沃国家公园，当时非洲各国、各个公园的偷猎活动猖獗。在短短几年内，数十万只大象消失了。这些数字说明了一切。

在欧洲、美国和日本象牙市场的推动下，在普遍的腐败现象的帮助和教唆下，全球野生动物贸易控制体系促成了这场屠杀，而这个体系本该是用于保护它们的。当时独立专家的分析（特别是

伊恩·道格拉斯－汉密尔顿博士及其团队的研究）揭示了一个残酷的现实：1979~1989年间，非洲失去了50%的野生大象。

生还的大象的耳边一定还回响着炮弹声、AK-47的嘎嘎声和几乎听不到的致命毒箭的飞行声。但是，它们是否也听到了正在进行的改革之声，以及日益高涨的公众舆论呼声？这种情绪让大多数政治家和当选代表措手不及。

濒危野生动植物种国际贸易公约组织听见了呼声

自成立以来，濒危野生动植物种国际贸易公约组织（Convention on International Trade in Endangered Species of Wild Fauna and Flora，CITES）就一直在恭敬地监督全球象牙贸易。它从香港象牙交易商那里获取资金，试图实施一个越来越不可信的象牙贸易配额制度，该制度允许继续合法交易一定数量的象牙，似乎是因为害怕激怒太多的从政人员。但改革即将来临。到1989年夏天，没有人（包括濒危野生动植物种国际贸易公约组织）能够无视要求结束现状的呼声。

"也许我吸取的最重要的一个教训是，人与大象之间没有隔墙，除了那些我们自己建造的；除非我们让大象和所有其他生物在阳光下共存，否则我们永远都是不完整的。"

————
劳伦斯·安东尼

1989年9月，我在瑞士洛桑。当时《濒危野生动植物种国际贸易公约》的缔约方（101个国家）聚集在一起审查证据，并考虑坦桑尼亚、美国、索马里和其他国家的提议，将把非洲大象从《濒危野生动植物种国际贸易公约》的附录二（允许进行受管制的商业贸易）移至附录一，从而结束象牙和其他大象产品的所有合法商业贸易。

这是我第一次参加这个会议。看起来很有地位的人，走在权力的走廊上。政府代表分成小组低声交谈，用怀疑的目光注视着来自非政府组织的注册观察员，比如我。

我的洛桑之旅无论以什么标准来看都是不寻常的。我的组织（当时被称为"动物园监督组织"，现称为"生而自由基金会"）已经意识到那一年春天非洲大象所面临的危机的严重程度。几个月后，1989年6月，一个由保护主义者和大象专家（包括达芙妮·谢尔德里克、大卫·谢泼德、伊恩·雷德蒙德）组成的非正式小组，以"大象之友"的名义，在英国皇家地理学会召开了一次新闻发布会，匆忙发起了一份纸质版而非电子版的请愿书，在撒切尔内阁的最后执政时光里，呼吁英国政府和作为一个整体的濒危野生动植物种国际贸易公约组织结束象牙商业贸易。我们的目标是60万个签名，每只大象一个签名。人们蜂拥而至。

我们认为需要把代表人民声音的请愿书亲自交给濒危野生动植物种国际贸易公约组织的代表，但如何把它送到那里去呢？重达半吨的纸，每一页都精心捆扎，每个名字都算数。我弄了辆车。好吧，事实上是盖伊·萨尔蒙汽车租赁公司借给了我一辆车——一辆蓝色的福特Estate。在后排的座位放了下来，每个箱子都装得满满的。两天后，请愿书交给了萨德鲁丁·阿加汗王子，他是国际公认的人道主义者和野生动物保护主义者，他已经同意提交我们2万页的请愿书。在这个幸运的日子里，太阳也格外灿烂。在一只巨大的充气大象附近，60万人的想法不容忽视。

证据也不容忽视。来自拯救大象、环境调查署等机构的一份又一份的报告列出了事实，让所有人都能了解情况。正如人们所预料的那样，它们遭到了支持贸易的游说团体、象牙产业、按部就班的官员，以及更出乎意料地，一些世界上最大、备受尊敬的野生动物组织（包括世界自然基金会）的强烈抵制。

投票的日子快到了。英国似乎没有越位，尽管它谋求在香港实行特别豁免（当时香港受英国殖民统治）。会议室的大门紧闭，在门的另一面，我们高呼透明度和问责制。我记得，瑞士代表试图让环境调查署退出会议，因为它的代表吹了口哨并鼓掌，直到有人指出，那个打破会议室沉闷气氛的人，实际上是法国政府代表团的一员。

当代表们以超过三分之二的票数通过一项全球商业象牙贸易禁令时，那些在非洲平原和森林里生活的大象会做出怎样的反应？这场战斗似乎已经取得了胜利。我们谁也不能预料这种常识的爆发会有多么短暂。

濒危野生动植物种国际贸易公约组织充耳不闻

请愿书提交5年后，即1994年，濒危野生植物种国际贸易公约组织会议在佛罗里达州罗德岱堡召开。警报已经拉响。现在非法象牙市场上象牙的价格已经涨到了每公斤几十美元。偷猎的比例很低，在许多情况下，大象的数量已经稳定下来。在一些地方，大象的数量甚至开始增多。

在很大程度上，南部非洲躲过了最严重的偷猎，而现在"利用它或失去它"队伍念起了他们的咒语。为什么他们要因野生动物管理的成功而受到"惩罚"，并被剥夺了出售象牙的机会？显然，这为1997年在津巴布韦哈拉雷召开的濒危野生植物种国际贸易公约组织会议奠定了基础。

我记得这次会议，就好像它是在昨天召开的一样。一场全面的贸易支持攻势从第一天就开始了。

地面铺了红地毯。国家元首和代表团团长觥筹交错。国有媒体迅速行动起来，发表了"专家文

©约翰·沃斯鲁 南非 阿多大象国家公园

章"，阐述了控制象牙贸易的"好处"，日复一日地占据着头版头条。

一天晚上，我参观了津巴布韦非洲民族联盟—爱国阵线办公室的一个集会。集会在一个灯光昏暗的大厅举办，人们十分疯狂，通过失真的广播系统用沙哑的声音呐喊，感觉很吓人、很危险。如果大象在听，它们那灰色的大耳朵肯定会被吓得发抖。

我们努力让希望之树常青。应我的邀请，理查德·利基博士在物种生存网络（SSN，Species Survival Network）主办的一个多人参与的会议上发言，敦促我们坚定信念，相信保护大象是正确的事情。与此同时，在同一个房间的尽头，一小群听声音可能是来自南部非洲的人们，一边吃着喝着我们免费提供的食物和饮料，一边用威胁的语气向不明所以的物种生存网络成员发出嘘声，说着"你们是魔鬼"和"你们会后悔的"这种更加不吉利的话语。

会议中心的大会议室里发出了一声巨响，声音大到大象都可以听到……可能会，也可能不会。但如果大象真的能听到，那么它们的眼泪肯定会流下来。在殷勤的招待、花言巧语和教条的综合作用下，代表们批准了一项试验性、一次性的象牙销售，使得成千上万公斤的象牙被销往日本。尽管我们尽了最大的努力，但那些坚持认为"有利可图的东西就该留下来"的人还是得逞了。在接下来的10年里，来之不易的国际象牙贸易禁令形同虚设。

1997年在哈拉雷批准并于1999年执行（一个看似恰当的词）了一次性试验性销售之后，又进行了一次一次性销售。（是不是矛盾？）该一次性销售在21世纪刚开始的那几年商定，货物于2008年交付。

这个支持第二次销售的逻辑很奇怪，而且大错特错。几乎所有认真的环保主义者都认为，中国在20世纪90年代的迅猛经济增长，加上濒危野生动植物种国际贸易公约组织允许中国与日本一起竞购象牙，这意味着第二次象牙销售将带来毁灭性的打击，以及象牙需求的激增。*

2008年夏天，我见了当时的英国环境部长，当时她是濒危野生动植物种国际贸易公约组织常务委员会的成员，正在为即将到来的象牙销售加盖橡皮图章。在可以俯瞰泰晤士河的政府办公室的一个角落里，我再次表达了对非洲大象的极度担心。她的回答很清晰，令人不寒而栗。"我们希望出售这些象牙能满足需求，从而减少偷猎。"这是我一次又一次从象牙商人那里听到的安慰（和荒诞的）逻辑，但我没想到英国政府会这么说。这种想法在当时是错的，今天依然是错的。

几个月后，四个南部非洲国家以每公斤约160美元的价格将超过10万公斤的象牙（1万只大象的最后遗骸）拍卖给了中国和日本。木槌的声音像步枪射击声一样，响彻了整个非洲平原。事实上，这是一场血腥象牙竞赛的发令枪，这场竞赛一直持续到今天。

屠杀重新开始

如果让大象平静地生活，它们每年的净繁殖率约为4%~5%。换句话说，即使存在自然死亡率，出生率也会超过死亡率，大象数量也会增加，前提是人类不去打扰大象的生活。但在过去10年甚至更长的时间里，非洲大象的生活一直受到人为干扰。

非洲大象的数量非但没有增长，反而下降了很多。从2007年~2014年，大象的数量至少下降了14.4万只。在2009年~2014年这60个月期间，坦桑尼亚平均每个月减少1000只大象——仅仅5年。这个令人震惊的数字只是草原象的减少量。

---

*中日两国竞购的是2007年1月31日前非洲四国的库存象牙，而非被允许2008年后无限期竞购象牙，原作者对此公约的理解失之偏颇。参考《21世纪经济报道》于2008年的报道。http://news.sohu.com/20080718/n258217183.shtml。——中译本编者注。

加思·汤普森摄，津巴布韦 万基国家公园

我们还得计算体型较小、隐秘的森林象的减少量。专家们一致认为，还有数万只大象消失了。

我曾认为，20世纪七八十年代的杀戮战场已成为历史。我曾认为，1989年制定的国际象牙贸易禁令将带来永久的和平。我曾认为，我们的领导人已经吸取了教训。但是我错了。

那该怪谁呢？

不该怪大多数有大象的非洲国家：非洲大象联盟的29个非洲大象分布国一直投票反对进一步贸易。也不该怪那些每天冒着生命危险去保护灰色大象的管理员和看守人。这一点是肯定的。

而且，近一些来说，不该怪奥巴马执政的美国，不该怪开明的中国政府，也不该怪博茨瓦纳的领导层，他们与邻国不同，他们致力于保护大象，甚至致力于结束战利品狩猎。

但是那些把经济价值置于一切之上的人呢？那些保持中立、功败垂成的人呢？他们必须分担当前危机的责任：南非、津巴布韦、纳米比亚、欧盟和其他国家有很强的集体意识（假设他们有）。

与此同时，非洲各地屠杀仍在继续。30年来，我到底学到了什么？

了解到人类的境况是多么的愚蠢，因为我们总是比我们想象的还要愚蠢。认清了人类贪婪和贪心的本性，这些基本品质赢的次数比输的次数多。不相信政治和大多数政客；政客的愿景往往是为满足自己的需求而设计的，而不是反映你们的或我的需求。去寻找那些富有同情心的人，这是唯一的普适价值。满怀希望，因为失去了希望就等于失去了一切。相信情况还能变得更好。说真话，永远不要保持沉默。

大象对这一切一无所知，尽管它们有灰色的大耳朵。它们只希望在一切都还来得及的时候，我们人类能做得更好。

05

仪式象

只留下一群木制大象和记忆吗？

派翠西亚·史斯汀

越南战争期间，一名僧人在湄公河的一个小岛上创建了一个宗教圣地，这个小岛后来被称为和平岛。

他聚集了一些人，开始了24小时的祈祷、诵经、念咒语、敲钟和敲锣。

在和平岛上，他还发起了一场象征性战争，用水果和棕榈叶手榴弹"武装"他的追随者，并把用过的火箭炮弹切割制成花盆。

他做了一个湄公河三角洲的模型。他步行穿过这个模型，把祝福和和平的能量洒向它。他摆弄着象征物品，以影响局势。和平岛周围到处都有战争，火箭从岛上飞过。面对毁灭和混乱，岛上一切井然有序。与军用直升机的轰鸣声相对的，是咒语的声音和冥想的静谧。

关于这位僧人，诺贝尔文学奖得主的儿子小约翰·斯坦贝克这样写道："那里除了战争和动荡之外别无他物，这个人通过非常古怪（如果不可笑）的手段，拥有一个只有和平的岛屿。"

当我读伊恩·道格拉斯–汉密尔顿的《大象之间》时，我想起了那个僧人。书中写到，1975年坦桑尼亚为了获取象牙而屠杀了大量的大象。那时，我开始从旧货店买乌木制的小黑象。其中大部分是在肯尼亚用树木雕刻而成的，这些树木让人想起了这些雄伟的野兽。我有一个有25只动物的象群：领头的母象、独行的公象和幼象。

按照这个僧人的方式，我给这个具有代表性的

木制象群提供了庇护所。在这个过程中，我编了一个故事，故事中大象免遭人类的屠杀。我摆弄着这些"小象群"，试图借此保护现实中大象的未来。

今天，在精雕细琢的象群存在44年之后，非洲大象的处境比以往任何时候都更糟。也许越南战争真的结束了，因为和尚积极祷告。然而，在我自己的故事中并没有炼金术的影响力来保护真正的大象不会以前所未有的速度被杀害。

如果大象在我们这个时代，在我们的保护之下灭绝了（趋势统计数据警告说大象可能会灭绝），我们将不得不以新的眼光来看待我们这个物种。一旦大象消失，其他濒危物种也将迅速消失：犀牛、豹、狮子，以及其他同样重要的体型较小的物种，如穿山甲和胡狼。当这种情况发生时，我们将不再是智人，因为我们将失去智慧。我们最终将不得不承认自己是人类战争中反对造物的战士。

大象的灭绝会给我们带来一种新的孤独。没有这些庞然大物的存在，我们就会有难以想象的空虚感。我们敢冒这个险吗，仅仅为了购买象牙装饰品和小饰品，为了这些东西所带来的虚幻财富？仅仅是为了满足我们获得地球统治权，故而可以为所欲为这样一种自恋的心态？

在一切为时已晚之前，我们最好清醒过来，培养一种新的态度，一种尊重造物的态度。我们只是过客，没有权利杀害其他物种；屠杀大象会使大象濒临灭绝，无法再生。如果剩下的只是一群小木象，那将是无法估量的悲哀。

"科特迪瓦国家足球队被命名为大象，因为这些伟大的生物充满力量，十分优雅，但在我的国家，可能只剩下800只。"

————

耶耶·托尼

© 汉内斯·洛克耶摄

一个罕见的水坑旁沉默的幽灵
博茨瓦纳　乔贝

沃尔多·斯威格斯摄 / AP Images

06

两只大象的传说

在私人保护区管理大象

奥德丽·德尔辛克

2008年的一个周日晚上，一只名叫克瓦迪尔的母象在马卡拉利禁猎区自然死亡。当它吐出最后一口气时，我坐在它毫无生机的躯体旁。这个64岁左右（基于臼齿的磨损程度和身体疤痕判断年龄）的老女孩无疑是一个不容小觑的人物，她是家族的典范，为家族带来福祉。

克瓦迪尔和另一只大象里夫·拉夫塑造了我的人生，触动了我。我和它们一起成长，我们爱过并失去了未能在这个地球上生存下来的幼崽和孩子。在我生命中最黑暗的时刻，我在灰色皮肤的朋友面前寻求安慰。我和它们住在一起近20年。

我知道，我的存在永远不会像它们丰富我的生活那样丰富它们的生活，但我感到欣慰的是，这些大象是一个伟大计划的一部分，这个计划改变了它们物种的管理方式。因为克瓦迪尔和里夫·拉夫，更多的大象将免于遭受枪杀。

克瓦迪尔

1998年，作为游猎行业为数不多的女性导游之一，刚从约翰内斯堡公司来时，我在曼纽莱提禁猎区第一次遇到了繁殖象群，这给我留下了不可磨灭的印象，也造成了我对大象的恐惧。

这个禁猎区当时是一个被遗忘的伊甸园，与邻近的克鲁格国家公园组成一个开放的系统。驱车游猎路线已经计划好，但你永远不知道下一个假乌木丛后面是什么。尽管繁殖兽群很少，但狮子、水牛、犀牛和公象比比皆是。当兽群冒险穿越大陆时，它们很谨慎，令人难以捉摸。1998年，干旱给它们带来了压力。

在与一个法国家庭的驱车游猎中，我们被两只母象无缘无故地追了几公里。为我们领路的朱尔斯大喊："开车，马法兹，开车！"一家人睁大眼睛，吓得目瞪口呆，两只四吨重的大象把愤怒发泄在我们身上，这些细节我不会忘记。

后来，我搬到了克鲁格奥本门西南方向1.25万公顷的大马卡拉利私人禁猎区。这个禁猎区以前有一个长石和云母矿区，还有一个养牛场。这是一种完全不同的游猎观光体验。在1994年~1996年期间，马卡拉利酒店开业时，重新引进了大象、狮子、犀牛、河马和其他动物。主题是"灵魂游猎"，而灌木丛体验则是精致的餐饮、不拘一格的建筑和一次感官极佳的游猎之旅。驱车游猎和散步包括寻找微小的奇迹和在河马、厚皮动物走过的地方散步。

我第一次在马卡拉里遇到大象的时候，正与阿尔弗雷德·马泽布拉带领的一群意大利客人在一起。他手里拿着来复枪，把我们安置在一条陡峭的路上，俯瞰着一条排水路线，大象会经过那条路。在我们安全静坐着的时候，我的心怦怦地跳着，俯瞰着下面一小群默默前进的繁殖象群。当那只只有一只象牙的领头母象出现时，阿尔弗雷德转过身来低声说："这里你们唯一需要担心的大象就是克瓦迪尔。"克瓦迪尔（聪加语：一只愤怒的大象）在路上停了下来，摆动着前腿，表示要转移，她抬起鼻子，用干瘪的老眼睛盯着我们。我不知道这位老太太和她所统治的家族将如何塑造我的人生。

1991年，南非野生动物和私人野生动物牧场的私人所有权合法化[1]，这与东非不同。在东非，所有野生动物都生活在大型无围栏的保护区中，由国家拥有或控制。在南非，野生动物（包括大象）可以生活在私人保护区中——它们以前生活的封闭的（用篱笆围起来的）区域中。1979年到2001年，从克鲁格转移了800多只大象，大多数转移发生在1990年到2001年之间。[2] 21世纪初，许多保护区都没有关于它们地区范围内大象数量和组成的记录。一些孤儿群体：在克鲁格，免于被筛杀的幼仔被聚集在一起，作为"创立者"象群被转移到新的保护区。[3]

马卡拉利是首批通过津巴布韦已故环保主义者克莱姆·考兹创建的流程接收迁移、完整家庭组织的保护区之一。这使得所有年龄和体型的大象（不包括非常大的成年公象）能够得到重新安置，并在南非开创了一个大象迁移的新时代。1994年和1996年，四个象群从克鲁格迁往马卡拉利。

1999年，马卡拉利与夸祖鲁－纳塔尔大学的爱玛乐大象研究项目的罗博·斯洛特教授合作，成立了一个研究部门，并实施了通过学习进行适应性管理这一概念。最初是重点监测顶端捕食者，以了解捕食者导致的死亡率和受影响范围。跟随资深大象研究人员辛西娅·莫斯、乔伊斯·普尔和

伊恩·道格拉斯－汉密尔顿的脚步，我很快将注意力转移到大象身上，花了几个小时记录个体的识别特征。

慢慢地，我对大象的恐惧变成了尊敬和好奇。我根据我能很容易联想和记忆的特征给它们命名。我很快就了解到，克瓦迪尔的名字非常恰当。作为一个脾气暴躁的老女孩，她会先冲过去，然后再问问题，她的出现立刻让其他大象有点紧张。我给其他三只领头的母象分别起名为伊冯（以慷慨的资助方的名字命名）、多洞耳（右耳底部有一个完美的圆洞）和奎妮（贵族气质）。很快，保护区里其余的大象都有了名字。

我的第一本大象识别书有数百张老式打印照片，我把这些照片拼凑在一起，组成了个体模板和相貌拼图。这对了解种群动态而言很有必要。如果对象群的组成和数量没有基本的了解，我们就不能准确地确定这些长寿巨型食草动物的承载力和动物区系的生物量。

非洲象被称为"生态系统工程师"，能够彻底改变它们的环境。每只象每天能够吃掉75~150公斤的草，并且可以活到70岁。需要对这种喂养的长期空间和时间影响进行监测和适应性管理。

由于掌握了马卡拉利大象的详细统计资料，这片面积1.25万公顷、资源有限的土地显然太小，无法长期维持这个家族的生存，因此需要对大象进行一定程度的管理。在南非，只有迁移或筛杀这两个选择。我们反对筛杀，因为担心这会给剩下的大象带来意想不到的后果，但几乎没有地方可以接收迁移的大象。我们需要一个新的选择。

1999年末，我和马卡拉利的管理人罗斯·凯特尔斯参加了一个大象会议，会上克鲁格公园的主管兽医杜·格罗伯勒博士谈到了一种开创性、颇具争议的新大象种群控制方法，叫作免疫避孕。美国人道协会资助了实地试验，试验由蒙大拿科学和保护中心的杰·柯克帕特里克博士和比勒陀利亚大学安德斯波德的亨克·贝尔申格尔博士合作进行，事实证明实地试验很成功。[4] 格罗伯勒称，这

是一种非甾体、非激素、非侵入性的可逆避孕方法，通过接种进行。[5]证明在80个物种（包括大象）体内有效。[6]1972年，加利福尼亚大学戴维斯分校研发了免疫避孕技术，以控制美国境内野马和城市白尾鹿的数量。该技术成功地使用了近30年。[7]

在证明了该疫苗在克鲁格的有效性之后，下一个目标是确定它是否可以作为远程交付的野生象群的控制机制。

在这一点上，我的大象家谱和身份识别工具必不可少。我有马卡拉利象群的详细大象数量，并记录了每只大象的本性和状态，这使得马卡拉利象群成为一个理想的测试案例，公园的免疫避孕项目开始了。[8]

2000年5月，杰杰·凡·奥特纳（项目实施专家）、马卡拉利的首席管理员马克·蒙哥马利（支持人员）和我（行为监测人员）在地面上对18只母象进行了免疫疫苗（会导致母象不孕）的初始和强化注射，取得了巨大的成功。在资助方、研究团队（柯克帕特里克、凡·奥特纳、贝尔申格尔和我）和保护区长达17年的奉献之后，马卡拉利的象群证明疫苗是一种可控制象群数量的安全、可逆、人道的替代手段。到2025年，这将阻止大象数量增加两倍。

中期使用（12年）疫苗不会产生任何社会或行为后果。[9]我们继续进行长期监测。这种疫苗的效力几乎是100%，可在地面上为小种群接种，也可以从空中进行大规模镖枪注射。[10]随着接种的大象数量的增加，平均成本下降，每只大象的接种成本约为1500~2000兰特，包括了直升飞机、疫苗和飞镖枪费用。

数字说明了效果。到2017年，在马卡拉利的示范下，南非25个保护区和生物群落的近750只母象接种了疫苗。[11]大象的数量呈指数下降。在母象的一生中，假设她的寿命在60到65岁之间，她可能会生8到10只小象，而她的雌性幼崽可能生相同数量的后代。在第一年接种后，一只没有怀孕的母象会立即避孕。怀孕的母象会分娩，对胎儿没有影响，之后就开始避孕。如果使用得当，免疫避孕可以模拟自然的偶发事件（如干旱），这延长了产崽间隔，导致生长速率降低，同时避免了不能满足个体或象群社会和行为需要的无限期零生长速率。

2008年，《南非大象管理国家规范和标准》建议将免疫避孕作为管理选项，将筛杀作为最后的手段。[12]这一点，以及将大象称为"有感情的生物"，无疑标志着南非大象管理模式的转变。通过21年的免疫避孕研究（在克鲁格和马卡拉利）和无数经同行评议的科学出版物和书籍章节，我们的研究团队已经做了尽职调查。所有其他管理选项都必须经过同样的审查，并且不应再自动对大象

© 沃尔多·斯威格斯摄 / AP Images

使大象这么大的动物镇静的过程是一个精确的化学过程。

这名野生动物兽医正在准备药物，让里夫·拉夫在被运送到新地点期间保持睡眠状态。

采用致死控制。

里夫·拉夫

1998年，我在马卡拉利给一只18~20岁的漂亮公象取名为里夫·拉夫，因为他的耳朵呈锯齿状，而且是保护区男孩俱乐部里排名前三的公象之一。即使是在发情期，他仍然能保持冷静和放松，不像他的许多同伴，受到急剧上升的睾丸素水平、分泌旺盛的颞线和"绿色阴茎综合征"（真的有这样一个词）的折磨。

但里夫·拉夫的偶尔摇头和虚假指控很可怕。他的名字起得十分贴切："里夫·拉夫"是指被人看不起的令人讨厌的人（或者大象）。里夫·拉夫和他这个年龄段的许多其他公象都被贴上了"问题大王"或"破坏大王"的标签。[13]

大象生物学使公象离开它们出生的象群和牧场，去寻找新的区域和母象，这是一种阻止它们与近亲交配的策略。它们四处游荡，这会给人类带来麻烦。在有多种土地使用类型、所有权和保护区框架的围栏区（出于容斥目的），游荡的公象会冲破围栏，导致人象冲突（HEC，human-elephant conflict）。当环境条件不好时，例如在干旱或种群压力增大的情况下，游荡的大象的数量就会增加。灌溉的花园、庄稼和池塘都是人工引诱剂，它们所带来的好处和回报值得大象冒险冲破围栏。当围栏维护不善或无法阻止大象进入时，公象很快就学会了冲破围栏。这就使得它们被贴上了"问题大王"或"破坏大王"的标签。标准的解决方案是通过合法的破坏动物（DCA，damage-causing animal）许可证解决掉它们。[14]

在里夫·拉夫的案例中，马卡拉利内部的变化导致了一个双股隔离围栏的建立，使得他现在离开了他曾经生活了15年的地方。这对里夫·拉夫和马卡拉利的大象来说没有任何意义。从前的地方，河边有茂密的植被，在离河不到一公里的地方还有一个大坝，因此这条人为的边界得不到遵守也就不足为奇了。必须找到一种更好的方式来管理大象，让它们表达自己的生物需求和反应。[15]

为此，国际人道协会（HSI，Humane Society International）非洲分会提倡使用替代的、非致命的方法来缓解人象冲突：使用早期预警系统来阻止大象破坏围栏。这种系统由追踪项圈和带有通知系统的技术来促进运行。2017年，国际人道协会非洲分会和我们的当地合作伙伴，即全球供应（Global Supplies）第一次对大象进行了牙链干预，对象是自由漫步的野生公象里夫·拉夫。

这种新方法以前在两头驯服的公象身上使用过。将金属丝嵌入大象的象牙中，与嘴唇下方接触，这样当大象不停地摆弄或试图折断金属丝时，牙链会变成导体，大象就会受到电击。嵌入时大象不会感到疼痛，因为是在大象镇静状态下进行的。这个工具是一种条件技术，用来告诉大象试图冲破围栏的消极后果。由于里夫·拉夫的左牙多年前已经被折断，因此只有右牙嵌入了金属丝。

事实证明这种方法非常有效，使所有围栏免遭破坏（两个由里夫·拉夫破坏的围栏除外，那是因为围栏上没有电流或电流过低）。但男孩终究还是男孩，在牙链干预后的几个星期，里夫·拉夫和查尔斯（另一只在马卡拉利排名靠前的公象）打了一架。结果两个的象牙都折断了，谁也没有受伤，但每只公象的象牙都有两处彻底折断了。这终止了牙链的干预，因为里夫·拉夫完好的象牙从嘴唇上折断了大约25厘米，导致嵌入的金属丝脱落。尽管情况发生了变化，我们仍然相信牙链技术可以挽救通常会被杀死的大象。当公象在遗传变异中占主导、标志性或重要地位时，这一点尤其重要。

另一种控制方法是使用卫星项圈来监测大象在"虚拟围栏"或保护区周边安全区域内的位置。如果公象不在规定的位置内，警报通知将发送到一个专用号码和电子邮件。这可作为一个早期预警系统，通过一系列的缓解措施，主动防止围栏被破坏。

在走审批和《规范和标准》中的繁缛程序时，

里夫·拉夫将被转移到另一个保护区，那个保护区的面积更大，那里都是素不相识、没有血缘关系的母象，在那里他可以占据主导地位：本质上来说，大象是幸运的。[16]可悲的是，获得破坏动物紧急许可证通常要比将动物转移到一个愿意接收它的保护区容易得多。

在我们等待批准或拒绝的橡皮图章来决定里夫·拉夫的命运时，情况已经升级为安全问题。里夫·拉夫继续冲破围栏的薄弱区域，并且每晚都突

然回到它喜欢的区域，导致直升机要不断地将它引导或赶回安全区域。[17]

每次我收到它的项圈发来的短信，说明它已经离开了虚拟围栏的安全区域时，我的心情都会沉重起来。要是我能给它回一条信息，解释一下它还剩多少时间那该有多好啊。尽管有些人有办法保护这些动物，并选择与它们一起生活，但他们只有在大象的行为符合他们（人类）的限制要求时才会这么做——这是一种奢望，任何物种都做不到。

人道协会的奥德丽·德尔辛克负责将围栏破坏者里夫·拉夫转移到新家的监督工作。

转移大象就需要搬运大象。

这只公象叫里夫·拉夫，现在大约40岁，被从南非的大马卡拉利私人禁猎区转移到一个更大的禁猎区。

"在物种保护领域，我们应该关注什么是正确的，而不是什么更容易，或在短期内流行。"

———————

理查德·利基博士

© 斯科特·瑞姆塞摄，
南非·马蓬古布韦沙漠冠

20世纪90年代，简和它
的象群在南非维提阿林波波
自然保护区

　　"大象对待彼此的方式让我对大象
很着迷。

　　当你看到大象时，你会觉得它们是
有意识的生物，能够理解周围的事物，
包括它们与作为观察者的你的关系。"

伊恩·道格拉斯–汉密尔顿（大英帝国司令勋章获得者）

07

神奇的简

仪式和爱情

玛丽昂·E.加莱伊博士

这是一个关于一只名叫简的神奇大象和一群被吓坏了的小象的故事。20世纪90年代，在克鲁格国家公园免遭筛杀的小象被转移到私人保护区。当时，人们对它们所受到的创伤和迁移所造成的影响一无所知，这就是我博士论文的主题。

一群小象被转移到新建立的维提阿林波波自然保护区，靠近博茨瓦纳边境。博茨瓦纳是一个炎热、干燥、灌木丛生的国家。我加入了它们，它们的畜栏在干枯的克洛普河河床边上，而我在它们的畜栏附近扎营。令我非常沮丧的是，在它们被释放的时候，一只带有无线项圈（仅在有限的范围内有用）的小象与一个同伴突然离开了，在3万公顷的保护区里不见了踪影。

大部分大象按时到了畜栏。第一组是4只非常紧张的母象，年龄大概五六岁，"歇斯底里的女孩"——这是我对它们的称呼。几天后，又来了8只大象，3只母象和5只公象，后来又多了10只年龄在18个月到2岁之间的小公象，不来这里它们会被枪杀。

最小的小象不吃东西。它一整天都在咕哝，这就是为什么它的名字叫朗布尔的原因。它仍然需要它的母亲。

为了满足它吃奶的需求，它开始吮吸另一只我称为诺克的大象的耳朵，诺克非常有耐心。但有时它也受不了，抽开了它的耳朵，这时朗布尔就会发出沮丧的尖叫声，我在帐篷里都可以听到。

朗布尔没有进食，我担心它会死，所以我违反了规定，我把手穿过围栏给它喂食。它很快就知道了要来拿切成丁的食物，于是就吮吸了我的手。它还不能咀嚼苜蓿，我担心它没有足够的食物吃。在它这个年纪，应该多给它喂些奶。

大象很快就知道了我的特殊呼声，听到我的声音就平静下来。只有4个"歇斯底里的女孩"在被释放之前一直很紧张。最小的大象一直是最快的。像大多数幼小的动物一样，它们还不知道恐惧为何物，很容易轻信别人。我很感激这段漫长的畜栏适应期，我也需要这段时间来获得自信。

一天，我从城里回来，发现围栏里有一只成年的大象。简，大约18岁，从津巴布韦来到这里。

在津巴布韦时，它和人类一起在农场长大。在万基国家公园的筛杀过后，它成了孤儿。据说这些小象一见到它就兴奋得发狂！

第二天，5只小公象也可以和它一起进入围栏。在此之前，一群恃强凌弱的小调皮鬼对它十分敬畏，突然变成了5只无助的小象。它们围着简站着，小心翼翼地伸出5只小象鼻摸它，而简则淡然地站在那里，接受了突然一下子多了5个孩子这个新情况。看起来很棒。

小公象们一直在它的身边，它不得不把它们推开，这样它才能喂食。几只小象想吃奶，但它不同意。旁边围栏里较小的几只小公象拼命地想穿过围栏触摸简。过了几天，等它恢复了镇静，它就会靠在围栏上，让它们触摸和吃奶，尤其是朗布尔，想用它的小鼻子去碰它。简的到来使围栏的气氛安静了下来。

简和这5只小公象很快就可以进入一个更大的围场，8只大象也加了进来，有公有母。简到了一个更大的围场，这让它感到十分兴奋，一直跑个不停，13只小象也在后面追着它跑。简十分有号召力。它第一次，也可能是最后一次有了极差的电围栏体验，后面它再也没有碰过电围栏。我从来没有看到小象碰过围栏，所以简很可能告知了它们围栏的危险。

在10周的圈养后，简和13只小象一起被放了出来。起初，它们待在围栏附近，但最终它意识到自己自由了，于是就走了。13只小象和我跟在它身后，保持着一定的距离。我有勇气去追随它们吗？在灌木丛中，我能成功地跟上它们的步伐吗？它们是会让我跟在后面，还是会咄咄逼人？我跟了它们5个小时，也聊了5个小时，我发出了特殊呼声，让它们和我自己都冷静下来。

当然，简仍然很紧张，不知道这个地区的情况，还要照顾13只小象。第二天，我花了3个小时寻找它们，最终在靠近水坝的一座小山上找到了它们。简突然飞快地向我走来，我不确定它是高兴看到我呢，还是叫我走。但它满足了自己的好奇心后就停了下来，往后退。

在那之后，我又有很多天没见到它们。当我终于找到它们的时候，简又走近了，这一次朝我的车走来——它们选择的地形使我能够沿着道路走下去。我觉得它接近我是因为它很高兴见到我。简发现了一片河流区域，它决定在那里待一段时间。第二天，我鼓足勇气再次步行去寻找它们。

简突然从灌木丛中出现，走到我的空车前。令我恐惧的是，它开始推车。我能做的就是拍照片。幸运的是，它很快就厌倦了这种游戏，消失在灌木丛中，所有的小象都跟着它，毫无疑问，这让人印象深刻。当我赶上它们时，它们正排成一排，在美丽的水坝前喝水，就像白雪公主和小矮人一样。我走到对面，坐着敬畏地看着，拍着照片。简很平静，到了适当的时候，它们开始进食。它们接受了我，我的梦想成真了。

在接下来的两个星期里，我发现简和它的13只小象每天都在小河谷和大坝附近。到了第三天，我鼓足勇气走进灌木丛，发现一个巨大的惊喜正在等着我：两只最小的公象中的一个正在吃奶，我叫它吱吱，简正站在它旁边。这我完全没想到。

我给另一只非常相似的小公象取名叫泡泡，他们之间唯一的区别就是泡泡的臀部有个小肿块。我无法分辨谁更小，但显然简能分辨出来。它收养了吱吱，把它当作自己的孩子对待。可怜的泡泡被忽略了，它加入了其他的小公象。

在围栏里时，泡泡和吱吱大部分时间都待在一起，但现在吱吱只有一个人生目标：和简待在一起。它可以和简一起吃饭，睡在它身边或肚子下面，按时吃奶，得到了简的全部照顾和关爱。当它吃奶的时候，它轻轻地碰了碰它的脸和嘴唇，一直看着它。吱吱把它所有的注意力和友善都给了简，而简不让泡泡靠得太近。

一天，我在保护区的最北边发现了这群大象，当时它们正从我的车前穿过马路。在简之后，有13、14……21只小象！"歇斯底里的女孩"和之前的一群小象加入了它们。

随着时间的推移，我和大象更加信任彼此，我最终可以和它们一起行走，甚至走在它们之间。小象们睡觉的时候，简始终保持警惕，但我敢肯定，在它躺下来和它们一起休息的那天，它就已经接受了我。

大象陷入恐慌的那天就是建立相互信任的下一步的时机，这可能是因为这个地区有直升机，这让它们想起了自己被捕的情形。我害怕我会在混乱中被无意踩扁，于是向它们喊了一声："是我！""一切都好！别担心！"令人难以置信的是，我成功了，它们立即全部平静下来。

有一天，简带着这群小象来到我的车前，旁边站着吱吱和布鲁科普——小母象中年龄最大的一只。它突然用鼻子痛打了一下布鲁科普。我不明白为什么，就下了车，平静地和它们交谈。它这是什么意思？这事发生在了三个不同的场合，简和小象一起行走时，会痛打站在它旁边的小象，不论是谁，同时又使吱吱放心。然后它们就会离开去进食。就好像它在跟它们说："好好对待这个人。"从那时起，我可以和它们一起走，而不必担心任何一方。同年晚些时候，维提阿保护区又接收了另外两只成年大象，它们是从津巴布韦的哥纳瑞州国家公园拯救出来的，那里有毁灭性的偷猎活动。有人告诉我有一只公象和一只母象要加入我们小组。当我从另一个保护区回到维提阿时，管理人告诉我，公象在围栏里气势汹汹地向他冲来，几乎撞破了围栏，叫我小心。

新来的大象被放出来后，我很紧张，这不难理解。我找到了简和那两个小家伙，慢慢地走近它们，试图躲在可乐豆树后面。我很快就认出了这两只新来的大象——事实上，它们是两只体型较大的母象，其中一只因为头特别大和牙特别长而被误认为是公象。我根据一本儿童读物中一个狂野的年轻匈牙利吉卜赛人的角色，给她取名叫佐拉。另一只母象的象牙很短，我按哥纳瑞州给她起名叫哥纳。

哥纳待在简旁边，但刚开始佐拉不好相处。可怜的佐拉一定和偷猎者有过不愉快的经历。它很警惕，也很紧张。当其他人离开时，它神秘地躲在灌木丛后面，一次又一次地伏击我。有一天，当这群大象在一片小小的可乐豆灌木丛里休息时，我坐在一棵树下等着。大约两个小时后，简没有继续前进，我觉得很奇怪。我打开追踪无线电：没有信号。它们不见了：24只大象离开了，而我什么也没听到。

很快我就在远一点的地方收到了信号，开始跑去追赶他们。突然，一大团灰色的东西出现在我眼前，在阳光下闪过一道耀眼的白光。佐拉伏击了我，此时全速冲向我。我钻进一米高的可乐豆灌木丛里面，然后听到有人喊道："没关系！是我，别担心！"我意识到声音是从我自己嘴里传出来的，这让我感到很惊讶。佐拉认出了我的声音，停了下来。我意识到，在简的影响下，它已经学会了接受我。

我与简非凡的关系突出了大象的智慧和它们惊人的交流能力；简告诉其他大象我不会构成威胁，就证明了这一点。在过去的几十年里，我们关于大象的智力、认知能力和心理状态的知识大大增长。我们越了解这些动物，就越能意识到它们与人类有多么相似。它们会使用工具，有一个非常符合它们需求的复杂社会，它们比我们多活了好几百万年，而且没有破坏环境。

它们有一个高度复杂的交流系统，我们才刚刚开始了解。它们有感情和强烈的家庭观念，会表现出情感和同理心，并且了解自我，到目前为止，这只有类人猿（包括人类）和海豚才能做到。大象也有幽默感，能够思考复杂的问题并提前计划，它们会哀悼死者，简展示了所有这些能力。对小象和我来说，简是一个真正了不起的老师。它让我了解它的世界，不用说话就能明白我的意思。我们屠杀这些神奇动物完全是自找死路。

"大象只不过是另一种自然资源，人类因为贪婪和需求去捕获它们。在某种程度上，人类需要重新认识自然，否则他们将对这种因果的相互关系一无所知。"

———

斯蒂芬·布雷克博士

◎ 马丁·哈维摄，中非德赞喀巴亦

08

最后的长牙象

每次有长牙象非自然死亡时，它积累的智慧便会消失。对于大象社会来说，跟智慧损失相比，巨大的象牙损失显得微不足道。

詹姆斯·柯里

我听到大树倒下时发出的震耳欲聋的爆裂声，接着砰的一声巨响，大地颤抖。我屏住呼吸，扫视着浓密的灌木丛，希望能瞥见一只如此具有毁灭性的动物，地球上最大的大象。就在巴豆下层丛林中一扇小窗户外面，不到40英尺（约12米）远，一小块布满皱纹的灰色皮肤映入眼帘，伴随着一种可怕的静谧。就连森林里的鸟儿也被吓得一动不动，要么是被刚刚大树倒下的爆裂声吓到，要么是出于对万王之王的敬畏，或者两者都有。

一阵突如其来的狂风吹过我的肩膀，吹开了我身上的人气，我浑身僵硬。我前面的巴豆下层丛林里闪烁着绿光和白光。然后我的窗户突然关闭了，挡住了巨型公象的踪迹。我知道风已经背叛了我。"现在怎么办？"我对自己说。他是直接冲过来还是直接走开？时间一秒一秒、一分一分地过去了。在这种情况下，沉默的声音有多大？

没有任何预兆，我用余光察觉到有动静。一个巨大的身影慢慢地向我走来，脚下柔软的沙子减慢了他的速度。我的注意力集中在渐渐逼近的大象身上，大象的身高是我的两倍。看到他那迷人的象牙后，我立刻动弹不得。现在，就在30英尺（约9米）之外，这只雄壮的公象停了下来，两根象牙触地。他伸出象鼻，似乎盯了我很长时间，他伸长着鼻子凝视着我，好像我的出现并不重要。

经过一番努力，大象抬起头，慢慢地摇着头。他转过身去，慢慢地向旁边走去。当他穿过我正前方的一片空地时，那根巨大的象牙在前方开路。寂静的森林又一次吞没了他。

我站在那里，仍然不敢相信刚刚发生的事情。我刚刚居然和一个传说中的非洲长牙象待了一会儿。一开始我很高兴，因为很难看到这些存活下来的庞然大物。当我意识到这没有什么值得庆祝的时候，失望和负罪感充斥了我的内心。

穆坦达，肯尼亚察沃国家公园里一只特别优秀的领头母象，60 岁时自然死亡。

传说中来自南非坦贝大象公园的伊西洛死于2013年底或2014年初，"官方"宣布为自然死亡。然而，他的尸体在他死后2个月才被发现，并且没有象牙。

如果查尔斯·达尔文今天还活着，持续存在的大象危机可能会证明他的观点是正确的。他的进化论对他那个时代的创造论思想作品来说无疑是一个打击。创造论思想认为上帝创造了人类和所有的生物。直到今天，许多人仍然认为，猿类和人类是从共同祖先进化而来的这一概念很难理解。达尔文提出的理论，即物种在数百万年的时间里，通过细微的变化不断进化，让人很难理解。许多诋毁达尔文的人对他的理论提出异议，仅仅是因为没有充分确凿的实时进化证据来支持他的说法。现在，发生了大象危机……

在2013年12月的一次拍摄之旅中，我看到了世界上最大的大象。我是世界上最后看到最大大象的活人之一。他的名字叫伊西洛，祖鲁语意思为"万王之王"。他住在坦贝大象公园里。公园位于南非的东北角，有稀有的沙林和沼泽地，环境十分优美，是夸祖鲁－纳塔尔最后一群自由漫步的野生大象的家园。伊西洛不仅身形极其庞大，在他壮年的时候，重达7吨，肩高4米，而且他还拥有当时活象中最大的一组象牙。我们的星球因为他的早逝而变得更加可怜。

因为伊西洛的死，我们甚至变得更加可怜，因为我们永远不会知道他的象牙的长度的精确记录。坦贝人的传统领袖、坦贝象的管理人恩科西·坦贝曾决定要将伊西洛的象牙放在班德机场的入口处，以纪念这个温柔的巨人。但是，在我拍摄完他之后不久，伊西洛就消失了。几个月来，公园管理员一直在找他，担心会发生最坏的情况。2014年3月，人们终于发现了他腐烂的尸体。尽管人们认为伊西洛是自然死亡，但公园管理人员惊恐地发现，约3米长的象牙是被明目张胆地从这只标志性大象的脸上扯下来的，直到今天，那些象牙还没有被找到。

就在他死后几个月，在1600多公里之外，一只同样著名的大象最后一次进入肯尼亚山的禁猎区。人们亲切地称他为"山象"，他是只漫游象，漫步在莱基皮亚高原和肯尼亚山之间的广袤土地上，穿越社区土地和保护区。尽管他不像伊西洛那么高大雄壮，甚至可能也不是公认的"大长牙象"，但他仍然令人印象深刻，是一场雄心勃勃的大象保护运动的催化剂。

他戴了项圈，以便环保人士能追踪他的下落。为了进一步保护他，阻止偷猎者，他的象牙被锯掉了。但几个月后，人们在非洲第二高山的山脚下的森林深处发现了他的尸体。尸体上布满了枪伤。他的象牙被锯掉之后，余下的残根依然壮观，足以使人有理由将他残忍地杀死。山象的象牙一直没有被找到。

人们常说坏事成三。对标志性公象来说，2014年也是坏事成三的一年。下一只受害大象是一只非凡的肯尼亚长牙象，他是这三只大象中最著名的。萨陶是肯尼亚最大的长牙象，他的象牙可能只比伊西洛的小一点点。他住在东察沃国家公园，是一只真正了不起的动物。他那几乎对称的象牙微微弯曲，走路时差不多碰到地面。2014年5月下旬，萨陶被一支毒箭射入左胁腹致死。讽刺的是，他是在国家公园内被杀害的，这个地方本应保护他，帮助他躲避偷猎者。

世界上最大的三只大象在三个月内都消失了。伊西洛和萨陶属于精英大象，这些大象被称为长

牙象，每侧的长牙超过45公斤，但这些大象的数量正日益减少。就在100年前，长牙象在非洲还很常见。那里有成千上万只长牙象和几百万只其他大象。然而今天，根据最新的大象普查结果，地球上大约只剩下40万只非洲象。

但也许大象危机中最令人震惊的一个问题是，在剩下的非洲象群中，有一个奇怪又明显的现象。大象正在逐渐失去"大象特性"。大根象基因正在消失，迅速被小根象牙基因所取代，更令人担忧的是，在某些地方，被无牙基因所取代。

由于猎杀长牙象，人类加快了象牙消失的速度。今天，在非洲几乎没有什么地方还有"百磅象牙大象"在游荡。正如我们所知，大象正在迅速灭绝。当我写这篇文章的时候，估计地球上只剩下25只大长牙象。与此同时，整个非洲象群的无牙象越来越多。这是人为的、非自然的选择。

在一个健康的大象种群中，无牙象占3%~5%。但现在这一比例上升到60%或更高。例如，在南非的阿多大象国家公园，90%以上的母象都是无牙的。它们都是11只小牙或完全无牙的大象的后代，而这11只大象构成了基础种群，今天这个种群的大象数量有600多只。最初的11只大象是20世纪20年代东开普省猎人留下的最后一批动物。

在我们的有生之年，就在非洲一些最著名的公园的自然保护主义者的眼皮底下，发生了这种情况。根据2008年发表在《非洲生态学杂志》上的一篇论文研究，在赞比亚的南卢安瓜国家公园和附近的卢潘德禁猎管理区，无牙母象的比例从1969年的10.5%上升到1989年的38.2%。这并不是因为大象口腔卫生状况不佳而导致的——在20世纪七八十年代，赞比亚的象牙偷猎活动大幅增长。

在乌干达的伊丽莎白女王国家公园，20世纪90年代初的一项大象保护计划报告称，无牙大象比例高于正常水平，并推断象牙偷猎是罪魁祸首。1989年对该地区的一项调查显示，无牙象的比例可能接近25%。

最后，在莫桑比克的戈龙戈萨国家公园，几乎90%的土著象群在漫长的内战中被屠杀，几乎60%的成年母象完全没有象牙，30%的幼象和它们的母亲有着相同的特征。象牙的基因几乎已经消失，而无牙基因似乎正在取而代之。

大象的象牙有许多基本生活作用。大象用象牙从树上取下树皮，挖出树根，把困在烂泥里的幼儿捞起来，掘地取水。它们的功能从重要到平凡，从严肃的防御武器到简单的象鼻休息地。公象也用象牙来争夺母象。虽然无牙象也可以生存，但它们基本上是残疾的，它们失去了很多"大象特性"。

许多猎人会狡辩说，杀死一只长牙象并不会对大象数量有丝毫影响，这些公象的数量远远超过了它们鼎盛时期的数量，它们已经有了许多年的时间来传递它们的基因。但科学告诉我们，公象只在35~40岁的时候才会有性高潮。这与这些公象成为"百磅象牙大象"或长牙象的时间直接对应。象牙长度从这个年龄开始呈指数级增长，直到公象到达60年寿命的终点。这个象牙快速增长的阶段正是猎人瞄准猎物的时候，因而导致了一个令人不安的现实：很少有长牙象能够将象牙基因传给后代。

每次有长牙象非自然死亡时，它积累的智慧便会消失。对于大象社会来说，跟智慧损失相比，巨大的象牙损失显得微不足道。大象是聪明而复杂的生物，我们才刚刚开始了解它们的社会结构。人们对母象和小象之间的关系、领头母象的重要性和紧密联系的家庭群体的错综复杂的关系进行了大量的研究。

但在大象社会里，公象和母象一样重要。这可以通过被转移到没有年长公象的非洲野生动物区域的年轻公象的异常行为来证明。众所周知，这些年轻的公象会试图与犀牛交配，甚至猎杀犀牛。它们猖獗地奔跑，拆毁围栏，攻击车辆和行人。

多年来，环保人士一直对此感到困惑，直到有人建议引入更年长的公象，看看它们是否能让年轻的公象安静下来，这种方法奏效了。现在的普遍做法是，让至少一两头更年长、更成熟的公象来陪伴年轻的公象。此外，年长的公象在它们生命的最后几年通常有几个年轻的公象陪伴着。老象的视力、牙齿和感官随着年龄的增长而退化，这些年轻的公象会保护老象，帮助寻找食物。人们相信，作为对保护和引导的回报，老象会传递它的知识，解释成为大象社会中的一只公象意味着什么。

2015年，这只巨型公象在津巴布韦南部被一名德国猎人合法射杀。他可能是过去40年里在非洲猎到的最大的公象。然而，许多人认为他还年轻，可以将自己的基因传给后代。

许多狩猎联谊会人士和其他人士认为，这种狩猎很不道德，不应该发生，象牙超过100磅的大象应该被视为国宝，绝不应该被猎杀。

穆伦波（美丽一号）是察沃国家公园众多巨型大象之一，
每根象牙重达140磅（63.5公斤）。

今天，当我重温我在伊西洛去世前（他于2013年末或2014年初去世）为他拍摄的影像时，我仍然敬畏这位受到如此多人尊敬的温柔巨人，我对他的离去深感悲痛。我仍然对我所看到的东西感到惊叹：他高大的身躯和令人难以置信的长牙使他远近闻名。但我更惊叹于我所没有看到的东西：他那积累了将近60年的知识将会传递给其中一只随行大象，让他在这个重要的种群中继续生活和成长。

我意识到伊西洛是少数几个幸运儿之一，能活到那个高龄年纪。我们可能永远不会找回他的象牙，但坦贝的大象可能仍然受益于他的知识和

智慧。但那么多其他的长牙象就没那么幸运了。

像伊西洛、山象和萨陶这样的巨型大象的消失令人沮丧。不过，我们还有一丝希望。肯尼亚的察沃国家公园和南非的坦贝大象公园目前有巨型象牙的最佳基因。非洲的其他地方都没有保存长牙象基因这一习惯。为了我们的孩子和孩子的孩子，我们需要保护和培养这些大象使者。

有些人可能会说，人为的无牙象进化从长远来看会拯救大象；那些巨型"百磅象牙大象"的象牙的深褐色照片是过去时代的遗物。但我认为，我希望我的孩子能看到大象原本的样子：长牙、健康、不受人类贪婪的迫害。

© 约翰·马雷摄，肯尼亚察沃国家公园的萨陶

09

致敬巨型长牙象

作品集

科林·贝尔

翻阅早期非洲探险者的杂志时，我发现当时的象牙更大、更重，这让我感到震惊。当我翻阅罗兰·沃德的狩猎记录时，这种感觉更加强烈。这些记录中列出了数百只战利品大象，每只大象的象牙重约200磅（约90.7公斤）。大英博物馆展出的一只大象的象牙重量高达惊人的440磅（约181.4公斤）。这份清单并没有记录成千上万被偷猎或商业捕杀的大象，这些大象的象牙被运往世界各个市场，做成琴键、台球和手镯。直到最近，"百磅象牙大象"依然被认为是狩猎界的最低标准目标。一个狩猎网站这样哀叹道：

一只象牙质地优良的大象通常被认为是非洲最受欢迎的狩猎战利品。每根象牙100磅（45公斤），这曾经是一个神奇的数字，不过现在70磅（32公斤）都被认为是非常好的了（森林象35磅，即16公斤）。与几年前相比，今天要寻找又好又重的象牙要困难得多，许多猎手为此花费大量的时间和金钱，但都没有成功。

显然，狩猎和偷猎已经对大象的数量造成了影响，尤其是对大象象牙大小的影响。最大的长牙象最先被射杀，几十年来它们的数量一直在不断减少，导致基因库迅速缩小。如今，无牙象正变得越来越多——活生生的证据表明，"适者生存"这一准则在今天仍然很重要，尽管有一个小小的转折："最小者生存"。

本章主要致敬幸存下来的长牙象，它们是最后一批拥有强大遗传基因和漂亮象牙的大象。它们能够躲过战利品猎人和偷猎者的子弹，活到50岁以上。没有人知道今天非洲还剩多少只象牙重达100磅或以上的长牙象，但肯定不到50只，也许这个数字低到20。

遗传是一个关键因素，但环境也是。土壤贫瘠的地区（如纳米比亚和博茨瓦纳）很少有长牙象，罗兰·沃德的记录证明了这一点。然而，就纯粹的体型（测肩高）而言，纳米比亚西北部适应了沙漠环境的大象的体积最大。我们在这本书的其他章节提及它们。现在来大饱眼福，看看现在还被认为是正常的大象吧。

萨陶2号和他的三个随行伙伴
在肯尼亚东察沃国家公园，萨陶2
号2016年死于偷猎者的毒箭之下。

坦桑尼亚恩戈罗恩戈罗火山口的大象几乎全是公象。研究表明，它们可能来自周围的高地。

世界上仅存不到40只长牙象；小马莱、蒂姆和托尔斯泰就是其中之三。邦中超过三分之一的长牙象生活在肯尼亚东察沃国家公园，在那里它们受到当局和察沃信托基金会的严密监护。

© 约翰·马雷摄

一只大象在生命的最后10年里长出的象牙长度，比最初的10年或20年长出的长度还要长。大象用象牙来欺负和恐吓先天条件不好的同类。此外，在母象眼中，体型似乎真的很重要。这里是肯尼亚的坎波佑。

托尔斯泰（左）和蒂姆（右）的故事可以追溯到1973年，当时辛西娅·莫斯在肯尼亚的安博塞利研究项目开始记录该地区大象家族的血统、行为和迁移情况。蒂姆当时4岁，而托尔斯泰只有2岁。46年后，它们能够避开偷猎者的子弹和毒物，这是非常了不起的。托尔斯泰右边的象牙是与蒂姆打架时弄断的，而他左边的象牙随后被修整（在这张照片拍摄之后），以避免拖到地上，被偷猎者跟踪。

© 约翰·马雷摄

10

大树、大象和大思想

> 保护物种就是保护一系列重要的生态过程，就是保护一大批较小的物种。

米歇尔·亨利博士

人们重视大树和大象的原因很明显：它们都具有美学吸引力，对生态系统功能很重要，而且具有经济价值。但在津巴布韦和南非，为了树木，人们需要管理大象。所以，从历史上看，大象已经被筛杀了。

然而，共存始终是生态网的核心，所以我永远不会只喜欢树木或大象。观察围栏两边的反差，然后把这种差异归咎于大象，这似乎显得不近人情。在没有大象的情况下，根据植被的样子或预想中的样子来设定管理基准似乎也毫无意义。在树象连续体共存的三种情况中（即没有大象、有一些大象和有太多的大象），需要用不同的方式看待事物。一定会有一种大思想！

大树和大象密度之间没有线性关系，这一点越来越明确。这是一个复杂的系统，受多种因素的影响，这些因素一直在变化，导致结果无法确定。其中很多因素是我们无法控制的，原因很简单，因为它们作用的空间和时间范围都很广。一棵树的寿命取决于许多因素：

- 气候
- 火灾频率
- 土壤类型
- 地形
- 海拔
- 周围植被群落
- 多种动物种类中的食草动物
- 大象的空间分布
- 树木适口性
- 被吃后的再生长能力
- 种子的再生率
- 树根和树皮结构以及因此对大象影响的敏感性。

人类往往会扭曲这些关系。我们挖水坑，但水坑能把大象留在某一区域，然后我们开始担心周围那些碰巧是大象喜欢的树木，而导致树木减少。要理解大象和树之间的关系，我们必须跳出狭隘的空间视野和短时间尺度。我们得把范围加宽。大约在5500万年前大象谱系出现时，大树就已经和大象共存。而原始人类谱系只存在了大约500万年到700万年。

树 – 象相互作用

大树直接（木本植物部分）和间接地为食草动物提供食物。它们作为营养泵，将微量营养素带到地表，并增加其周围草种的多样性。这在雨季特别有好处，因为那时大象主要是吃草的。

大树也提供荫凉，这对于肩高超过3米的生物来说尤其重要。人们发现，大公象更喜欢高植被和低草本生物量地区，而母象则恰恰相反。一般来说，大象倾向于穿过人类居住的地区，或者只在晚上才走到更开阔的地区；大树为它们提供了庇护，给予了它们安全感，让它们在白天隐藏自己。

大树是大型鸟类重要的筑巢地。秃鹫在清理尸体时起着重要作用，它们更喜欢在大树的上部树冠筑巢。因此，大树、秃鹫和大象之间的相互作用关系是值得一提的，大象可以刮掉树皮或弄倒秃鹫用来筑巢的树木。如果大树的更替周期更多地因大象破坏之外的因素被打破，则秃鹫的筑巢可能会受到影响，从而带来消极后果。在这种情况下，依赖大树筑巢或以大树作为水果来源的鸟类或哺乳动物（如蝙蝠）的潜在多样性可能会降低。

象 – 树相互作用

大象是生态系统工程师和主要的树枝修剪者。尽管它们更喜欢吃草，但在旱季，它们能毫不费力地折断树枝或树篱、弄倒树木或将树木连根拔起。根据受影响程度，这些修剪活动可以促进植物生长或将树冠带到其他较小的食嫩叶动物可及的范围内。

研究发现，这一过程可以提高受影响植物的营养质量，提高景观的整体生物多样性，促使耐受大象影响的植物物种生长在靠近水源的地方。受大象影响的景观的植被结构将会被改变；大象

的进食习惯为较小的动物创造了微栖息地，使得蚂蚁、爬行动物和青蛙的多样性更高。

大象是堆肥机和肥料生产者。因为它们的消化效率低（约22%），所以它们肚子里有大量未消化的植物。一堆粪便约10公斤，平均排便时间为25.3小时。它们每天能够产生150公斤的湿粪。受大象影响的景观可能含有丰富的营养物质。

大象是忠实的园丁。大公象能把水果种子从种子来源地最远带到65公里以外的地方，使它们成为最令人印象深刻的野外水果种子传播者之一。种子不仅可以有效地被分散，而且可以保存在一个完美的有机覆盖层中，这有助于发芽。在很多方面，大象创造了风景。

促进共存

人口的增长是大树和大象和平共处的最大威胁。2000年，非洲的平均人口密度是每平方公里26人。到2050年，预计每平方公里人口将达到60人。这将增加自然生态系统的压力：野生植被被砍，土地用来种植农作物，大象活动范围内的大象数量减少，以及人类与大象一起争夺资源。

在没有人工水源的广阔区域，仍然存在着自然迁移周期。例如在博茨瓦纳，大象可以在夏天从受到严重影响的地方迁移，从而使植被得以恢复。但在其他地区，我们扰乱了夏季大象活动范围扩大的自然周期，随后在旱季它们的活动范围向有限的水源缩窄。例如，在南非的公园里，历史迁移路线被栅栏隔开，景观周围都是人工水源。这会提高大象与大树的会遇率，尤其是那些离水源最近的树。

在大型保护区里，大象能根据资源的可获得性来调节自己的繁殖产出。旱季的水资源有限，当食物耗尽时，母象会降低它们的繁殖产出。

在降雨量低于平均水平的年份，母象可能会推迟它们的第一次繁殖年龄，或者延长产犊间隔。在家系单位内，断奶的小象受到不利条件的影响

最大，通常在水源之间的长途跋涉中，或者在食物和母乳不足的时候，最先死亡。

有了这些知识，只要保护区足够大，我们就可以通过规范我们自己的管理行为来鼓励自然生态系统的发展。这将促进大树和大象之间更加和平的共存。

过度伐木和大象

大树可作为燃料和建筑材料，用来制作家具。在撒哈拉以南非洲地区，木材燃料占家庭能源的85%左右，需求量每年增长3%~4%。木炭的使用对自然森林和林地造成了巨大的威胁，因为人们偏爱活的老龄树。到2025年，一半以上的非洲人口将会城市化，城市化人口每增加1%，木炭的用量便会增加14%。对建筑木材、木炭燃烧和木柴的需求已导致非洲约68%的森林遭到破坏。在南非和莫桑比克，保护区周围的林地受到的影响显而易见。

就像大树一样，大象的价值随着它们数量的减少而增加。象牙价值的飙升引发了一场偷猎海啸，导致非洲大陆大部分地区的大象数量急剧下降。在莫桑比克，大象数量在5年内下降了48%，从2015年底开始，克鲁格国家公园经历了一些其历史上大象数量最多的偷猎事件。

为什么要保护大树和大象？

大树和大象的生长需要时间。这意味着它们从过度开采中恢复的速度很缓慢。大树可以缓冲不平衡的气候，它们是食物来源、营养物质来源、筑巢地点和洪水或侵蚀防止剂。大象是关键种和伞护种。保护它们，我们便能保护一些关键的生态过程和一系列较小的物种。它们是树木的忠实园丁。

因此，尽管单独来说大树和大象都很重要，但因为它们相互作用的生态功能，它们也共同发挥着至关重要的作用。我们不能把一个物种的重要性置于另一个物种之上，我们绝不能以牺牲一个物种为代价来保护另一个物种。我们的管理行为应该促进它们的共存。

我们已经让大树和大象受到巨大的威胁，是时候制定明智的策略和重要的解决方案了。

琅加尼尼可能是克鲁格国家公园现存的最大长牙象。这可能使他处于危险之中，因为有证据表明，席卷东非的偷猎海啸对南非象群的影响越来越大。

© 约翰·马雷摄

"动物更古老、更复杂，在很多方面比我们更有经验。它们更完美，因为它们处于大自然可怕的平等关系之中，正如大自然所期望的那样。它们应该受到尊敬，恐怕没有什么动物比世界上最具情感的陆地哺乳动物——大象更应该受到尊敬了。"

————

达芙妮·谢尔德里克

@ 塔米·沃克摄

津巴布韦万基国家公园的这张照片拍摄于尼亚曼德洛乌潘（恩德贝勒语，意为"大象的肉"），当时一天快要结束了。每天晚上，象群都会来到这里喝水、打滚。

© 科林·贝尔摄，博茨瓦纳奥卡万戈三角洲幕天席地游猎场

11

保护非洲草原的大象和生物多样性

有大象时，在以前缺水的地区进行人工供水是对南部非洲大型、相对开放的野生动物系统的生物多样性的最大威胁。

理查德·WS.费恩博士、蒂莫西·G.奥康纳博士

对非洲保护主义者来说，这只标志性的非洲象是一个烫手山芋：要么是由于猖獗的偷猎活动导致一些地区的大象太少，要么是其他地区大象数量激增，引发了人们对栖息地破坏的担忧。人们一直对大象密度过高带来的负面影响争论不休。大象密度过高会导致当地树种灭绝、植被同质化以及栖息地多样性减少，从而对其他野生动物种和整体生物多样性产生负面影响。这是负责保护栖息地和整体生物多样性的机构面临的主要困境。我们是要保护大象还是要减少大象的数量？对于持不同观点的人来说，是否有一个可接受的解决方案？

我们认为，确实有不需要减少大象数量的潜在解决方案。但这取决于保护区的大小及构成环境板块的栖息地类型的具体组合情况，以及大型景观的水资源可利用性。以几个南部非洲的公园为例，我们认为，小型和中型公园比大型公园更容易受到大象的负面影响。此外，我们还认为，景观的水资源可用性决定了大象会去景观的哪个地方。因此，在大象最不容易到达的地方为植物提供一片乐土，以免使它们受到严重影响。

除了公园的大小，我们认为，人工供水是决定大象对生物多样性的影响结果的最重要的因素。最后，我们讨论了在有许多大象的情况下，靠近季节性河流和常年性河流的河岸林地如何免遭破坏，不管是通过自然方式还是各种干预措施。

在非洲进行的几项研究表明，大象会对乔木和灌木的结构（垂直分布）、丰富度和多样性产生重大的负面影响。这些研究还表明，这些影响的严重程度因公园大小和人工供水情况的不同而不同。

大象是非洲稀树大草原上的水源占卜师，它们的足迹必然会把我们带向有或曾经有珍贵水源的地方。

这两张在旱季和雨季于博茨瓦纳同一地区拍摄的照片表明，大象会破坏植被；经过旱季大"修剪"后，10月份时树木看起来像是受到了重创，到12月份就会完全恢复。

在东非，理查德·劳斯通过默奇森瀑布国家公园、察沃国家公园和曼雅拉湖国家公园这几个例子总结了大象对林地的影响。在这些地区，大象对木本植被产生了严重影响，在某些情况下，大象几乎完全将林地和森林转变成开阔的草原。在博茨瓦纳的乔贝河沿岸，卢卡斯·若提娜和斯坦·莫伊报告说，大象对河岸林地的结构和多样性产生了严重影响。在克鲁格国家公园，格雷格·阿斯纳和肖恩·莱维克指出，在大象可到达的地区，树倒率要高出6倍，高大树木的数量减少了20%。蒂姆·奥康纳在南非北部一个中型公园进行的一项长期研究表明，18个树种的数量急剧下降，相当于在13年内损失了一半以上的数量，其中一个树种灭绝。西蒙·沙玛耶·雅姆等人在万基国家公园的研究表明，在距人工水点5公里内的地方，大象对林木植被的影响最为严重。

很明显，大象数量过多会对木本植被产生严重的影响。但是，人们对生物多样性保护的担忧并不是大象会对局部地区的植被结构和多样性产生影响，而是大象的影响会遍及各种大型景观，减少栖息地的多样性和相关的生物多样性。例如，研究表明，哺乳动物、鸟类和昆虫的多样性对植被结构有不同的要求，物种的偏好范围从矮灌木丛到树木高大的林地，从开阔的矮草草原到高草草原，或在这些结构之间的任何一种结构状态。

一个物种所偏好的植被状态构成该物种栖息地需求的一部分，在这个环境之外该物种就无法生存。因此，把林地变成灌木丛或把高草草地变成矮草草地可能会使某些物种丧失栖息地，从而导致生物多样性的减少。简化的景观也会降低野生动物适应非洲热带稀树草原多变气候条件的能力。高大树木的损失对依赖它们筑巢的鸟类，或依赖它们的嫩叶为食的长颈鹿有着明显的负面影响。

另一方面，博茨瓦纳乔贝河上的岛根·马卡布等人以及津巴布韦万基国家公园的马里昂·瓦莱等人展示大象创造灌木丛的过程，使石羚、黑斑羚和捻角羚等食嫩叶动物受益。因此，如果将影响限制在近水区域，灌木丛和树木高大的林地都可以免受影响，增加了食嫩叶动物的栖息地多样性。同样，鸟类栖息地的多样性也在增加，有些鸟类喜欢灌木丛，而其他鸟类喜欢树木高大的林地。

马里昂·瓦莱等人证明，万基的大象也可以创造出更开阔的、能见度更好的区域，这有助于降低一些大型食草动物被捕食的风险。因此，大象对植被的局部影响可以增加整体栖息地多样性，有利于生物多样性，但前提是这些影响仅限于景观的一部分。

允许大象将热带草原植被变成灌木丛和矮草草地会使我们失去大部分高草草地和林地栖息地，从而给生物多样性的保护带来严重的问题。因此，将大象引入较小的有围栏的公园，使它们能够在一年中的任何时间轻松到达公园的任何地方，似乎需要将大象的数量维持在一个非常保守的水平。这可以通过避孕、迁移或筛杀来完成。

如果小公园里的大象数量不受控制，随着时间的推移，大象密度会变高，它们最喜爱的食物类型（树木和草）也会被耗尽，使它们不得不将注意力转移到下一个最喜欢的物种上（称为饮食广度延伸）。如果有足够的时间，小公园里的大象最终会耗尽它们的食物资源，导致旱季时它们的数量急剧减少，留下一个与先前的系统相比极其不同且物种匮乏的系统。

如果大象能引起巨大不利的植被变化，那么保护机构会采取什么方法来缓解呢？在大型公园里，几个流程可以缓和大象数量过多带来的影响。其中一个建议是确保有广阔的区域供大象活动，例如博茨瓦纳北部、邻近的纳米比亚和津巴布韦公园。与较小的公园相比，在这些公园里，食草动物与食物资源区域的联系可能没有那么紧密，因此它们有更多的选择，更可能远离受到严重影响的植被。这通常是季节性的，让受到严重影响的植物有时间恢复，而且可能很长一段时间大象都不会再光顾。

这也有助于增加栖息地的多样性，从而提供

更多食物资源，使大象能够满足它们季节性的觅食需要。这将促使大象在不同的栖息地和区域之间活动，让植被有更多的时间恢复。

当然，广阔区域的价值取决于大象的数量。如果栖息地宜居，大象的数量将会增长，最终加大对每个觅食区域的影响，导致大象返回受影响植被区域的时间更短，植物恢复的时间变短，最终造成植被转化。空间尺度很重要，但其本身不足以减轻大象的影响。

免受大象影响的保护区为较大的象群和生物多样性共存提供了最佳机会。这些区域是大象无法到达的，比如悬崖边缘的平顶山高原。自然保护区是极其罕见的，通常保护的栖息地和植被与周围景观完全不同。因此，它们并不是全面缓解大象对生物多样性的影响的基础。

另外，生物多样性也可以从实质保护区中受益，在实质保护区中遇到大象并受其影响的可能性非常低。那么，什么情况下遇到大象的概率较低？水的供应是其中一个影响因素。大象和其他大型食草动物几乎不会到达远离水源的地区。大象几乎每天都需要饮水。大象可能影响的区域范围取决于不同社会单位从水源算起的最大觅食距离。如果一个象群由母象和小象组成，由于小象不能走很远，所以该距离约为5公里。相反，成年的公象对树木造成的伤害最大，它们会环割树皮并将树木连根拔起，可能会去离水源15~20公里的地方觅食。

因此，系统中稳定水源的空间分布对最大觅食距离之外的景观面积有着关键性影响。目前在南部非洲象群活动的广阔区域里，常年性河流的数量有限。这些区域包括博茨瓦纳北部、纳米比亚北部、安哥拉南部和津巴布韦西部、横跨津巴布韦北部和赞比亚东南部的地区，以及横跨克鲁格国家公园北部、津巴布韦东南部和莫桑比克西部的地区。

在自然环境下，雨季时象群的活动范围扩大，因为雨水填满了季节性河流和湖泊，使象群能够到达除冬季干旱地区以外的其他觅食地。然后，随着湖泊和季节性河流的干涸，大象又回到了它们的冬季觅食地。由于大象在雨季更喜欢吃草，所以在大象只有雨季才能到达的区域里，大象只消耗了少量的木本植物。在降雨量高于平均水平的年份，一些又大又深的湖泊或河流、深潭可能会在旱季蓄水，使大象更可能消耗周围的植被。

在大型自然景观中，大象遇到木本植物的概率有一个梯度，从极高到极低，用来反映这些景观中空间保护区的有效性梯度。这反过来又形成了大象对植被的影响梯度，从某些地方的最低梯度到另一些地方的最高梯度，从而增加了栖息地的多样性，最终增加了生物多样性。因此，与一般预期相反，我们预测大型象群将增加大型自然景观的生物多样性。

进食方式

林地的破坏者和转化者已经成为非洲大象的代名词，这让人不禁要问为什么它们会选择以这种方式进食。虽然大象的饮食随季节变化很大，但布鲁斯·克莱格最近在津巴布韦东南部进行了一项研究，试图通过大象选择的饮食价值与现有的食物价值进行比较，以解释这种方式。

在雨季，大象尤其是公象，更喜欢吃绿草和非禾本草本植物（草本开花植物），因为它们可消化物质中的营养比那个时候的木本植物的营养更多。在雨季，草类和非禾本草本植物的生长使大象可迅速获得大量的饲料。此外，草类往往缺乏木本植物的化学防御能力。

因此，吃草更能满足大象的能量和营养需求。但随着旱季的来临，草类和非禾本草本植物干枯，吃草逐渐不能满足大象的需求。草类和非禾本草本植物的可消化性、能量、养分浓度和数量下降。这时大象就会吃灌木和树木的绿叶。在旱季，这些植物保持绿色的时间更长，因为它们的根系很深，可以从浅根草本植物所不能及的地方获得地下水。

当旱季末期大多数木本植物落叶时，大象会转而选择它们喜爱的树种的树皮和树根。这对单棵树木的负面影响最大。这些旱季的食物既不是大象偏爱的，获取方式也不高效，但是却能在一年中最困难的时候满足它们的营养需求。

因此，在诺曼·欧文·史密斯为食草动物进行的饲料资源分类中，大象偏爱的草本植物是一种高质量的资源，乔木和灌木的叶子是储备资源，而当其他食物耗尽时，树皮和树根便是缓冲资源。因此在旱季，大象最大觅食范围内的木本植物特别容易遭到大象的破坏。

因此，人们通过结合季节性的供水空间格局、大象的最大觅食距离和季节性的饮食选择格局，来建立实质意义上的木本植物保护区。如果通过人工供水等方式改变了稳定的水资源供给，会危害到保护区。在万基国家公园人工水点密度高的地区开展研究的西蒙·沙玛耶·雅姆和其他人也证明了这一点。

供水

我们预测，如果大象全年到达景观各个区域的可能性差不多相同，并且没有空间保护区，或者保护区的有效性已被人类通过人工供水等活动降低，大型象群将对景观的生物多样性造成严重的负面影响。

克奥伊坎特塞·锡安加等人最近在博茨瓦纳北部进行的一项研究有力地证明了有效的空间保护区能防止大型景观被同质化和丧失生物多样性。在距稳定水源5公里的范围内，大象在旱季觅食会将绢毛榄仁（该地区一种受欢迎的树木）林地变为矮灌木地，而高大、未受破坏的绢毛榄仁林地范围超过15公里，这是成年公象从稳定水源处出发觅食的范围。

显然，大象和其他草食动物造成了这种景观结构和组成的异质性，在这种景观中，离稳定水源15公里以外的地方有为受保护的植物物种建立的空间保护区。

因此，在以前大象旱季无法到达的景观中设立可以从钻孔中抽水的人工水点会对空间保护区构成威胁，使大象可以永远进入这些区域。这种人工水点项目于20世纪70年代在克鲁格国家公园开始实施，因为人们在公园西部边界搭建了围栏，使得野生动物无法前往季节性觅食地，因此人们担心它们在旱季无法找到水源。

在克鲁格国家公园的管理人员开始关闭这些水点之前，在旱季，大象活动时离水源的距离不可能超过6公里，导致人们几乎在公园的所有地方都极有可能遇到大象。香农等人进行的一项研究发现，从稳定水源处算起，大象对高大树木的影响距离长达5公里，这表明公园的景观没能免受大象影响的有效空间保护区。

空间保护区不仅能缓冲大象对植被的影响，也能缓冲其他大型食草动物对草类的影响，使更高、更优质的草类得以继续生长。因此，人们担忧会失去有效的空间保护区，也同样担忧失去食用高草的食草动物，这一担忧已成为保护克鲁格国家公园中貂羚和马羚种群的紧迫挑战。人们尚不能确定这些物种数量的减少是否是因为严重的掠夺行为导致了高草或保护区的损失，尽管这两个因素可能都起了作用。

涉及水源远近的空间保护区会影响小象和幼象的死亡率，对调节大象的数量明显有着重要作用。金永和鲁迪·范·阿尔德在南部非洲13个保护区进行了一项研究。研究显示，在旱季，断奶幼象的死亡率随着每天在水源和觅食地之间行走的距离的增加而增加。这一发现表明，旱季幼象的死亡率是影响大象数量增长的一个重要因素。

这种影响在博茨瓦纳北部尤其明显，那里的象犊在旱季往往要在水源和觅食地点之间长途跋涉，从而导致大量死亡。幼象可能会因脱水和缺乏优质食物而死，但也可能因为它们的衰弱增加了它们被狮子捕食的风险。这种幼象死亡率被认为是博茨瓦纳北部大象数量相对稳定在13万只左右的主要原因。

人工供水会降低幼象的死亡率，让象群数量增长，使其对环境的影响变大。在一段时间内，象群（包括幼象）可以获得充足的旱季食物，而不必长途跋涉。不仅幼象的存活率会提高，而且原本已经庞大的大象数量也会增加。

西蒙·沙玛耶·雅姆等人指出，在万基，大象更喜欢以前大象数量较少的人工水点。这可能是因为这些受影响较小的水点周围的食物更优质，水源受粪便的污染较小。引入水源只能取得短暂的效果，直到大象耗尽了觅食范围内的食物，并改变了植被为止。

由于更多的景观容易丧失生物多样性，里面的植被结构容易被同质化，因此在引入人工水点之后，更大的象群产生了更大的问题。在旱季，人工供水的压力往往会增加，但随后不可避免的干旱可能会造成象群的灾难性死亡。

基于上述原因，我们认为，在以前缺水的地区进行人工供水是对保护南部非洲仅存不多的大型、相对开放的野生动物系统的生物多样性和大象的最大威胁。

河岸林地

空间保护区并不适合所有栖息地。河岸林地的大象给生物多样性的保护带来了挑战，因为从定义上来说，这些栖息地紧邻水源。它们几乎都位于大象很容易到达的地方，通常由于它们的组成和结构（例如高大的树木）而拥有受到特殊关注的生物多样性，而且由于这些地方的树木几乎四季常青，它们通常是大象的首选觅食栖息地。总之，河岸林地可能是最容易受到大象影响的栖息地。那么，随着时间的推移，这些区域该如何避免遭到破坏呢？以下两个因素似乎是关键的决定因素。

第一个因素是大象在旱季是否有其他青绿饲料来源。湿地和河漫滩草地特别有价值，它们即使在旱季也是绿色的草地。比起木本植物，公象更喜欢绿色的阔叶草。如果有这种草料，大象对木本植物的影响就会减少。

对比附近有无湿地或高草河漫滩的河岸林地让我们很受启发。在博茨瓦纳北部，奥卡万戈三角洲东部边缘的河岸林地没有被改造成乔贝河的河岸林地。这两个地区有两个显著的差别。乔贝河漫滩主要以矮草为主，而奥卡万戈河漫滩则是以野生稻（长雄野生稻）、河马草（Vossia cuspidata）和高莎草（Cyperus spp.）为主的高草栖息地，在旱季提供了丰富的替代饲料来源。

乔贝河的河岸林地是沿河形成的狭长地带（到赞比西河汇流点，由于人类的入侵，林地面积已减少），而奥卡万戈三角洲有超过5万个岛屿，每个岛屿都有一片自己的林地。

因此，在乔贝地区，河岸林地与作为雨季栖息地的广阔腹地的比例较低。那里也有河漫滩草地，但那些草地适合食用矮草的食草动物，而不是大象。相比之下，在三角洲，河岸林地与旱地林地的比例要高得多，而且有很多适合大象生长的高草河漫滩。在旱季，来自广大地区的大型象群都会聚集到面积相对较小的乔贝河岸地区，而在广阔的奥卡万戈三角洲却不会发生这种情况。不同的模式导致大象对乔贝河岸林地的影响更大。我们认为，如果奥卡万戈三角洲没有大片高草河漫滩，则该地区的河岸林地受到大象的影响将会更大。

因此，了解河岸林地与旱地林地的比例对于了解河岸植被的脆弱性至关重要。在许多位于降雨量较多地区的保护区中，例如在南部非洲的东部和东非，主要河流和溪流边上有足够的河岸栖息地，以保持这种平衡，缓和大象的影响。但是很显然，在旱季提供青绿饲料替代来源（如高草河漫滩）是保护受到大型象群影响的河岸植被的最佳方式。

过去，人们往往会沿着河流，在打算安定下

来的地方进行人为干扰，以保护过度受到大象影响的河岸栖息地。例如，乔贝河沿岸仅剩的未受影响的河岸林地靠近小屋（人为干扰）或位于陡峭的、无法接近的河岸上（空间保护区）。这类似于"恐惧景观"，它影响了食草动物的分布和对景观的影响，就像在黄石国家公园重新引入狼时所观察到的那样。目前，大象在河流旁边遇到人类时，不再像在公园里其他地方遇到人类那样害怕，它们通常可以自由地在河岸栖息地觅食。

在没有其他选择的公园（例如没有其他旱季栖息地（如高草河漫滩）的公园中，可以重建恐惧景观。这可以通过规定只能在河岸栖息地有限度地猎杀大象（这一决定可能会遭到很多人的质疑），或者通过使用无人机（大象害怕无人机）或用橡皮子弹进行无害射击，从而在河岸栖息地制造干扰来实现。

另外，来自东非的露西·金的研究表明，通过扬声器播放蜂群的声音会让一群大象惊恐地逃离——这种方法可以推广。万不得已时，可以用单股电围栏建立人造空间保护区，以保护河岸栖息地的关键部分，同时允许大多数其他动物自由活动。

总之，如果大型保护区的景观中有广阔的有效空间保护区，那么在小型和大型保护区中，高密度象群对植被和生物多样性的影响是不同的。我们认为，有大象时，在以前缺水的地区进行人工供水是对保护南部非洲仅存不多的大型、相对开放的野生动物系统的生物多样性的最大威胁。

河岸栖息地的保护更为复杂，并取决于生态模式，例如是否有高草河漫滩等其他旱季栖息地，以及河岸林地与旱地林地的比例。通过电围栏建立人造空间保护区或重新引入恐惧景观有助于保护没有其他选择的公园的关键河岸栖息地。

© 加思·汤普森摄，津巴布韦 马纳波尔斯

12

忠实的荒野园丁

我们总说是大象造成了破坏，但事实正好相反。

加思·汤普森（图／文）

"看看这些该死的金宝是怎么破坏植被的！"听到这种话让人很难过，这话通常出自游猎导游之口，他们被赋予与这些高尚的关键种合作的特权，有机会观察并向环境及其居住者学习。

野生、威严的非洲大象不应该被称为"金宝"（指在马戏团里通过表演倒立和其他可耻的行为赢得名声的可怜大象）。很少有陆地哺乳动物能够控制大象的存在并拥有大象的智力。大象是最大的陆地哺乳动物，幸运的是，我们与它们共享地球。关于大象的野生动物书籍、文章和纪录片可能比其他任何野生哺乳动物的都多，但它们仍然是被误解最深的动物之一。

地球上最具破坏力的生物在谈论大象的破坏、毁坏行为，以及使林地草地退化和破坏栖息地的行为，真是讽刺：我们以进步的名义，指挥推土机铲除一片花了几百年才生长出来的原始森林，就是为了建一个购物中心、住宅区或棕榈油种植园。我们总说是大象造成了破坏，但事实正好相反。请与我一起重新思考这些丛林缔造者对环境的诸多积极影响。

形成水坑

几千年来，野生生态系统中的大多数水坑都出自大象之手。所有的哺乳动物都靠吃土来获取矿物盐。食嫩叶动物吃的土壤比食草动物吃的要多，而大象吃的土壤比任何其他草食动物吃的要多。它们弄出的洼地充满雨水，形成小水坑。当这些水坑开始干涸变成泥浆时，疣猪可能会在里面打滚，通过不断地"搅和"，扩大水坑，封住底部。第二年，在雨季过后，由于动物吃掉了更多的土壤以及它们不断地打滚，干涸的洼地范围不断扩大，它可能会被水牛和犀牛"搅和"，多年后，被大象"搅和"。

据估计，每只成年大象每年都会通过各种舔舐，从水坑中带出约一吨的土壤——喝水时约带出2.3公斤的淤泥，每次打滚、踢泥和把淤泥弄到它们身上时便会带出两桶淤泥。这个封闭过程使水坑在旱季的大部分时间里都有水，使各类野生动物受益。

挖水井

雨季结束时，在许多干涸河床的沙面下，水继续流动。大象用它们那大脚和灵活的鼻子挖水井，直至地下水位，通常超过一米深。水渗进这个圆柱形的井中，它们从井中饮水，然后离开，把水井留给其他野生动物。

提供营养

大象是完美的食草动物。它们不仅吃嫩叶和草，还吃树皮、水果、荚果和树根（地下一米以内的根）。与大多数有四个胃并且会倒刍的反刍食草动物不同，大象只有一个巨大的胃和一个简单的消化系统。经过几次咀嚼后，食物被吞进肚子里，几个小时后排出，有些植物仍然完好无损。

新鲜的大象粪便并不能称作优质的堆肥，直到其他生物扒开大象粪便寻找食物。人们常见犀鸟围着大象粪便寻找种子和昆虫，而人类、猴子和狒狒则寻找有美味果仁的马鲁拉（Sclerocarya birrea）果和蒙贡（Ricinodendron rautanenii）果。野生灵长类动物也以粪堆中的其他种子和昆虫为食。蝴蝶因粪便富含矿物质水分而被其吸引，而屎壳郎则以粪便为食。屎壳郎还把粪球埋到地里，供它们孵化后的幼崽食用，从而给土壤通气施肥。

白蚁和其他昆虫也会被粪便所吸引，从而成为许多鸟类的猎物。白蚁经常将整堆粪便转化成土壤，再循环利用真菌农场里粗糙的植被，把土壤变成健康的表土。当大象在河流、水坑和湖泊里排便时，它们的粪便就会分解，为水生生物提供食物。

左，从上到下

"搅和"是水坑形成的开始。

开采富含营养的土壤可以促使水洞的形成。

一只红弯嘴犀鸟以大象粪便中的昆虫为食。

蝴蝶从大象的粪便中获得矿物质。

大象路径是非洲的第一条道路

建设道路

由于体型、寿命和智力优势，大象成了灌木丛的主要道路建设者。凭借着它们数千年来对家园的了解，它们建造了一条连接觅食地和水洞及河流的 U 形道路，这些道路也供其他野生动物使用。在高空飞行时，经常能看到它们的轨迹像车轮上的辐条一样，从水洞向外延伸。

对于徒步者来说，没有比沿着大象路径徒步更容易的旅行方式了。大象会选择最好的线路到达各个峰顶和山谷，经常带你穿过难以穿越的蔓生灌木柳树丛（在这里，你很有可能会遇到一只黑犀牛）。一条铺满粪便的道路表明大象种群是健康的。

人类沿着这些路径行走不只是为了散步。从津巴布韦的马库蒂到卡里巴大水坝的柏油公路约80公里，是20世纪50年代由当时在南罗得西亚灌溉和发展部工作的吉姆·萨沃里投标修建的。他向大型商业承包商投标，他的出价低于他们的预期，所需的时间也比他们预计的短。他中标了，并在18个月内修建了这条公路（使得卡里巴大坝可以如期修建）。他没有把时间浪费在初始调查上，而是沿着主要的大象路径修建。他知道大象在漫长的岁月里能找到最容易通往赞比西河谷的斜坡。

种树

人们经常指责大象破坏植被，但恰恰相反，它们种植了许多种类的树木。当反刍动物吃了金合欢树上的种子荚时，它们会倒嚼，然后食物进入另外三个胃。这样，种子经常被嚼碎，最终被破坏。

大象会吃大量的金合欢荚果和其他荚果。温暖的腹部会使种子膨胀，而胃部的运动则会对种子产生摩擦和冲刷，有助于种子的萌发。当然，所有的树都可以自己发芽，但是大象的腹部可以加速这个过程。大象通常会在离吃荚果之地很远的地方排便，发芽的种子就嵌在粪堆里。

琼圭河下游的下赞比西河，其靠近赞比亚一侧的区域就很好地展示了重新播种和重新种植过程。在过去的30年里，数以万计的金合欢在那里生长，一直延伸到约80公里外的穆希卡河。它们是这片地区的先锋树种，在沙堤和沙岛上繁殖。

它们的园丁是大象，大象每天都要到岛上来吃先锋莎草和芦苇。它们在那里播下了随身携带的种子，其中包括来自内地的金合欢种子。由于这些岛上没有会采摘和啃食嫩芽的狒狒和黑斑羚，因此这些幼树有机会长大，并且在河流阶地的河道上长成了森林。随着时间的推移，这条河改变

风景如画的可乐豆木森林，但食嫩叶动物够不着它们的树叶。在旱季结束时，野生大象所到的所有区域的植被看起来都发生了变化，这是一年修剪的结果。雨季已经过去了四个月，这些光秃秃的树木长满了绿叶。

了路线，这些岛屿与内地相连，而成吨的荚果从内地的树木上掉落，为许多草食动物和杂食动物（从小沙鼠到大象的下一代）提供食物。

这些树大部分都是大象种植的，但人们却因为它们推倒了它们最初种植的树木或环割了这些树木的树皮而指责它们。它们负责播种，而且做得很好。生长在河流水系的岛屿上或远离最近棕榈区域的内地（如马卡迪卡迪盐沼）里的姜果棕并不罕见。大象是忠实的园丁和园艺师。

修剪

农业上，人们会修剪去掉植物的一部分，例如老枝、芽，甚至根。这种植物一段时间内也许并非处于最好的状态，但修剪可以促进植物健康地再生长，有助于提高花卉和水果的产量和质量。在自然界中，风、冰、雪和盐分会导致植物自我修剪。这就是所谓的脱落。

旱季结束，所有大象野外栖息地中的植被看起来都已经发生了变化，这是一年修剪的结果。雨季已经过去了四个月，曾经光秃秃的树木长满了绿叶，使得人们几乎认不出这些树了。大象修剪可以确保一棵树保持在所有食嫩叶动物（从只能吃底部树叶的犬羚到可以塑造树冠形状的长颈鹿）可及的吃叶高度。

当然，大多数人更愿意看到一片茂密的而不是被大象改造过的可乐豆木森林。但这么高的树冠谁能吃到呢？食嫩叶动物即使是长颈鹿也吃不到这些树的树叶。所以哪一片树林更有用呢?

当大象推倒一棵可乐豆木时,树的主根通常完好无损。这棵树继续生长,非常有生机,新的枝丫向着太阳,能为够得着这个高度的更多生物提供食物。因此,不应该在旱季结束时判断国家公园或其他地方的植被状态。人们在雨季结束时看到的景象才反映了植被真正的健康状况。

大象的行为对树木还有更大的价值:木本物种侵占草原,如果任其发展,它们可能会占据草地和干沼泽。通过修剪和杀死侵占的树木,大象帮助保护草原上的食草动物,帮助创造平衡。

扮演上帝

从殖民时代开始,人们就试图镇压、整顿和控制采采蝇、大象等"害虫",以及狮子、花豹、猎豹、野狗等"害兽",它们都是畜牧业和种植业的敌人。非洲许多行政当局试图通过消灭数十万野生食草动物来控制采采蝇。1919年至1957年期间,仅在南罗得西亚,就有超过36个物种657,334只野生动物在一次控蝇狂潮中被屠杀,包括:

- 黑犀牛:374只
- 捻角羚:86981只
- 黑貂:37351只
- 杂色马:5347匹
- 羚羊:40399只
- 小羚羊:184973只
- 疣猪:73146只

在公众的抗议下,政府实施了另一项政策:在哥纳瑞州国家公园北部搭建数百公里长的隔离栏,隔离牲畜和野生动物。数千只迁徙的野生动物被切断了水源,痛苦地死去。公众为此再次抗议,因此政府对采采蝇部门进行了彻底改革,并任命了一位有过乌干达采采蝇控制经验的新主任。科林·桑德斯博士在他的著作《哥纳瑞州:大象的

天堂》中记录了以下内容:

新主任福特首选的采采蝇控制政策是破坏采采蝇栖息地即茂密成荫的森林的环境气候。人们把大批推土机带到了哥纳瑞州和周边的牧场,不再大规模地屠杀野生动物,而是大规模地破坏河岸林地、河边灌木丛、古老的原始木材森林和任何人们认为采采蝇可以躲避强光的阴暗地区,因为采采蝇在强光下无法生存。

机械怪兽叮当作响,日夜不停地工作,破坏了河流和溪流边上茂密的森林,摧毁了迷人的生态系统的整个基础,而这些生态系统为动植物和大大小小的生物提供了庇护。推土机创造了一片荒地,而之前在这片荒地里,成千上万的古老树木排列在绿树成荫的水道上。

采采蝇管制人员的身后留下了一片荒凉的景象,光秃秃的土地上,到处都是倒下的树木,以及从地上扯下的灌木和藤蔓。这些植被要么任其腐烂,要么被烧掉——这又让人想起了现代人企图征服地球时罪恶的浪费习惯。

事实上,福特的政策比其前任们的残忍方法的危害性更大:动物可以在几个月内成功地迁移到野生动物区域,而高大的河边树木、无与伦比的河岸森林和树荫茂密的灌木丛需要几代人的时间才能长成。当高大的树木在推土机不可抗拒的力量面前倒下时,福特部门的许多高级成员要么反对这种做法,要么惊恐地旁观。福特的一位高级成员同事说:"毁掉丛林是一个可怕的措施,我无法接受。"

1970年,采采蝇部门结束了对野生动物的捕杀。到那时为止,除了生态被破坏之外,在38年的时间里,还有将近75万只野生哺乳动物被屠杀,而这些只发生在一个国家。

大象筛杀

20世纪60年代初,一些非洲国家的一些科学

家和研究人员认为有必要筛杀大象。筛杀在字典里的含义是：通过选择性屠宰来减少（野生动物的）数量。事实也的确如此。

进行筛杀的主要国家是南非、津巴布韦、赞比亚和乌干达。我所能得到的唯一准确数字是津巴布韦在1960~1995年间，筛杀了50,333只大象。这并不包括那些被狩猎业人士枪杀、被作为"问题动物"杀死或被国家公园和野生动物局射杀的大象。1960~1990年，在万基、马图萨多纳、马纳波尔斯和哥纳瑞州等公园里，每个公园每周都有一只大象被杀死，这是工作人员（大约9000人）应完成的任务数量，使得仅在这30年的时间里，单是津巴布韦国家公园全部捕杀的大象就达到了近十万只。

以下是2016年非洲国家大象普查报告中津巴布韦塞邦韦的评估：

据估计，2014年，塞邦韦有3,407只大象[1]。

这表明在2006年至2014年这8年的调查时间里，大象数量下降了77%。从1960年~1995年，共筛杀6907只大象。

2006~2014年间的下降源于偷猎和非洲当时的筛杀。在另一个地区，赞比西河谷，2014年的调查中只发现了11,657只大象，在2001年到2014年这段调查时间里下降了40%（17,569只）。

这描绘的仅仅是一个非洲国家的大象的悲惨和严肃的未来，少数科学家、生态学家和纯粹主义者认为这个国家有"太多的大象"。

一只大象的价值

在整个非洲数百万公顷的土地上种植粮食作物、烟草、水果、花卉、块茎和奇异木材被认为是一个进步的标志？有谁会对此有意见？毕竟各国就是这样为自己筹措资金、养活它们的人民和创造就业机会。为了做到这一点，它们清除了土地上的木本植物。我们把这个损失称为"进步税"

然而，我们需要记住，旅游业是非洲的另一个主要收入来源，也是博茨瓦纳、赞比亚、肯尼

下图，从左到右

富含种子和营养物的粪便，这些种子随时可以传播。

雄性狒狒在吃从新鲜的大象粪便中找到的未被嚼碎的种子。

大象不能完全消化食物，这对许多动物来说是一种奖励。

亚、纳米比亚等国创造外汇的三大产业之一，在这些国家中，大象是游客最喜欢的动物之一。大象破坏的东西比它们保护的东西还多吗？

你们应该这样想。尽管无知的人可能会说大象会造成破坏、损坏、退化或毁坏，但这难道不能被归类为合法的旅游税或进步税吗？就像农业为了将最终产品成功地推向市场而对土地征收的一项税收一样？以津巴布韦烟草为例，如果认为津巴布韦所有的大象在12个月内根除的树木会比同一时间段内用来固化烟草而消耗的树木还要多，那就太荒谬了。仅在2016年津巴布韦的烟草季节，就消耗了接近一百万吨的木柴。

我与你们分享一个个人轶事

1984年10月，我和妻子搬到了马纳波尔斯国家公园，经营位于公园西部边界的鲁科米奇狩猎营地。当时，下赞比西河谷的南岸是非洲最大的黑犀牛种群的栖息地，大约有2700只。作为向导，我每天会遇到大约五只黑犀牛。然而，在赞比亚的北岸，黑犀牛被偷猎者灭绝了。

我们到的那一年恰逢北方偷猎团伙入侵。到1985年10月，即一年后，我们每周只能看到一只黑犀牛。到1990年，我们会为找到一个黑犀牛粪堆而兴奋。1994年，在我们到达赞比西河谷10年后，当地的黑犀牛灭绝了。在我短暂的一生中发生了这种不可思议的悲剧。1984年时，它们的数量还很多，那时我又年轻又乐观，我从来没有想到会发生这样的悲剧。

我们的大象呢？没有一个公园是相同的，没有机会与这些非凡神奇的动物互动。我们迫切需要考虑它们对我们的经济、对它们的栖息地和那些生活在其中的大大小小的动物作出的积极贡献。如果我们在野外失去了这个关键种，人类这个物种和地球不仅会变得更加贫穷，而且我们留给子孙后代的将会是被关在笼子里的大象和马戏团的金宝。

30年前，这个位于赞比西河下游国家公园探索河道的岛屿，还是一个没有树木的沙洲。金合欢种子在大象的粪便中发芽。

在一些评论员看来，大象在旱季造成的破坏在雨季为许多其他吃草动物提供了充足、繁茂、更有营养的植被，因为它们可以很容易地吃到通常无法吃到的树叶。

博茨瓦纳图里的一只公象

© 戴夫·索思伍德摄

彩虹象

弗吉尼亚·麦肯纳
生而自由基金会联合创始人

大象是蓝色的
是傍晚的靛蓝中那一抹蓝
如同黎明的第一缕曙光。

大象是红色的
是赤陶土的红
温暖了地幔。

大象是银色的
月光在树间闪烁
透过夜的面纱闪闪发光。

大象是灰色的
没有光和夜的伪装
形成了森林里的灰色阴影。

大象不见了
空气中弥漫着哀悼的情绪
困扰我们的梦想。

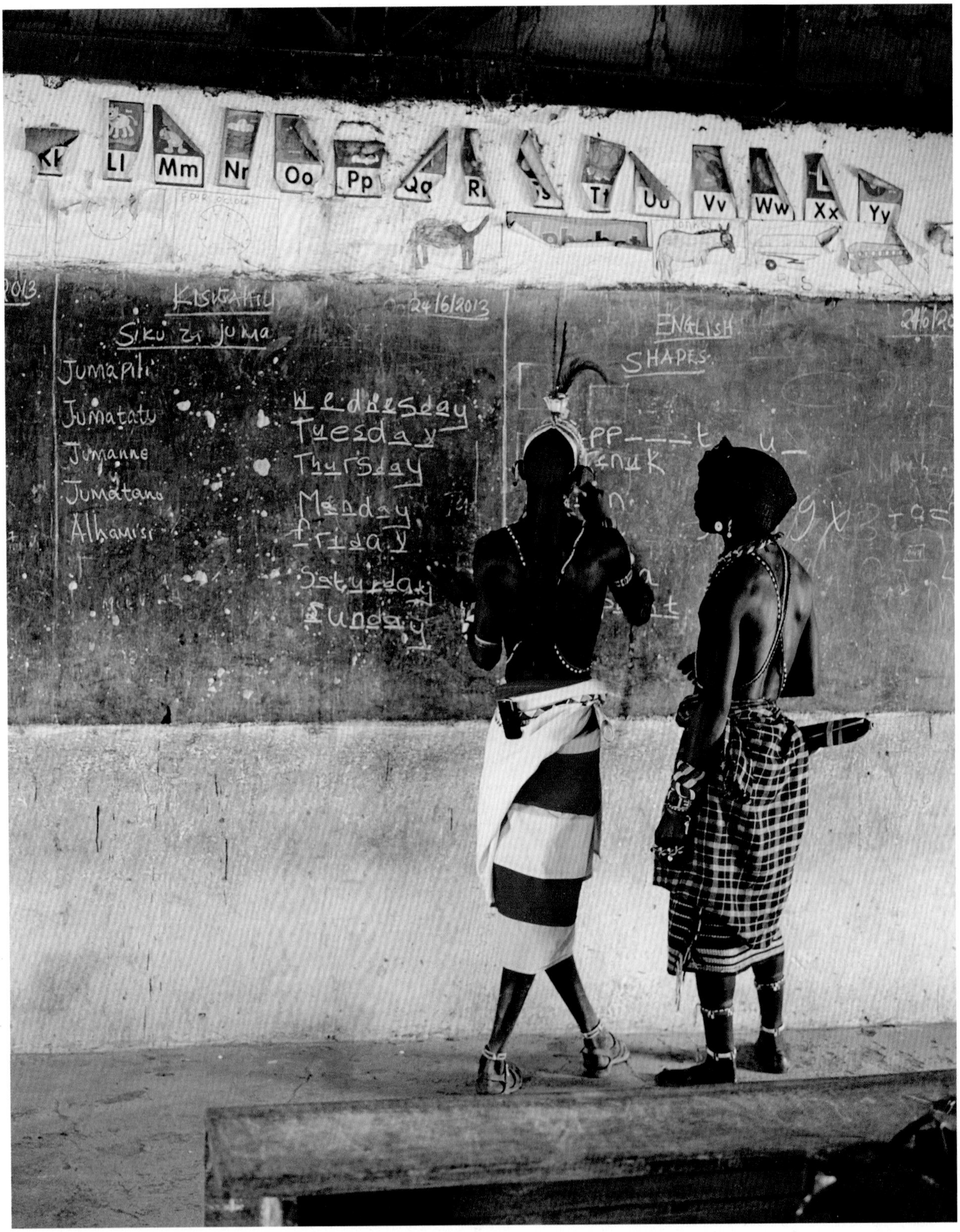

© 大卫·钱斯勒摄，肯尼亚北方牧场信托

13

通过社区利益保证大象的存活

大象的存活取决于我们的动机，让当地社区和政府重视活着的大象。即使偷猎行为被根除，大象的栖息地也会继续分裂和丧失。

罗密·谢瓦利尔、罗斯·哈维

在博茨瓦纳北部一个偏远的飞地，象群在奥卡万戈三角洲内来回迁徙：往北到纳米比亚和安哥拉，往东北到赞比亚。它们的迁徙路线会使它们与当地社区发生冲突：大约1.5万只大象与同等数量的当地居民争夺食物、土地和稀缺的水源。

博茨瓦纳是世界上现有大象数量最多的国家，估计有130,451只大象，[1]与它们生活在一起或生活在它们附近会很可怕。当地社区利用三角洲肥沃的河漫滩种植和收获农作物，许多家庭以这些作为他们的主要食物来源。但大象是农作物掠夺专家，能机智地发现最有营养的食物来源。当农民耐心地等待庄稼发芽生长，结果却遭到大象袭击时，就会引发激烈的人象冲突（HEC）。

不过，还是有解决办法的。作物掠夺主要是投机取巧，可以通过摸清大象的迁徙路线和建立零生长缓冲区来缓解。[2]这种缓冲区有助于防止因为彼此靠近而导致的相对频繁的大象杀人事件（和人杀大象事件）。当冲突发生时，社区成员就更容易产生偷猎动机，无论是为象牙还是为非法的野味。[3]

通过"大象普查"，估计非洲每年因偷猎而损失约2.7万只大象，主要原因是东亚地区对象牙的需求。[4, 5]如果不鼓励保护大象，与大象生活在一起的社区成员会比大象更看重象牙，非法猎杀还会继续下去。在保护区外，当地社区做出的土地利用选择将决定荒野景观的受保护程度。[6]

相反情况

伊瓦索狮子保护组织的创新勇士学校旨在通过聘请桑布鲁"勇士"来保护狮子，该组织在保护决策方面一直被忽视。

勇士被任命为社区内的狮子大使，宣传提高保护意识，倡导与野生动物和平共处。他们的计划建立在勇士们传统的保护作用之上，通过提高他们的能力来缓解人类和食肉动物之间的冲突。

位于纳米比亚东北部卡普里维/赞比西地区马米利国家公园和穆杜穆国家公园之间的三个保护区内的传统村落之一。如果野生动物想要在此生存，人们想要在此保护野生动物，那么当地社区的支持必不可少。

为了解决冲突和杜绝偷猎现象，自然资源管理需要以社区为基础。必须激励地方和国家土地管理部门的政治意愿，实施适当的土地利用规划措施。针对大象，则需要加强对大象迁徙路线的科学研究，并实施有效措施，阻止大象进入人类聚居地。[7]

激励（不论好坏）是由塑造人类行为的社会制度产生的。利润丰厚的非法贸易网络是其中一种制度（包括出于投机目的的储存象牙），它推高了象牙的交换价值，[8]削弱了活象的非消耗性利用价值。国内依然有合法的象牙市场，但国际上禁止象牙进出口，这一事实推动了象牙的非法获取。然而，随着全球最大的象牙消费市场开始禁止国内象牙贸易，这种情况正在发生变化。[9]

尽管如此，简单地压低象牙的交换价值并不会立即提高大象的利用价值。因此，有必要确保因真正废除象牙贸易而损失的经济交换价值被更高的大象利用价值所取代，比如增加野生动物旅游项目。重要的是，这些价值中有相当一部分应归到公园附近的社区，因为它们是对抗偷猎团伙和防止栖息地丧失的重要盟友。[10]

就目前的情况来看，偷猎团伙能够相对容易地拉拢当地势力并从公园附近的社区招募偷猎者。[11]因此，保护主义者的第一道防线应该是改善农村贫困状况，让社区团体加入决策机构，压低非法野生动物产品的价格，增加偷猎的机会成本。[12]

为了确保收入得到公平分配，制度设计需要改善社区和政府决策结构的问责制和透明度。激励机制必须符合当地价值观，否则就会被其他优先事项取代。[13]而且它们需要长期的支持。太多捐助者资助的项目在方案可持续之前就过早结束。接下来是对基于社区的自然资源管理（CBNRM，community-based natural resource management）的质疑，它是将利益转移到与大象生活在一起或生活在大象附近的当地社区的一种手段。

什么是基于社区的自然资源管理？

基于社区的自然资源管理是指地方机构为了地方利益对自然资源进行管理。在过去的三十年里，它作为一种保护环境的政策工具在整个非洲得到了实施。这在很大程度上是对中央殖民和后殖民政策未能有效地管理自然资源、促进公平利益分享和确保社区在可持续资源管理实践方面的合作的回应。

不同的地方有不同的基于社区的自然资源管理形式。它可能更多或更少地强调商业或生存资源的利用，依赖消耗性旅游（如狩猎）、非消耗性收入流（如摄影旅游），或两者结合。

如果象牙不能在世界市场上出售，保护主义者就必须仔细考虑如何增加大象其他方面的利用价值。如果大象的价值降至零，保护主义者将无能为力，社区成员很可能会杀死摧毁庄稼的大象。从保护的角度来看，如果基于社区的自然资源管理机构要在保护区以外的私人和公共土地上开展工作，那么它必须是一种具有经济竞争力的土地利用选择。[14]它应该是能同时保护大象和改善生计的一种手段。基于社区的自然资源管理的政策制定者需要计算与特定土地利用相关的机会成本，并考虑如何充分补偿那些在选择保护而非其他选项时可能失去土地的人们。[15]

基于社区的自然资源管理计划的实际执行往往面临着巨大的挑战。在一些国家，如津巴布韦和博茨瓦纳，资源权利受到中央政府决定的限制。政府可能会与社区协商，但社区在决策中的话语权有限。在大多数国家，使用者权利可以通过招标、拍卖或其他方式在特定的时间框架内转让。通常只有在基于社区的组织（CBO，community-based organisation）成立时有一个管理章程、一个资源管理计划和经审计的年度财务账户的情况下，资源使用权才会被分配。

撒哈拉以南非洲的政策论述

一些作家将殖民和独立后早期的自然资源管理方法描述为国家控制的"堡垒、罚款和围栏。"[16]南部非洲的一些社区被剥夺了土地，居民不得不到其他地方重新定居，但往往只得到很少补偿或没有补偿。这种管理形式引起了人们对保护活动的不满，人们认为这些活动会逐渐损害社区的生计。[17]

如今，这一论述往往会在为社区创造收入的最佳途径上两极分化。一些保护主义者支持消耗性用途，例如狩猎、猎获和耕作、集约育种、活捉和出售猎物，以及加工野生动物产品。[18]其他人士支持非消耗性用途，包括禁猎区游览、摄影游猎、冒险和文化旅游，培育濒危物种以将其重新引入野生动物保护区，以及生产用于手工艺品和药品的森林和草原产品。

后者认为，消耗性用途终将是不可持续的，因为其带来的是未知且常常出乎意料的负面结果。例如，圈养繁殖犀牛不可能满足对犀牛角的需求，事实上，也可能使犀牛角处境恶化。[19]它对野生物种的保护作用也很小。此外，腐败的狩猎组织可能会杀死超过其配额数量的动物，特别是在监督管理机构缺乏能力和可信度的情况下。

然而，这些两极分化的观点之间的共同点是强调促进旅游业的发展，使其可以为社区牟利。许多有大象的非洲国家正在探索新的机会，以拓展和营销与荒野相关的活动，许多国家也在探索其他生计机会。然而，旅游业并不能快速取得成效，有许多问题需要考虑。

· 在目前没有基础设施和服务的地区发展旅游业，需要完善基础设施和提供相关服务。

· 大象的价值可能纯粹来源于它们在创造收入方面的利用价值，而不是它们固有的保护价值。

· 除非与当地社区建立的合作关系得到良好的管理，而且从一开始就是互利的，否则双方都可能会受挫。[20]这是因为与保护相关的旅游业带来的好处大多是私人的，而且分配不均。

· 在一些发展中国家，旅游业产生的收入很少能留下来用于再投资，旅游业与其他经济部门之间的联系往往不够密切。

出于这些原因，基于社区的自然资源管理方法应该辅以各种方案，提高人们对大象的非货币价值的认识，即大象是它们所保护的复杂生态系统中的关键物种。[21]政策制定者需要将市场和非市场利益纳入其发展选择中。这将有助于吸引对野生动物保护的投资，而不是对野生动物产品贸易等用途的投资。[22]这也可能有助于改变人们关于野生动物固有价值的根深蒂固的观念。不能仅仅依靠金钱利益来培养关于保护野生动物重要性的新观念。[23]

下放挑战、限制和能力

基于社区的自然资源管理的悖论是，它要求国家授予当地人民对资源的强大权利，但国家也可以收回这些权利。这需要一种微妙的平衡，博茨瓦纳正面临着这种挑战。[24]一些分析人士批评该国没有将足够的责任转移给地方机构，而地方机构已成为私营部门收入的被动接收者，而不是积极的资源管理者。[25]这不仅不能促进对野生动物的管理，还稀释了责任与权利之间的联系，削弱了社区居民照顾与他们生活在一起的野生动物的动机。

除了平衡集中和下放的挑战之外，中央、地区和社区层面的管理也是一个持续的挑战。与较广泛的经济政策一样，撒哈拉以南非洲的自然资源管理机构的设计往往不是出于技术效率的考虑，而是出于一系列围绕赞助机构和政治权力行使的个人利益的考虑。[26]下放或分散对宝贵自然资源的权利可能与这些利益发生直接冲突，并妨碍基于社区的自然资源管理计划。社区也面临着自身的管理挑战，如收入挪用、社区信托和机构内部的记录保存不善、缺乏透明度、财务决策不善以及地方势力攫取资源。它们还常常缺乏有效管理自然资源本身所需的技能、资源和技术能力。

各国政府有保护"公共物品"和确保资源的可持续管理以造福于全体人民的权利。但是，生活在这些资源附近的社区对地方层面上的监测和条例实施的作用至关重要。不幸的是，中央政府下放的管理权往往是偏弱、有限和有条件的，并且地方政府仍握有决定资源利用的时间和方式的重要权柄。

在地方层面，需要将更多的利益分配给受影响最大的社区成员，但这些利益往往到了委员会或选出的代表手中。[27]为此，一些保护主义者建议，不要设立信托和基于社区的组织，直接成立正式公司——例如基于良好管理和问责准则的社区公司。[28]

基于社区的自然资源管理成功的关键因素

以下是为南部非洲有效的基于社区的自然资源管理提供基础的主要因素。

灵活和有弹性的系统

气候变化使非洲日益缺水。这意味着随着人类和大象迁入奥卡万戈三角洲等地区，这类地区面临的冲突将日益激烈。大象会迁到那里，是因为它们试图逃避赞比亚和津巴布韦不断加剧的偷猎行为。

基于社区的自然资源管理模式必须足够灵活，以应对这些变化。它们还必须考虑开发更广泛的非消耗性和消耗性旅游市场。例如，美国和中国内地关闭了国内象牙市场，中国香港也将关闭象牙市场（中国香港宣布禁令将在2021年前实施）。

世界各地依赖战利品狩猎的基于社区的自然资源管理模式，也在发生改变。在"狮子塞西尔"于津巴布韦被非法射杀后，三家美国航空公司开始禁止运输所有狩猎战利品。[29]如果继续这样做，将严重危及那些无法适应新现实的基于社区的自

然资源管理计划。此外，由于人象冲突可能加剧，保护性农业将变得更加重要。可以种植像辣椒这样的经济作物，这既是一种阻止大象摧毁农作物的手段，也是一种为当地社区创造收入的手段。这个动态方法有利于同时实现大象保护和生计保障的双重目标。

具有强大管理能力的基于社区的组织

有效的基于社区的组织需要一个强大、适合当地情况的机构框架。管理系统在一套嵌入式机构中运作，成功与否取决于它们的适合性。[31]理想情况下，管理系统应该是透明的，内置监测机制，以确保社区信托公平、高效地分配资源租金。此外，较小的社区往往比许多不同村庄的融合体运作得更好。

透明的分配策略

如果基于社区的自然资源管理要获得动力并从大象保护中受益，那么就必须解决关于有效收入分配的管理挑战。基于社区的组织应设计自己的结构，确保透明度和问责制，并培养社区投资的主人翁意识。需要建立适当的检查和平衡机制，确保利益和决策不会受到当地势力的控制。这不仅仅关乎如何使用这些钱，还关乎由谁来决定如何使用。社区信托的管理实践，应与具有善治愿景的现有传统机构保持一致。[32]

有效的沟通渠道

在财务知识水平相对较低的情况下，良好的沟通尤为重要。即使财务报告可供公众审查（一个重要的要求），也不清楚它们对普通社区成员有多大意义。因此，董事会或独立第三方应就利益如何转移以及转移到何处进行明确的沟通。这非常利于消除社区内认为只有信托员工和委员会成员才能受益的看法。[33]政府政策执行者在进行重大改革前，需要进行有效沟通和广泛咨询。例如，在博茨瓦纳，2014年实施的狩猎禁令给从事保护、

开发和旅游业的社区、投资者和企业家带来了许多不确定性和风险。

从基于社区的自然资源管理获得的直接和间接价值

直接给当地社区成员带来足够的收入，这样他们就可以拥有保护目标。正如奥尔所指出的那样，与其他土地利用方式（如农业和畜牧业）相比，基于社区的自然资源管理计划必须取得良好效果。[34]如果承担与大象一起生活的机会成本的社区不能获得直接利益，那么应该以任何可能的方式获得补偿。最终，保护应该成为发展的驱动力。这样，保护就不再局限于如何为社区创造非消耗价值和消耗价值的最佳组合。理想的情况是，保护荒野景观完整性的内在价值成为任何开发计划背后的激励原则。[35]

生物多样性的改善

通过基于社区的自然资源管理项目产生的收入通常不用于实现保护目标，这使得事态变得复杂。许多社区将野生动物相关收入再投资于畜牧业或农业，这会破坏保护目标。因此，需要规定具体的数量限制或分区限制，以避免破坏生态的行为。应鼓励与大象生活在一起或生活在大象附近的社区采用多样化的生计策略，而不是过度依赖因野生动物旅游而产生的基于社区的自然资源管理收入。

稳健的系统

在南部非洲，土地往往被用于能吸引最高预期物质效用的活动，而不是与其竞争的替代活动。由此产生了短期的、基于市场的经济和金融方法。但自然资源和生态系统的存在并不是出于纯粹的财政考虑，包括利用价值（直接和间接的）以及非利用"存在"价值。显然，生态系统在缓解贫困和提高社区恢复力方面发挥着重要作用。这需要为土地利用决策提供比目前更多的信息。例如，大象在这一过程中为保护生态完整性和造福人类而作出的贡献常常被忽视。[36]

结论

大象的生存最终取决于当地社区和（各级）政府之间适当的激励机制，以更全面地评估大象的价值，因为即使根除了偷猎行为，大象栖息地的丧失和分割风险也不会随之消失。

未来基于社区的自然资源管理计划的成功将取决于它们对现有野生动物、林业和渔业激励机制（附有新颖的创收活动和替代生计战略）的平衡程度。建立合适的机构是实现这种微妙平衡的关键。如果我们想要一个有大象的未来，我们就必须设立更理想的、能鼓励社区选择保护荒野景观的基于社区的自然资源管理机构，而不是选择次优选项。[37]

牲畜定期迁移到奥卡万
戈北部，人类和动物的冲突
就发生在那里。

边缘土地有没有中间地带？

国家公园和禁猎区附近的社区往往是非洲最贫穷的一些社区。那里的人类与破坏农作物、威胁生命的野生动物发生的冲突最频繁，还经常面临学校教育和医疗设施差、缺乏自来水和卫生设施、远离商店甚至离殡仪馆也很远。前线的生活是艰苦的，但人们并不妥协。在这些偏远社区中，牲畜几乎是唯一的财富和威望来源。

然而，克鲁格（南非）、万基（津巴布韦）、马赛马拉（肯尼亚）、塞伦盖蒂（坦桑尼亚）、奥卡万戈（博茨瓦纳）等附近的一些边缘土地具有非凡的潜在价值。如果农村社区和旅游业／野生动物产业能够将资产和技能结合起来，在这些地区创建充满活力的野生动物保护区，那么这些地区可以跻身非洲最有价值的土地之列。

这将意味着游猎行业必须转型和深入探索，以保证其相邻社区伙伴有稳定的收入，作为它们把自己的土地从牲畜用地变成野生动物用地的报酬。无论占用率如何，已谈好的费用必须可观，定期支付，而且要确保这些社区中的妇女也能得到相应的报酬。最终，游客需要支付更高的价格才能在原始、不拥挤的环境中观看野生动物。但这是一个小小的、公平的代价，以确保地球各地的下一代都有机会在非洲观看野生动物。

左边的图片是奥卡万戈三角洲北部地区的一个场景。这片土地目前被用于养殖牲畜、野味和种植茅屋草，只有少量的流浪野生动物。然而，这些地区可能会成为主要的奥卡万戈野生动物平原，而向北延伸的空地可以通过钻孔和供水，变成一流的放牧地区，人们可以紧密合作，通过友好协调，轮流在这些湿地进行季节性放牧，夜间再将动物赶入围栏。租赁费将分给社区，也可以在这些地区建造游猎营地，创造就业机会。

如果合作成功，一只大象或一只狮子将被视为它们的资产：这是双赢。

这只大象是偷猎的受害者，它的鼻子上紧紧地缠着一个金属丝圈。人们找到并射中这只受伤的动物，当局在金属丝圈割断鼻子之前把它取了下来。大象有了这种经历后，当人类接近它时，它就会攻击人。

14

资助大象保护

一定要核查资助人士的动机。

唐·皮诺克博士

　　大象免费保护彼此。然而，保护大象免受人类伤害的代价却是高昂的，而且，偷猎和对荒地的侵占也在增加。钱的来源和我们花钱的原因是它们生存的关键。它们在这个星球上的未来现在掌握在我们手中。如果我们有计划，那是什么？支持这个计划的理由是什么？而且，在一个快速城市化的世界里，它们的生存是否重要？

　　这本书里有最后一个问题的答案。但是，我们需要仔细考虑其他问题，因为答案往往不是看上去的那样，也不是完全清楚的。每天早上，都有成千上万的保护主义者、环境律师、野生动物守护者和营地支持人员起来拯救地球的一部分，而他们却没有意识到自己是在保护模式下工作的，而且这些模式大多是他们所不知道的。

　　在非政府组织的办公室、政府部门和公司董事会议室中，一些管理人员正在根据计算做决策，这与保护自然森林免遭乱砍滥伐或保护物种免于灭绝的科学家和活动家的热情和承诺相去甚远。随着时间的推移，自然资源和野生动物保护已经

在不同的支点上找到了平衡，并且今天仍在继续变化。出于这些原因，了解保护资金的来源和原因很重要。

　　西方关于保护自然世界的观念建立在可持续利用的基础上，并且大部分观念今天仍然存在。这些观念历史悠久。在11世纪，英格兰国王征服者威廉创建了几个"保护区"，其中包括现在的新森林国家公园，以便为高贵的狩猎者保护猎物和森林。在18世纪，欧洲城市不断扩张，需要木材：在普鲁士和法国，人们试图保护森林供精英阶层使用，防止农民未经许可砍伐。19世纪早期，在印度的英国殖民者被要求向皇家海军供应柚木，殖民当局通过了第一个正式的保护法案，预防野火以及阻止当地社区砍伐小柚木。

　　从那时起，保护自然以确保商品或生物的供应就成了大多数保护行动和法律的深层支柱。土地、植物或鱼类受到保护，并不是因为这些东西有权免受人类剥削，而是因为人类可以以一种更有序、可持续的方式利用它们。通常是狩猎游说团体为保护动物而奔走，无论是野牛、狮子、松

鸡还是老虎。

对于19世纪工业化的国家来说，陆地上的动植物数量似乎是无限的，而且鉴于海洋的广阔，任何对海底生命的威胁都是不可想象的。未开发的森林和稀树草原被认为是任何能够"开发"它们（即利用它们）的人都可以抢夺的荒地。然而，在美国，一群艺术家、作家、哲学家和摄影师对"进步"带来的肮脏的城市荒地感到震惊，他们开始欣赏未开发的乡村，并珍惜它所提供的一切。其中值得注意的是亨利·大卫·梭罗、约翰·缪尔和奥尔多·利奥波德，他们都是重要的思想家。他们一起发起了一场运动，这场运动与可持续利用概念对立。他们的观点可以被认为是保护主义者的观点：自然应该基于其自身原因而受到保护。

穆尔和吉福德·平肖特之间的差异最能体现相反的保护观念。前者创建了塞拉俱乐部，后者在西奥多·罗斯福执政期间建立了农业部的下属机构美国国家森林局。虽然最初在森林保护方面与平肖特达成共识，但是穆尔的观点很快就与平肖特的观点产生了分歧。尽管平肖特支持国家森林资源的可持续利用，但穆尔认为应保护国家公园和森林的完整性，这意味着不应该为了工业利益而掠取其中的资源。他说，它们可以成为人类快乐的源泉，而不是人类掠取资源的源泉。1902年，缪尔写道：

我们甚至远离了草地和绿地。我们在这里与自然独处，被古老的原始事物所包围。高大的林木、山脉和山谷就在身边。在我们面前，美丽的湖泊绵延数里，水面平静，倒映着明亮的天空、古老的树林和飘过天空的白云。

另一方面，平肖特希望"使森林生产或提供最多最有用的作物或服务，并继续为一代又一代人生产或提供这种作物或服务"。

罗斯福被缪尔的构想深深打动，他在总统任期内，建立了五个国家公园，并建立了第一批保护区，包括51个鸟类保护区、4个禁猎区和150个国家森林保护区。

但美国保护政策的立法基础，以及世界上大多数国家都遵循了平肖特的利用原则。

38.65亿美元

1510万美元

9.37亿美元

430万美元

40万美元

3180万美元

合规补偿

2016年各地区的交易价值

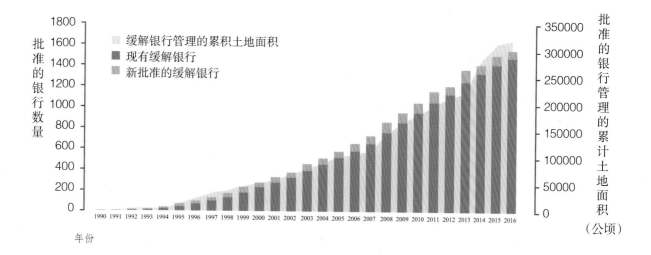

全球的缓解银行

按年批准的缓解银行累计数量及银行管理的累计土地面积（1955~2016）

这和保护资金有什么关系？时至今日，人们该资助什么？为什么在保护与可持续利用之间、福利与市场之间存在着紧张的关系？

为了自己保护荒野

大约从20世纪中期开始，主要是保护主义者在从事保护工作，并且由国家政府推动。保护工作的重点是建立保护区，直接与濒危物种接触，研究生物多样性。在许多情况下，保护工作取得了巨大的成功。在20世纪初，世界上只有少数几个保护区，尽管有的保护区已经历经了好几代人。但到20世纪末，全球已有近20万个这种保护区，覆盖了约14.6%的世界陆地面积和2.8%的海洋面积。

保护生物学家迈克尔·埃尔曼·苏莱强调了荒野和国家公园的重要性：

目前最好的研究有力地证明了物种多样性和生态系统稳定性之间的联系。它证实了物种丰富

度和遗传多样性能大幅提高生态质量，包括陆地和海洋生态系统的生产力和稳定性、对杂草物种入侵的抵抗力以及农业生产力。

然而，保护主义者的思想有一个致命的缺陷，会使他们受到阻碍。就该思想而言，保护需要在没有人类的情况下进行。在敦促华盛顿联邦政府宣布把约塞米蒂变成国家公园的同时，约翰·缪尔也敦促其清除该地区"品质恶劣的同胞"，即该地区的美国本土居民。

在非洲，社区把那些被殖民政府宣布为公园的地方称之为家园。在许多情况下，数千年来这片土地一直归社区居民所有，他们已经和现在受到保护的野生动物过着相对和谐的生活。

1961年，在荷兰伯恩哈德亲王的领导下，世界自然基金会（WWF）成立，明确保护非洲野生动物区域免受"本地牛群"的侵扰，以及在西方放弃殖民地后不得被用作耕地。它的创始人梦想建立一个从肯尼亚到南非几乎毗邻并且处于他们控制之下的公园系统。[1]到2015年，大约有1400万非洲

人被迫迁移，为野生动物腾出空间，成为威尔弗里德·怀斯曼的著作《熊猫解密：世界自然基金会的黑暗面》（以下简称《熊猫解密》）中的"自然保护难民"。[2]

1972年，世界自然基金会在印度发起了拯救大型猫科动物的"老虎行动"。在大规模宣传后，它宣布2010年为虎年。它没有提到的是，在这两个日期之间，它实际上迫使印度政府驱逐了数以千计的阿迪瓦西森林居民，这些居民崇拜老虎并一直保护它们不受伤害。[3]

拯救野生动物似乎有一个问题。在20世纪的大部分时间里，保护的重点仍然是留出土地或水，因濒危物种的内在价值和精神价值而寻找方法去保护它们。然而，在随后的几十年里，可持续利用作为主要保护逻辑再次发展起来。

可持续利用再现

在 Mongabay.com 网站上的一系列文章中，杰里米·汉斯将保护思想的转变追溯到20世纪后半叶新自由主义兴起之时。这是一场支持放松管制、不信任政府和加深对自由市场及私人企业信赖的运动。其理念是，如果我们能将自然的金钱价值纳入当前的经济体系，并说服决策者和商界人士认可自然的经济价值，我们就能拯救自然世界。[4]

汉斯称其为"新自然保护主义"的兴起，但实际上，它只是拂去了"可持续利用"的灰尘，涂上了一层21世纪的油漆涂层，并得到了世界自然基金会、保护国际和大自然保护协会等大型非政府组织的认可。基础逻辑是，如果某个事物有回报，那么就留下它。未明说的推论是，如果它没有用处，那么就没有理由留下它。

这种保护理论有三个典型的特征。第一个特征是，为了回应第三世界国家关于保护主义者只关心野生动物而不关心人类的抱怨，其重点（至少部分）从濒危物种转向生态系统服务和减轻贫困。

第二个特征是，保护项目的支持从政府支持转向企业支持，政府作用从保护其领土内的生物多样性转向促进汉斯所谓的新自由主义企业保护。从本质上讲，企业是由市场驱动的；在许多情况下，它们会捐出巨额款项，期望以绿色背书的形式获得回报。提供保护资金的公司当然需要这样的背书：它们往往位于世界上产生最多污染的公司之列。汉斯列出了其中一些：

世界自然基金会与可口可乐、Domtar 集团（一家大型造纸公司）和汇丰银行合作。国际野生生物保护学会与雪佛兰、埃克森美孚、高盛和道达尔合作。保护国际与必和必拓（世界最大的矿业公司）、雪佛兰、埃克森美孚、孟山都、雀巢、壳牌、联合航空和沃尔玛合作。大自然保护协会与 BP 集团、嘉吉、达美航空、陶氏化学、通用磨坊、高盛、纽蒙特矿业、百事可乐公司、力拓（一家大型矿业公司）、壳牌和塔吉特百货合作。这四个非政府组织都与美国银行合作，而美国银行历来是煤炭项目最大的出资人之一。[5]

位于图森市的非政府组织生物多样性中心的执行董事基兰·萨克林称，这种关系玷污了许多大型环境组织：

它们从污染环境的大型企业那里获得了数百万美元的捐款，并让（这些企业的员工）进入它们的董事会和咨询委员会。然后，它们开始推动（这些）公司的议程，往往以一种不仅损害环境，而且还损害民族和贫困人类社区的利益的方式。[6]

威尔弗里德·怀斯曼在《熊猫解密》一文中说，自然保护不再是为了保护动物，而是为了利用它们做生意，这是对世界自然基金会的强烈指责。[7]非政府组织给婆罗洲的棕榈油行业加盖了可持续发展的印记，而该行业内的公司砍伐森林，威胁到红毛猩猩的未来，实行破坏性的单一栽培；智利残忍的三文鱼养殖场污染了原始的峡湾；非政府组织也给那些已经把肥沃的阿根廷彭巴草原变成有毒的转基因大豆沙漠的公司加盖了可持续发展的印记。

一些支持"可持续利用"保护的非政府组织越来越像资助它们的公司：拥有智能办公室、漂亮的年度报告、高影响力的营销活动，以及重述超级成功故事的文化，而这些故事在现实中并不是那么光鲜。它们的活动在震惊／恐怖的警告和"迫切需要您的支持"的美丽、可爱的动物之间切换。这起作用了——怀斯曼获得的最后一个捐款数据是世界自然基金会每年可获得的7亿美元，其中50%用于支付员工工资。

另一种"为拯救可爱的动物而捐款"的营销口号是在没有看到狼的情况下大喊"狼来了"。例如，筹集资金是为了紧急运送"即将被筛杀的大象"。其中一个例子便是在毫无必要的情况下，三只"问题"大象以高昂的代价被转移到了莫桑比克的保护区（其中两只随后逃跑了）。社交媒体纷纷称赞负责这项行动的非政府组织，以及为它们提供资金的美国公司。另一个例子是，一个大象保护项目启动了，媒体大肆宣传，但经过调查，承诺的资金从未兑现。人们不禁要问，这是否纯粹出于营销目的而进行的必要干预或保护行动？动物什么也得不到。

另一种是直接营销骗局，向全球筹集资金是为了解决根本不存在的危机。例如，2017年年中，

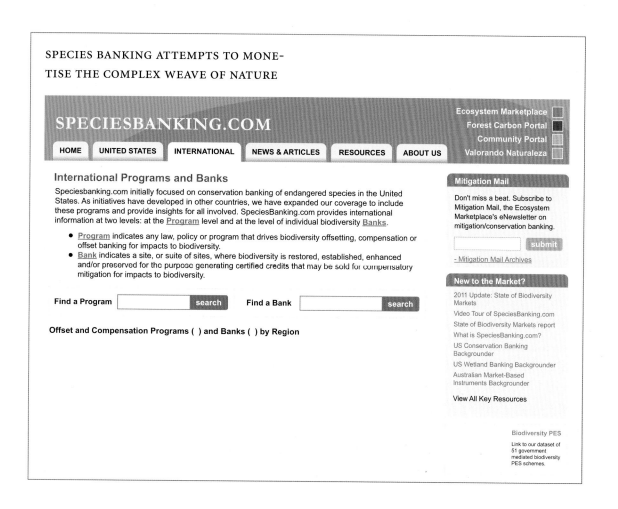

SPECIES BANKING ATTEMPTS TO MONE-TISE THE COMPLEX WEAVE OF NATURE change.org 网站上出现了一份请愿书，要求筹集资金："拯救 80 只大象，除非我们把它们从林波波的阿瑟斯通自然保护区转移，否则它们将被射杀。"但还有希望："我们已经为这 80 只大象找到了家！它们可以和家人自由漫步，免受猎人和偷猎者的伤害。"

这个请求令人激动："捐款金额不限。大象会衷心地感谢你。我们不能让这些美丽的大象死掉！这 80 只大象是一个关系密切、充满爱的家庭，我们必须拯救它们。有了您的帮助，我们将拯救父亲、母亲和幼象。"

南非大象专家咨询小组组长玛丽昂·加莱伊博士说，在阿瑟斯通确实存在大象过度拥挤的情况，但筛杀 80 只大象的可能性很小。请愿书是假的。

新版可持续利用原则的第三个特征是以交换为目的，把环境货币化，这与自然本身的新自由主义商品化一致。一个核心议题是，在适当的定价机制和私人财产安排下，市场是分配货物、服务和减轻损害的最有效手段。国家的作用仅仅是为不断扩张的商品市场的存在和运作提供适当监管和支持。[8]

根据这一逻辑，用于保护的资金是通过补偿性缓解而产生的，补偿性缓解是一种为了交换目的而以货币形式来衡量自然的价值的交换制度。它催生了许多名字：碳交易、物种银行、生物多样性补偿、生物库、物种补偿、绿色债券和气候债券。从根本上说，它们是通过一个数字证券交易所运作的，网站 Speciesbanking.com 就是一个很好的例子。交易所组织生物库（本质上是在某个平台做对环境有利的事情的项目）和企业或国有实体（希望把它扔到另一个平台）之间的交易。

将复杂的大自然货币化基本上是不可能的，特别是在这么长的时间跨度内。尽管如此，这件事情还是由声称拥有这种能力的专业团体来完成。网站 Absustain.com 这样解释道："使用贝叶斯概率和多变量分析，我们将复杂的数据集（其中因果关系可能存在于许多不同的变量之中）转化为可理解

和可行的见解。"

维基百科更清楚地描述了这一过程："生物多样性银行依赖于现有的政府法律，这些法律禁止公司或个人购买有极度濒危物种的土地。美国有一个例外情况，即允许公司收购土地。但是它们还要从一家经认证的生物多样性银行购买一定数量的补偿信用额。这些信用额对公司来说是一笔巨大的额外成本，但为生物多样性银行提供了收入。

换句话说，拥有濒危物种的土地所有者可以获得伤害濒危物种的许可证，前提是他们准备投入资金拯救其他地方的物种。Speciesbanking.com 出售各种商品的积分，从春季池子里的仙女虾和山谷的接骨木长角甲虫到虎纹钝口螈、哥法地鼠龟和土拨鼠。生态环保作家乔治·莫比奥特认为，补偿性缓解措施"使我们的景观和野生动物受到相同的商品化过程的影响，而商品化破坏了企业经济所触及的一切"。但如果不是为了保护环境，从货币角度来看，它是非常有利可图的。2017 年年中，绿色债券发行量达 220 亿美元。

在这篇关于大象的文章中提到这一点的原因是，有着标志性物种的非洲有许多潜在生物库，有能力筹集缓解资金。但是，参与到这样的系统中，你需要了解其他地方允许遭受的损害。这是一个道德问题，就像从孟山都或埃克森美孚得到财政支持一样。

2017 年年中，环境事务部发布了《国家生物多样性补偿政策草案》，提出了缓解想法。根据该草案，生物多样性补偿在保护受到威胁的生态系统和重要的生物多样性区域方面尤为重要，但尚不清楚这种补偿会造成何种损害。[9]

所以我们该怎么办？当然，保护自然环境应该是各国政府的任务。但在非洲，保护自然环境并不能让你当选总统。因此，它往往由企业、基金会和信托基金资助的非政府组织主导。它们经常沉浸在新自由主义的态度中，以可持续利用的方式为人类服务。

当然，重要的是要确保人们能够与非洲大陆的野生环境和谐相处。农村社区是至关重要的保护利益相关者。如今，大型非政府组织保护的黄金标准（这是个好标准）是优先考虑本地就业。在我看来，这是可以接受的，前提是这些工作包括修复已经受到破坏的环境，在主要的野生动物栖息地不要携带猎人的步枪，或不再为开辟大豆或棕榈油种植园而砍伐森林。

这也适用于环境工作者。越来越多的保护资金正被某些要求所支配，这些要求与促使许多人从事保护自然界的职业这一道德规范格格不入。大型环保非政府组织越来越多地受到企业协会的影响，因此常常成为问题的一部分。它们有钱做这份工作，但到头来，它们是为谁做这件事？

保护大象需要资金，而大型跨国公司和信托公司似乎最适合提供这些资金。在不得已的情况下，无论谁提供资金，相关非政府组织都感激不尽。位于一些关心野生动物并需要资金的发展中国家的组织，很容易被一些与其目标截然相反的遥远的组织所拉拢。因此，这里有一些针对需要资金来支持其工作的一线保护主义者的指导方针。

·在发送融资提案之前，你需要了解出资方想要什么回报？你的好名声？你对它们行动的证明？你的标志出现在它们的刊头上？

·检查公司或信托的所有者是谁，它们做了什么；它们绿色足迹的规模以及它们为谁提供资金。

·确保它们没有利用你的努力、名声和名誉"漂绿"和美化它们的坏名声。

·你在它们的内部环境政策中有什么话语权（如果有的话），它们在你的内部政策中又有什么话语权？

·你接受资金有什么附带条件？你的工作成果归谁所有？它会在哪里分发？以谁的名义？

·承诺的资金是否来自缓解或补偿关系？如果它们这样做了，请确保当地所获的利益远远超过其他地方被破坏的价值。

·在所有资金都存入银行之前，不要启动项目；交付成果往往远远达不到承诺的成果标准。

·请谨慎接收国际狩猎俱乐部等组织的资金，因为这些组织通常希望在主要野生动物区域进行合法狩猎。虽然非生存狩猎可以保护野生动物的边缘区域，但战利品狩猎会带走最好的样本并耗尽基因库。

这些评估你所获得的工作支持的指导方针实际上可归结为你作为地球公民的权利和义务。资助者符合你的道德要求吗？环境哲学家托马斯·贝里对这些权利进行了说明：

每一个生物都有被认可和尊重的权利。树木有树权，昆虫有昆虫权，河流有河流权，山脉有山脉权。整个宇宙的所有生物也是如此。

所有权利都是有限和相对的。人类的权利也是如此。我们有人权。我们有权获得我们所需要的营养和住所。我们有居住权。

但我们没有权利剥夺其他物种的合适栖息地。我们无权干涉它们的迁徙路线。我们无权干扰地球生物系统的基本功能。我们不能以任何绝对的方式拥有地球或地球的任何部分。对我们拥有的财产，我们要保护它，既是为了我们自己，也是为了广大社区的利益。[10]

千万不要陷入这样的陈词滥调中：谁出钱谁做主。坚持你的正直品质，即使有时你会获得较少的资金。不要成为你毕生努力想要解决的问题的一部分。不要出卖你的灵魂，无论你多么需要资金！

津巴布韦马纳波尔斯，
一只大象沐浴在清晨金色的阳
光下。

© 塔米·天克摄

"有那么一个时刻，人类需要把意识水平提升到一个新的层次……那个时刻就是现在。"

———

万加瑞·马塔伊

非洲公园档案

非洲公园管理员
没收的偷猎者的步枪、
齿夹和木炭。

非洲公园档案

15

东非的偷猎网络

偷猎行业的残忍和腐败链条涉及许多环节。

卡莉娜·布鲁尔

　　几个世纪以来，象牙一直被用于制作钢琴琴键、艺术雕刻、刀具、匕首和珠宝。[1]早在非法木材和血钻出现之前，它就与冲突联系起来了，[2]并且需求并没有减少。非洲正因为不可持续的偷猎活动而失去数千只大象，主要是为了满足亚洲的需求。[3]亚洲有自己的象种，但只有公象有长牙，而非洲大象的长牙要大得多。[4]此外，亚洲大象的数量也大为减少，这意味着亚洲的象牙需求几乎完全由非洲象来满足。[5]

　　1989年，在经历了20年的频繁偷猎之后，《濒危野生动植物种国际贸易公约》（《公约》）禁止了象牙的国际商业贸易。在这20年里，非洲大陆几乎损失了一半的大象。[6]在1977~1987年间，仅坦桑尼亚一国损失的大象数量就占了其大象总数的一半以上。[7]在20世纪80年代，莫桑比克的大象数量从6.5万只减少到7000只。[8]这一下降归因于国际象牙贸易的合法管制，促使《公约》缔约方投票赞成国际禁令。[9]人们认为这样做能阻止偷猎行为。在象牙需求量最高的国家，一项国际禁令与合法

的国内市场引发的混乱使得偷猎持续存在。

　　19世纪，仅坦桑尼亚一国就有估计2000万只大象。[10]在随后的世纪里，由于人口增长、人类与动物之间的冲突、栖息地破坏、象牙贸易，以及最近的气候变化，大象数量开始迅速下降。[11]重点关注偷猎活动往往会让人们疏于关注其他导致大象数量下降的因素，尽管它们具有同样毁灭性的影响。今天非洲大象的数量大约是50万只。[12]尽管大象数量急剧下降，但世界自然保护联盟（IUCN）仍未将大象列为濒危物种。[13]

　　大象的数量通常以每年5%的速度增长。如果偷猎超过这个水平，那么大象的数量就会减少。自2010年以来，被偷猎的大象比死于其他原因的大象数量还要多，[14]偷猎速度已经超过了种群替代率。[15]如果这种情况持续下去，大象最终可能会灭绝。一些囤积象牙的团伙为了实现利润最大化而讨价还价。有组织的野生动物犯罪收益高、数量大。[14]野生动物贩运是全球第四赚钱的跨国有组织犯罪，仅次于毒品、仿制品和人口贩卖。贩运网络每年的累计收益达数十亿美元。[17]

偷猎热点地区

目前有37个非洲国家有草原象和森林象,覆盖面积310万平方公里,大多数在非洲南部和东部。[18]没有一个国家不受偷猎的影响。中非和西非的森林象被偷猎的情况很严重,导致大象的数量极低,这使得较大的热带草原象群越来越多地成为象牙走私网络的目标。据估计,非洲大象中有四分之三分布在南部非洲的卡万戈赞比西跨境保护区(KAZA),涉及安哥拉、博茨瓦纳、赞比亚、津巴布韦和纳米比亚领土。[19]东非占20%,其余的大象则分布在中非和西非。[20]尽管东非的大象数量只有非洲大象数量的五分之一,但大多数被偷猎的运往国际市场的非洲象牙都是从那里采购和装运的,[21]肯尼亚、坦桑尼亚、乌干达和埃塞俄比亚都与贩运活动有所牵连。[22]东非地区受偷猎的影响最大,在2006~2016年期间损失了约7.9万只大象(这个数量是大象总数的一半)。大象数量降低的情况主要发生在坦桑尼亚,在此期间其大象数量降低了60%。[23]

东非地区极易受到跨国有组织犯罪的影响主要是因为该地区松懈的边境守卫、地理位置、执法不力、腐败、政府机构软弱、贫困、港口和机场的安全漏洞。[24]偷猎者最关注的地区是坦桑尼亚的塞卢斯禁猎区、鲁阿哈国家公园和伦瓜禁猎区,以及莫桑比克的尼亚萨保护区。随着坦桑尼亚野生动物日益减少,国际社会的关注使得执法力度得到加强,偷猎活动开始向南转移,瞄准已经急剧减少的莫桑比克大象,并进入了南非克鲁格国家公园。

运输链

蒙巴萨和达累斯萨拉姆的集装箱港口是象牙出口的主要地点,也是全球象牙缴获最多的地方,或者是缴获货物的来源地。[25]大多数象牙通过海运离开非洲,货物往往超过500公斤,装在船运集装箱里。这些货物的规模表明,有组织犯罪网络的行动是精心安排的。[26]规模较小的货物通过空运和陆运贩运。相关当局已经在连接非洲和许多国家的埃塞俄比亚博莱机场缴获了很多象牙。[27]

肯尼亚、坦桑尼亚和乌干达是象牙流动最多的非洲国家。运经东非的象牙主要来自坦桑尼亚、肯尼亚、莫桑比克、马拉维和赞比亚,也有中非的森林象象牙。[28]

在这些陆运路线上,贩运人员专门锁定边境守卫薄弱、无人控制的地带,或车辆和人员可以在不被发现的情况下穿过的"老鼠路线"。在使用官方边境通道时,腐败分子往往发挥了作用。

蒙巴萨

蒙巴萨是东非最大的港口,自2009年以来,它是非洲象牙进入亚洲的最大出口点,其次是达累斯萨拉姆和桑给巴尔。[29]在2009~2015年间,单是蒙巴萨港就查获了43吨象牙,或者说有43吨象牙源自蒙巴萨港。[30]这主要是因为蒙巴萨港口安保松懈,官员腐败,地理位置优越,适于贩运。[31]缴获量表明,从蒙巴萨出口的坦桑尼亚象牙数量超过肯尼亚象牙数量,这说明了这些国家之间贩运象牙的便利程度。该港口的地理位置非常适合贩运来自中非和途经乌干达的象牙。由于每天都有许多集装箱卡车往返于两国之间,因此被抓住的风险很低。[32]

达累斯萨拉姆和桑给巴尔

达累斯萨拉姆是另一个象牙运输咽喉点,也是象牙离开非洲的第二大出口点。即便缴获象牙,主要参与者也很少被逮捕,而且几乎没有成功的起诉。在坦桑尼亚被发现和被起诉的风险极低;再加上腐败官员的协助,象牙贩运变得很容易。据报道,自2013年以来,执法工作有所改善,当时专门的执法官员开始执行突击搜查和逮捕行动。

[33] 腐败港口官员也被撤职。[34]

桑给巴尔的大象没有受到国内立法的保护，这里是大规模象牙运输枢纽。由于这里的货物清关速度比达累斯萨拉姆的更快，因此它的主要港口被坦桑尼亚的贩运人员利用。桑给巴尔岛也很容易与通往亚洲的各种航线相连，而且有许多腐败官员和无效管制。[35]

非法贸易网络

由于贩运网络的秘密性质，人们对其构成所知甚少。它们与参与贸易的国家一样，数量颇多，具有流动性和非正式性。它们由供应商关系网络、辅助服务和行动人员组成，包括政府、其他合法企业和消费者。[36]

东非网络控制着象牙的来源，以及象牙在东非地区的流动。它们在向亚洲运送象牙所需的商业和社会关系中具有影响力。[37]它们是无等级网络的一部分，这些网络根据现有的商业、家庭、部落和个人关系进行组织，并在受到执法威胁时重新调整。因此，这些组织了解法律、当地文化、物流和政治，并能够做出相应的反应，使得执法或保护策略受到阻碍。

小喽啰负责偷猎，中间人在非洲到亚洲的路线上充当协助者，买家和主要人物发号施令。偷猎曾经一度是投机取巧的行为，现在却变成了有预谋、有组织、受委托的行为。许多批量象牙货物都来自大规模的猎杀，许多小型偷猎活动获得的象牙被合并进行单次装运。[38]

象牙贩运网络往往与针对民众的暴力行为有关，但这在不同地区有所不同。主要大象保护人士韦恩·洛特于2017年8月在达累斯萨拉姆遇刺身亡，这凸显了该网络的潜在危险性质，不能容忍阻碍其盈利的任何人或事物。由于自然保护的军事化，国家资助的暴力行为也是一个因素。

偷猎者

猎杀大象的人多种多样，既有投机取巧的偷猎者，也有技能娴熟的猎人、武装民兵和军事力量。在中非，政府军队往往是偷猎者。在刚果民主共和国，刚果民主共和国武装部队（FARDC）被称为该地区最残忍的偷猎者，偷猎数量占偷猎总数的75%。[41]不过，大多数偷猎者都是碰巧生活在野生动物周围的人，他们以狩猎作为收入来源。[42]

在东非，偷猎者大多来自生活在象群附近的社区，对他们来说，获取象牙的高收入潜力和低成本是偷猎的动力。[43]这并不是犯罪，而是一种收入来源。[44]更多有计划的偷猎者可以在一个国家内跨越相当远的距离或跨越国界。还有报道说，城市的偷猎者在某个地区偷猎，直到当地社区将他们赶走。[45]

大象是个人和集体的目标。武器多种多样，从传统的弓箭和圈套到大口径猎枪和军用武器，这些武器使保护工作变得复杂，危及管理员的安全。[46]先进的武器随处可见，而且往往来自冲突地区。[47]政府库存中被缴获的武器也被交给了偷猎者。[48]

濒危野生动植物种国际贸易公约组织已将贫困确定为当地最重要的偷猎指标。2030年可持续发展目标包括通过提供生计来打击偷猎和贩运野生动物。[49]可持续利用自然资源和野生动物对人类和动物都有好处，特别是在收入潜力不大的地区。野生动物犯罪和无效的保护政策不仅会危害动物种群，也不利于当地的发展、安全、善治、法治，会损害和野生动物生活在一起的人们的公共福利。[50]这还意味着，唯一受益于大象的群体就是偷猎者和贩运者。当地社区是野生动物的自然守护者，应该从大象那里得到最大的奖励。相反，野生动物的消失损害了当地经济和社会发展，使更多人无法通过正常经济手段谋生，只能走上偷猎的道路。[51]

中间人

据报道，充当中间人的大多是腐败官员或曾经的偷猎者。[52]他们在非洲和亚洲都有活动，有的是本地人，有的是外国人。最多的是东非人和中国人。[53]后者在肯尼亚、乌干达和坦桑尼亚被捕，罪名是象牙相关犯罪——组织象牙采购、加工和运输。[54]其他亚洲国家（如越南）公民也加入了贩运网络。[55]

中间人和出资人为偷猎者提供食物、武器、医疗用品和弹药等供给品。他们还可以获得资金贿赂官员，以确保象牙的流动。他们向能够在集合点、集装箱运输点之间运输象牙和能够跨海运输象牙的运输者支付费用。[56]较高级别的中间人可能是政府官员、商人、外交官和军官。[57]相关人员通过现有的船运公司运输象牙，尽管这些公司并不一定知道它们运输的是象牙。建立空壳公司是为了隐藏非法产品。一旦象牙到达亚洲海岸，当地的中间人就会接管物流，并将象牙出售给买家或雕刻家。[59]

主要人物

在贩运网络中，主要人物鲜为人知，而且很难找到。装运的规模和特定地区集中的偷猎活动都表明了有一个由少数这样的人控制的市场。[60]还有人认为，其中存在一种不那么正式的等级制度，在这种制度下，主要人物不再扮演核心角色，因此，他们的消失并不一定会破坏网络。[61]相反，这些网络以组织物流甚至从未与接触过象牙的人为中心。[62]缺少一个主要人物意味着，没有一个能厉行克制的黑社会性质组织，反而有许多实体在争夺资源。[63]

对高级贩运者或主要人物的逮捕和起诉很少，执法部门应该优先解决这个问题，而不是把重点放在那些容易被取代的穷困潦倒的偷猎者身上。

寻找和移除致命圈套

腐败

濒危野生动植物种国际贸易公约组织认为，治理不力和腐败是最能影响某国偷猎程度的指标。[64]受影响的主要是发展中国家，这些国家的发展资金被盗用，加剧了贫困和不平等。[65]腐败对保护工作产生了负面影响，而贿赂规避了环境保护。[66]有很多报道称，中国人组织的犯罪网络利用他们与非洲经济和政治势力的联系，为他们的非法活动提供便利。[67]

殖民统治剥夺了土著人民的狩猎权利，把他们变成了偷猎者。接下来是国家对野生动物的垄断，政治势力们通过野生动物致富，这一做法在国家独立后延续至今。腐败的盛行被当作全面禁止象牙贸易的正当理由。高层人士收受贿赂，通过文件提供外交掩护，或滥用指定用于自然保护的资金，为偷猎和贩运提供便利。[68]还可以贿赂管理员，让他们提供有关大象行踪或巡逻模式的信息，警察运送象牙并提供武器，或税收当局成员对装有象牙的集装箱视而不见。[69]

蒙巴萨港和达累斯萨拉姆港活跃着各种组织，为贩运者贿赂各种可能接受贿赂的人。[70]装运公司和清关代理在这些港口的作用也没有得到充分的调查。

执法

非法象牙贸易的主要对策是执法。但这会使人们忽视需要作出涉及来源国、过境国和消费国的多方面反应。一开始需要修复大象和与大象生活在一起的社区之间的利益关系，以及解决推动亚洲象牙需求的价值观念。非法市场的秘密性质阻碍了人们对其的了解，但了解非法市场是全面应对贸易的各个方面的关键，而不仅仅是试图通过执法来压制非法市场。执法可能提供更直接的解决方案，但消除贫困和根除腐败应该是长期目标。

地面部队

在战场上

有组织的犯罪分子利用刑事司法系统和执法漏洞。[71]他们经常在执法不力或薄弱的地区偷猎。从某种意义上说，这是一场军备竞赛：偷猎者越多，越需要更多的管理员，就像贩运数量的增加需要加强边境执法一样。

人们经常呼吁管理员和官员使用最新的技术和监控手段，但这些机构的资源通常不足，而且缺乏证据收集方面的基本培训。同时，管理员接受的准军事训练有限，不了解他们将在战场上处理的事情的复杂性。

缺乏资源和专业知识可能会让人受挫，导致射杀政策的实施和自然保护军事化，并有侵犯人权的危险。如今，许多撒哈拉以南国家都采取了军事化的保护措施，[72]接受过训练的反偷猎小组使用军事技术、战斗武器、技术和强有力的战术来对抗偷猎者的类似战术。[73]象牙的高昂价格使得偷猎者准备冒险在受到监控和良好保护的地区猎杀大象，但他们在这些地区更有可能碰到巡逻队。[74]

2013年，联合国安理会前秘书长潘基文鼓励使用武力打击野生动物犯罪，当时他表示，有必要对野生动物犯罪采取更加军事化的手段。非法狩猎使得相关地区雇佣更多的管理员和安保公司，使用新技术，许多国家还鼓励杀害偷猎者。[75]采用军事措施的风险是会造成武器泛滥，危及管理员的安全，增加成本，疏远社区。[76]

在边界上

港口需要在继续提高收入和利润的有效运营之间取得平衡，同时进行充分的安全和风险预测来追踪非法货运。贩运人员发现并利用了漏洞。自2010年以来，直到最近，蒙巴萨的盛茶容器都无须扫描，这是因为茶叶是肯尼亚的主要出口产品之一。[77]2015年，新加坡和泰国查获了来自蒙巴萨、装在盛茶容器里近8吨的象牙。该事件发生后，当局发出指示，要求对每个声称装有茶叶的容器进行扫描，但据报道，这几乎从未实施过。[78]基本改革有助于确保海上和陆地进出口岸的安全，但非洲大陆缺乏资源和专业知识。

执法工作应得到强有力的国内立法的支持，惩罚应反映象牙贩运的严重性。象牙贩运是一种跨越几个大洲的跨国犯罪；因此，国际执法合作与减少需求相结合才是最有可能成功破坏象牙贸易的武器。

非洲各地都有人使用圈套。它们很容易设置，能捕杀野生动物。

© 格兰特·阿特金森摄，纳米比亚 乔贝河

16

管理跨境大象种群

当大象无视法律和国家景观时，我们该怎么办?

珍妮特·塞里耶博士

非洲大象曾在非洲大陆的大部分地区漫步，作为相互联系的种群的一部分。随着国家的建立，出现了人为设定的边界，将一个地区与另一个地区分开，通常没有合理的地质或文化特征来规定这些边界应该在哪里。

这些边界开始规定人们和野生动物可以或不可以去的地方。人口的不断增长和农村的贫困使得人们对农业用地的需求不断增加，随后大象和其他大型哺乳动物被关在保护区内，而这些保护区往往太小，无法养活它们[1]，而且也无法满足这些需要宽阔的地方生活或迁徙的物种的空间需求。[2]

由于非洲大部分保护区位于或靠近国界，大象和许多大型食肉动物物种的活动范围均跨越了行政和政治界限。[3]林赛等人（2017年）发现了45个跨越非洲34个国家（不包括塞内加尔和几内亚比绍，这两个国家可能没有大象了）国界的大象种群。在这些种群中，15个种群有超过1000只大象。计算出的可能跨境大象的数量（360,499）是只在单个国家活动的大象种群数量（115,306）的三倍多。这意味着至少有76%的大象是跨境种群成员。

这种跨越国际边界的活动带来了如下后果：各国在处理人类与野生动物之间的冲突上各行其是，并且对物种生态需求的重视程度不一致，导致管理不当。由于这些原因，迫切需要开发和扩大跨境保护区，作为一种共享资源。[5]

汉克斯（2003年）将跨境保护区（TFCA，Transfrontier Conservation Area）定义为"跨越两个或两个以上国家的边境、拥有包含一个或多个保护区的自然系统的相对较广阔的土地"。跨境保护区可包含各种各样的土地使用，可以使用私人土地、公共土地、森林保护区和野生动物管理区，也可以在其中消耗野生动物（在适当的情况下）。[6]建立跨境保护区的目标不仅仅是保护生物多样性，而且也是为了促进这些边境社区的经济发展。其中一个目的是鼓励游客和大型哺乳动物在开放的边境进行相对不受限制的活动。[7]这对拥有珍贵的大型哺乳动物（如大象，大象会对生态系统和保护区周围的社区产生不利影响）的地区来说尤其重要。[8]然而，一些政治、立法和

执行方面的挑战妨碍了对这些动物的有效管理。

接下来是对大马蓬古布韦跨境保护区(GMTFCA, the Greater Mapungubwe Transfrontier Conservation Area)里人类控制的跨境景观中的大象保护和管理所面临的挑战和机遇的评估。某大象种群在博茨瓦纳、南非和津巴布韦的领土范围内跨境活动,活动范围超出了指定的保护区。[10]这些大象受到一系列管理措施的影响,无法自由地利用这些景观,而且很可能与保护区边缘的社区发生冲突。[11]

大象是消耗性和非消耗性活动的高价值物种。作为旗舰种,它吸引了大量游客来到撒哈拉以南非洲的保护区。[12]在大马蓬古布韦跨境保护区内及其边界周围地区,有几家旅游和狩猎机构在那里开展活动。它们观察和利用一个在三个国家之间自由活动的跨境大象种群。然而,塞里耶等人(2014年)指出,目前大马蓬古布韦跨境保护区内的大象狩猎配额是不可持续的,并且这些国家很少或根本没有就狩猎配额进行协商。每个国家根据受限制的种群数据子集确定自己的配额。

目前,摄影旅游是该地区的主要经济驱动力,而大象是一种王牌动物。[13]值得一看的大象,包括长有纪念品规格大小的长牙的大型公象,对此而言很重要。[14]因此,过度狩猎将会影响林波波谷的摄影旅游,大大减少大型公象的数量,并可能会影响到游客观看大象的机会。[15]此外,由于自然选择,战利品狩猎将减少长牙公象这一类型的大象的数量。[16]

战利品狩猎等活动不仅会影响大象在景观中的存在,还会导致动物集中在受人类干扰较少的地区。[17]这会对生态系统产生重大影响,导致级联效应,例如导致该地区失去大树。[18]更重要的是,如果没有为相应物种或系统作出适当层面的管理决策,可能会出现空间规模不匹配的情况,从而影响有效管理和物种保护。[19]这可能对跨境大象产生深远的影响,狩猎的压力效应可能会传递到邻国的摄影旅游区。[20]大象可能会被迫使用质量较低的资源,或者压力可能会加剧人类与野生动物之间的冲突。[21]

我们不能仅仅通过增加保护区(PA,protected areas)的面积或改善生态条件来有效地保护大象,而是需要对某个地区的当地社会经济状况进行评估。[22]在大马蓬古布韦跨境保护区进行的一项研究表明,人均GDP[23]以及人类对保护区的侵占等因素是预测大象数量的重要因素。[24]人均GDP是一国对保护区发展投资的可靠指标,与人类福利正相关,后者又反过来影响人们对保护工作的态度。[25]

人均GDP较高的国家在保护区管理方面的投资较高,腐败程度也较低。[26]伯恩等人(2011年)指出,管理不力是导致非法猎杀大象屡禁不止的一个重要因素。此外,史密斯等人(2003年)预测,管理得分低于3.1的国家的大象数量将下降。[27]如果大象种群是跨境种群,那么某个国家的高度腐败和管理不力会对这些种群经过的邻国产生负面影响。[28]

景观破碎化与人口密度的增加密切相关。多项研究表明,大象数量与农业用地和人类密度的增加呈负相关。[29]人类活动,特别是在保护区边缘的活动,正在继续增加,而国家预算很可能无法平衡社会和保护区的需求。这将加剧保护区边缘地区的人类与野生动物的冲突,并对生物多样性产生负面影响,导致非法伐木和采矿、野味狩猎和更频繁的火灾。这些地区边缘的人口密度的增加也可能导致物种灭绝,这可以从世界各地保护区附近的食肉动物灭绝的速度来推断。[30]

在大马蓬古布韦跨境保护区中开展的工作表明,在一个精心设置的保护区系统中有效保护源种群,使这些种群不受人类的威胁,仍然是这些种群在发展中国家生存的关键。[31]保护区边缘地区多功能区的纳入将进一步协助开展这方面的工作,并通过对自然资源的可持续利用提供经济激励。这也可以减少人类和野生动物之间的冲突。如果我们改变管理私人保护区的方式——把共同所有权、共同管理和政策变化相结合,使土地所有者和农村社区受益——我们就可以保护野生动物,同时可以解决农村贫困和环境不公平的问题。[32]

为了了解战利品狩猎等管理活动的后果，并根据数量趋势实施适应性配额制度，我们必须长期监测。[33]在制定了明确目标的情况下，消耗利用是可管理的。[34]经常提到的监测限制因素包括监测成本、长期投入和规划。[35]然而，人们在开发更具成本效益的监测消耗和数量趋势的方法上取得了重大进展。[36]当通过消耗利用产生经济利益时，应将收入的一部分用于监测。但是，如果不能解决社会问题，比如狩猎收入分配不公和当地社区的参与度不够，就会妨碍狩猎活动取得成功。[37]非法狩猎减少了可作为战利品的动物数量，不仅影响了物种的生存，也影响了承担保护成本的社区的收入。

然而，对跨境种群的监测却因该物种所处的法律环境而变得复杂，并且依赖于各个国家之间的合作，以及这些国家的政客的支持。如果物种跨越国界，则需要制定协调的法规和政策来开展合作和联合管理，以改善土地利用规划。[38]目前，南部非洲关于大象的法律系统支离破碎，保护人员迫切需要在基层开展跨界合作，以解决个别国家法律与地区和国际协议之间的不匹配问题。

例如，博茨瓦纳、南非和津巴布韦有关大象的法律各不相同，由于这三个国家不全是所有国际条约的缔约国，因此情况更加复杂。在国际、地区和国家层面上，大象被认为是具有巨大经济潜力的自然资源。这三个国家都认为大象的生存取决于它们对人民的经济价值。为此，南部非洲发展共同体议定书（SADC，Southern African Development Community Protocol）、南部非洲区域大象保护和管理战略以及三个国家的国家立法支持将大象视为一种自然资源的、基于社区的管理计划，[39]例如津巴布韦的土著资源公共区域管理计划。

目前有几份跨境法律文书管理着自然资源保护和可持续利用方面的合作，但在政治层面，管理和利用这些跨境高价值物种的南部非洲国家之间的实际合作似乎很少。蒙特西诺·普索斯等人（2014年）警告说，如果不迅速采取协调行动来改善土地利用规划，生物多样性的丧失将不可避免。

随着人口的增长，对自然资源的需求将会增加。目前，南部非洲拥有非洲大陆50%以上的大象，被认为是大象安全的避风港。[40]但随着象牙需求的增加和其他地区大象数量的减少，当地面临的非法象牙偷猎的压力将会增加。[41]因此，跨境大象种群所到的各个国家之间的合作和协调管理行动至关重要。由于非洲农村公共土地面积约为国家管理的森林保护区和国家公园面积的五倍，因此它们是保护生物多样性和加强执法力度的重要部分。[42]例如，在2011~2013年期间，由于加强执法和与当地社区的有效接触，尼泊尔没有因偷猎而失去一只犀牛。[43]在其他地方，各国之间的合作、景观连通性的提高和创造收入能力的提升已被证明成功地增加了野生动物的数量。[44]

结论

在作出保护决定并尽量避免人类和野生动物之间的冲突时，了解影响人类控制的景观中魅力型大型动物存在的因素至关重要。野生动物的生存不仅仅取决于环境因素，还取决于法律环境、一国对保护区的投资、贫困程度、人类的入侵以及战利品狩猎等因素。

解决方案需要国家之间的合作，制定协调的法规和政策，以改善土地利用规划，并在保护区和保护走廊周围开发多用途区域。[45] 如果要进行战利品狩猎，那么该行业和保护区的目标要兼容，并利用适应性框架来确保可持续性。[46] 只有通过制定消耗配额和严格的规定，进行长期的消耗和种群数量监测才能实现这一目标。因此，我们急需建立一个单一、跨司法辖区、跨境的管理机构，对大象和其他跨境物种管理与狩猎进行监管。

我们需要立即采取行动来保护大象，并应对人口增长和在牧地开展的活动带来的影响。我们必须计划加强生物多样性保护，促进可持续发展，提高社区生活质量。实现这一目标的关键是有效管理精心设置的保护区系统中的源种群，使它们在发展中国家免受人类威胁。[47]

当国家公园毗邻国际边界，而邻国又没有相应的公园或保护区时，就会发生冲突。乔贝河以南是博茨瓦纳的乔贝国家公园。在纳米比亚的北岸，土地归部落所有，那里有贫穷社区，在那里战利品狩猎占主导地位。博茨瓦纳的大象穿过河流，在郁郁葱葱的纳米比亚草原上觅食，但很快就向南游回安全地带。因为乔贝国家公园位于边境较繁荣的一侧，这里的就业率更高，治安更好，因此也更安全。

© 格兰特·阿特金森摄，博茨瓦纳 乔贝河

一个壮观的场面

保罗·芬斯顿博士、潘瑟拉（大型猫科动物保护组织），2017

我不想夸大，但在过去的两个旱季，在纳米比亚赞比西区（曾称卡普里维地带）马蹄湾的潟湖，有500到600只大象是司空见惯的景象。我曾两次在那里看到估计有1000只大象。在旱季的下午，你可以看到河漫滩上到处都是大象，大象在马蹄湾和周围来来往往，非常壮观，但对观察者来说相当伤脑筋，因为你不能移动，不是所有的大象都有好性情。在9月/10月，我们不仅能在马蹄湾看到这种场面，有时大象也会来到附近的omuramba——一个古老的河床。一天下午，我和妻子在河边的小船上，看到几百只大象游过河，在河漫滩上吃草过夜。

这张具有历史意义的照片（下图）出自彼得·比尔德的优秀著作《游戏的终结》（第一次出版于1965年），这张照片展示了20世纪60和70年代东非一些大型象群的规模。没人想过还能再看到大型象群。但这里（左图）展示的是2017年博茨瓦纳/纳米比亚边境上一个规模相当的大型象群的一部分。

一个古玩店
里待出售的牙雕

17

非法野生动物贸易

与卡尔·安曼的对话：

如果风险增加，那么大象和犀牛唯一的希望便是一些关键人物最终被关进监狱。打击供应链。

唐·皮诺克博士

在老挝的湄公河畔，有一个富丽堂皇的赌场，名叫金木棉。在这里，你可以点刚宰杀的幼熊排、烤穿山甲、老虎阴茎、壁虎肉片，然后配着在盛有狮骨或虎骨的大桶中酿制的红酒吞下。

商店出售犀牛角饮酒杯和手镯，对于品位更传统的人来说，还有宗教雕塑和用偷猎得到的非洲象牙制作的珠宝。在赌桌上玩了一夜之后，你可以花钱请一位漂亮的年轻女子陪你睡觉。

但是，如果你不能偿还赌债，你就会被关在当地的监狱里，直到你的亲属替你还清。如果他们不替你还债，债主一定会把你从屋顶上摔下去。

在金三角和老挝、泰国、缅甸以及中国森林茂密的边境地区有许多金木棉这样的地方。这些地方无法无天，有反抗的军队，世界上大部分的海洛因和苯丙胺都是从这里流出的。类似的"度假胜地"包括诱惑、财神爷、梦幻阁楼、女王、勐拉和磨丁。这些地方是无数非洲标志性动物的死亡道路的尽头。

在开普敦海岸，一位不寻常的肯尼亚卧底调查员、电影制片人，自称捣乱者的卡尔·安曼在一杯咖啡的时间里，实事求是地提供了这一信息。说他不同寻常是因为他独自工作，挖掘爆炸性信息，而且他自己承担的经济成本往往很高。说他是个捣乱者是因为当野生动物贩子、政府和受人尊敬的国际保护组织成为问题的一部分时，他会毫不妥协地揭露他们。

他这么做完全是受他的好奇心和强烈的野生动物保护欲望所驱使。但他的动机经常受到怀疑，因为他没有政治或组织关系，也不筹集资金。他是一个优雅、游历广泛、知识渊博、有原则的、特立独行和讨人喜欢的伙伴。但他的信息可信度如何？证据来自环境调查署（EIA，Environmental Investigation Agency）与越南保护自然教育组织联合编制的一份令人震惊的报告《罪恶之城》。[1]

"老挝，"报告开头这样写道，"已经成为一个无法无天的游乐场，迎合了来访的赌徒和游客的愿望，他们可以公开购买和消费非法野生动物产品和野生动物部位，包括濒临灭绝的老虎产品和部位。

中非德赞噶－恩多基国家公园，野生
动物保护人员在检查被偷猎者杀死的一只
森林象。

"（当地监管部门）甚至都没有做做执法的样
子。卖家和买家可以自由交易大量濒危物种产品，
包括老虎、豹子、大象、犀牛、穿山甲、钢盔犀
鸟、蛇和熊，它们从亚洲和非洲而来，被走私到
这个野生动物犯罪的小天堂。"

拜访他在曼谷经营一家酒店的姐姐和姐夫时，
安曼开始探索东南亚的丛林地带，他发现了勐拉
村，这是缅甸到中国途中最后一个边区村落。"那
是40年前的事了，"他若有所思地说，"今天，这
又是一个靠毒品和卖淫为生的肮脏赌城，但那时
它很美。我了解过，去探过险，接触过山地部落。"

再返回时，他意识到情况正在迅速改变，于

是开始记录这些变化。野生动物贸易逐渐成为一
个问题，他利用自己的人脉进一步调查，首先是
通过提问，然后是用复杂的纽扣相机和秘密录音
机进行调查。

他说："由于我的经济背景（他在酒店行业工
作），我对从冷清的山中避暑之地到热闹的非法市
场的变化和通往中国的道路很感兴趣。""我能够追
踪这一地区的变化，我想我可以通过让世界了解
这一情况来为保护环境做出贡献。这令我痴迷。"

这些变化对大象、犀牛、穿山甲、老虎、熊
和许多符合亚洲人品味、地位、迷信观念和审美
要求的动物来说都是毁灭性的。在不受政府控制、

毒品泛滥的金三角地区，非法行为有利可图，而法律则是有钱武装和指挥不法分子的人的特权。除了贩卖毒品和人口，该地区也是非法野生动物超市。安曼试图获取相关信息，但他说似乎没有人感兴趣。在媒体地图上这个地区是一片空白。

勐拉的转型成为在该地区建立无法无天的前哨基地的一个典型，主要是为了某些中国消费者寻找在他们国家被禁止的产品和娱乐。在湄公河对岸的老挝，一家中国公司租赁了一万公顷的河边丛林，租期为99年，并建造了金木棉赌场，政府获得了20%的股份。大约3000公顷的土地被宣布成为"经济特区"：本质上是私人领地。那里的时钟是北京时间，贸易用中国货币进行，企业归中国人所有。

安曼说，这些赌场城镇有自己的规则。卖家和买家可以自由交易濒危物种，政府租借人（如果是在磨丁和金木棉）和反抗军队（如果在勐拉）在金三角及其周边地区可以限制任何可能的执法行动。

其他开发项目包括供船只停泊的私人码头、酒店、按摩院、博物馆、花园、庙宇、宴会厅、动物围场、射击场和大型香蕉种植园。这里不受任何已知法律的约束，非法野生动物贸易正在蓬勃发展。

安曼承认了报告（如《罪恶之城》）的价值和环境调查署报告的完整性，但告诉我它们写得不够深入。"你不能像环保非政府组织那样，通过记录日志的笔记本电脑来了解这些关系网。"你必须渗透进去，"他低头看着他的咖啡说道，"这意味着有时要从卖家那里买东西，我就是这么做的，通过当地团伙的联系人进行。"

"金钱易手的那一刻事情就变得容易多了。你会得到即使你四处窥探也得不到的信息。所以我在挑战底线，大多数非政府组织都无法做到这一点。"

"我派我的人来冒充犀牛角的卖家。他们拿出照片，然后说'我们可以拿到这个。你愿意出多少钱？'在走私调查中，这是很常见的，但在野生动物贸易中，很少有人愿意这么做。如果我给非政府组织这些数据，他们会说他们需要核实。但是他们不准备使用我的方法，所以他们怎么能做到呢？"

安曼通过秘密录音和他建立的一个虚假网站来追踪野生动物贩卖网络的方法得到了回报。他追踪到了非洲之外迂回曲折的走私路线、腐败的官员和无数伪造的濒危野生动植物种国际贸易公约组织进出口许可证。

他发现，越南的野生动物贸易被少数几个集装箱进口背后的关键人物所掌控。他们在非洲有基础设施来装载和运输集装箱。他们与零售商合作，在运输途中，先发手机图片再发信号，比如20根象牙或角。他们与港口当局和主要经销商合作多年。

2008年，中国和日本通过濒危野生动植物种国际贸易公约组织批准的一项交易，一起从非洲国家合法购买了108吨象牙。C4ADS组织和生而自由基金会编制的《走出非洲》报告说，在那一阶段，中国有67家注册的（和无数未注册的）雕刻厂和145家零售店。一项针对商店的调查发现，大多数象牙制品没有识别卡，这意味着它们的来源是非法的。2013年，广州查获的走私物品就有象牙，这意味着有很多大象死亡。[2]

环境调查署获得的一份2002年的文件中有一份中文公文，说明政府库存中损失了99吨象牙，超过了在2008年一次性出售中购买的数量。2013年的一份非政府组织报告估计，在中国流通的象牙中，有70%是非法的，57%有执照的象牙厂为非法象牙洗白。

2016年底，中国官方宣布计划在2017年底前禁止国内象牙贸易。负责监管这一贸易的国家林业局（今名为国家林业和草原局）下令关闭了全部67家工厂和商店。该机构负责野生动物事务的负责人张德辉表示，到该年年底，还将有27家工厂和78

家商店关闭。人们认为大象的游戏规则改变了。

它们不时地牺牲一批货，这可能是计划的一部分。在越南，它们在六个月后把集装箱归还给经销商。

"如果商人收到中国政府限制象牙在中国销售的密报，他们就把这则消息传递下去：把你的象牙转移到老挝、缅甸、越南。有一些大经销商在那里或在老挝首都万象开设了公司，如金木棉。这只意味着销往中国的渠道正在发生变化。"

有报道称，由于即将实施禁令，原料象牙的价格正在下降。安曼再次表示怀疑。"几乎没有人讨论加工产品的零售价格。我上次去东南亚旅行时，询问了每克物品（如象牙手镯、串珠项链或雕刻的奖章）的成本，报价是每克2.5~3美元。自从我上次去那里以来，这些价格一直没有变化。因此，如果原料象牙的价格像上面所说的那样下降，那就意味着雕刻家和零售商的利润提高了。"

"雕刻成本也越来越低了。在与中国接壤的国家，大多数为中国买家制作的艺术品不再是出售给鉴赏家和投资者。它们是批量生产的。车间配有由电脑控制的雕刻设备，有些是从中国进口的。操作这些设备的人不是传统的雕刻家，而是信息技术专家，他们同时生产八个相同产品，大大降低了生产成本。最终结果可能是更多的商人加入游戏，提供越来越多的新产品。"

我把话题转移到监管上。为了保护濒危物种的未来，濒危野生动植物种国际贸易公约组织花费了数百万美元。这一过程的支柱是管制国际贸易的许可制度，它是另一个棘手的问题。

"我在这个过程中发现了令人不安的漏洞，"他说，"我对濒危野生动植物种国际贸易公约组织机制的价值及其许多官员的诚信提出了质疑。他们不是真正的保护主义者。他们不希望惹事，假装一切都很棒，假装他们正在履行自己的职责。任何不符合这种所谓的良好现状的信息，他们都试图隐瞒。"

"我公开指责他们大面积掩盖腐败和犯罪活动。我有证据。我叫他们把我告上法庭，这样我就能呈上他们忽略的信息。但他们不会。即使有确凿的证据，他们也会掩盖事实。接下来你要怎么做？"

我告诉他，这样的指控需要强有力的证据来支持。他能提供吗？在接下来的两天里，我的收件箱里不断收到令人吃惊的文件、报告和照片。

根据濒危野生动植物种国际贸易公约组织网站的信息，哺乳动物、爬行动物、鱼类或植物的转运许可证按照三个附录的规定签发，这取决于物种的受保护程度。如属附录一所列的生物，只有在不进行商业交易且已合法取得，并且转移走该动物并不会对该物种的生存造成损害的情况下，才可签发进出口许可证。

对于最后一点——生存——出口国必须提供一份由濒危野生动植物种国际贸易公约组织科学机构出具的"非损害研究结论"文件，这意味着要调查该国的管理当局。附录一项下的野生生物不能用于商业出口或被送往动物园。

对于附录二和附录三的非濒危物种，需要出口许可证，但不需要进口许可证，条件一般不太严格。

在这个过程中，问题就出在细节中。如果一种生物是在濒危野生动植物种国际贸易公约组织批准的为CITES I名单所列物种所设的繁育设施中圈养繁殖的，那么无论其野生表亲所处境况如何，其在许可证上的"源代码"都被列为"C"（圈养性繁殖），可以进行交易。

这就产生了安曼所称的"C-骗局"，并被用来从事从没有人工饲养设施的非洲国家非法向中国出口数百只野生黑猩猩和大猩猩等活动。他说，出口国和进口国的濒危野生动植物种国际贸易公约组织官员一定知道这一点，但他们还是提供许可证，对此睁一只眼闭一只眼。

联合国毒品和犯罪问题办公室承认濒危野生

动植物种国际贸易公约组织官员参与了许可证骗局。"腐败,"他说,"涉及诸多行为人,包括濒危野生动植物种国际贸易公约组织的主管当局、公务员、村民、护林员、警察、海关、商人和经纪人、专职猎人/国际猎人、物流公司(航运公司、航空公司)、兽医和狩猎农民。"[3]

还有一个问题。最初,所有许可证都必须交给位于日内瓦的濒危野生动植物种国际贸易公约组织总部检查。但在2002年,濒危野生动植物种国际贸易公约组织秘书处声称由于预算限制,单方面决定许可证只需由其在相关国家的官员批准,并向日内瓦总部简要报告即可。

它还停止了"违规报告",即当成员国被怀疑不遵守《濒危野生动植物种国际贸易公约》规则以及可能发生腐败和犯罪行为时所作的报告。对于雇佣偷猎者的野生动物商人来说,这个漏洞百出的流程简直是天赐良机。

在2002年的濒危野生动植物种国际贸易公约组织会议上,东道国智利呼吁建立一个机制,紧急限制濒危野生动植物种国际贸易公约组织许可证的流通,以避免这些许可证的欺诈性使用,但秘书处否决了关于技术细节的提案。

根据安曼的说法,当时的观点是,管理记录不佳的国家拒绝接受日内瓦总部的点名批评制度。因此,濒危野生动植物种国际贸易公约组织的决策者们决定,解决违规问题最简单的方法就是停止寻找违规问题。

"秘书处的理念似乎是,自己有缺点但却揭他人的短并不是个好主意。"安曼说。他忧伤地注视开普敦码头,海鸥冲着我们尖叫,想要吃点东西。"对许多濒危物种贸易进行有效管制的尝试到此结束。"

有宝贵野生物种的《濒危野生动植物种国际贸易公约》缔约国的官员、联合组织和偷猎者很快意识到,更宽松的控制意味着有更多的机会获得个人利益。一些经销商成立了专门的野生种群捕捉小组。几内亚一名濒危野生动植物种国际贸易公约组织官员告诉安曼:"说到伪造许可证和欺诈,濒危野生动植物种国际贸易公约组织是最肮脏的。"

通过网络渗透,安曼从参与这类交易的商人那里获得了一捆许可证。他们利用中东和北非作为过境点,大部分情况下他们谎称这些国家是原产地,依据是许可证上说这些灵长类动物是在被圈养的环境中出生的。当安曼向日内瓦的埃及濒危野生动植物种国际贸易公约组织代表团团长出示该情况的证明文件时,那位官员称文件是伪造的,并把报告扔到了会议中心外的街道上。

安曼说:"公开开展业务且相互关联的经销商黑手党网络遍及全球。""他们都声称与濒危野生动植物种国际贸易公约组织相关管理当局保持着良好的关系,并且几乎能够获得他们想要的任何濒危野生动植物种国际贸易公约组织进出口许可证。如果是类人猿或海牛,在中非获得非法许可证的标准费用是5000美元。"

然后,买方可以自由决定源代码,表明动物是在野外出生的还是在圈养环境中出生的,管理当局将填写买方要求填写的任何内容。他们不需要收货目的地的详细地址。

"任何人都可以填写几乎有关最终目的地或运送或接收货物设施的任何信息。我分析了100多份这样的许可证,没有一份盖有必需的出境印章,也没有相关海关当局关于箱子里的具体动物或数据信息。

一张两只乌龟的许可证被用来批准供应两只大象。一张非洲灰鹦鹉的许可证被用来向中国出口四只非洲海牛。一些动物是用伪造的刚果民主共和国许可证从几内亚运来的。

至少有两次,贩运者告诉安曼,如果买家坚持为猿类提供合适但伪造的许可证,他们会确保自己的濒危野生动植物种国际贸易公约组织官员在向日内瓦提交年度报告时,不会将许可证的复印件存档。他们会要求买方也这样做,以确保进口管理机构不会报告这种进口货物。

在日本，环境调查署（EIA）发现，在1999年和2008年濒危野生动植物种国际贸易公约组织批准"试验性地"解除象牙贸易禁令后，非法象牙的销售直线上升，非洲的偷猎数量也是如此。即使在恢复禁令之后，环境调查署仍然发现每年在日本有超过1000根来历不明的象牙被用于交易。

在2010年~2012年期间，一个中国夫妻团队利用在日本的中国公民作为中间人，从日本向中国走私近3.26吨象牙。

环境调查署将象牙贸易描述为漏洞中的漏洞："日本有很多象牙，但法律却不要求提供任何真实的证据来确保象牙来源和获取途径的合法性。"

安曼说："毫无疑问，官员们每年都会签发数百份伪造的许可证。""就受贿而言，相关国家的濒危野生动植物种国际贸易公约组织官员就收取了数万美元，他们将收取贸易中的利益视为增加个人收入的一种方式，无论合法与否。"

成员国政府有义务起诉参与非法活动的违规商人和官员。然后，它们必须没收所涉动物，并与动物原产国讨论是否能归还这些动物。理论上是这样。但实际上各个层面都存在阻力，首先是濒危野生动植物种国际贸易公约组织秘书处，它并不会敦促成员国执行这项规定。

"需要问的问题是，"安曼说，"秘书处缺乏执行《濒危野生动植物种国际贸易公约》的意愿是否是这些非法交易的一个主要因素？非法贸易是否因缺乏管制而变得这么猖獗？"

安曼最近与一位联合国高级官员进行了一次交谈，这名官员在要求会面时就已经知道了安曼的想法。他的第一个问题是："我们是有《濒危野生动植物种国际贸易公约》好呢，还是没有它好呢？"爱批判的观察者们已经问了这个问题很多次了。

"毫无疑问，"安曼说，"在大多数情况下，（那个官员）都能得到他想要的答案：不管有什么缺陷，有某种监管框架总比没有框架要好。当时我的回答

也是一样的。但今天我无法确定了。"

"许多驯象师在镜头前告诉我，他们的大象是圈养的，但父亲却是一只野生公象。为了不用支付种公象费用，老挝的驯象师将圈养的母象绑在森林的树上，这样它们就可以与野生公象交配了。"根据《濒危野生动植物种国际贸易公约》附录一，在不受控制的环境中，如果一只大象的父亲或母亲是野生的，那么这只大象便不被认为是圈养的，因此不能进行商业交易。所以这种交易是非法的。

"很久以前，秘书处就应该建议暂停老挝的违规行为和执法不力行为，"他说，"但它是一个联合国机构，不想找麻烦，即使暂停是任凭其使用的一个重要的执法工具，并且一旦老挝遵守了规定，也可以重新获得认可。"

事实上，对活的或死的野生动物的需求仍然很高，这对非洲的动物来说不是好消息。"野生动物商人围着我们绕圈，"安曼说，他又要了一杯咖啡，"他们在愚弄我们，他们大多数是亚洲人。而大多数非政府组织（环境调查署除外）在中国、泰国或越南都有业务，所以它们不能找太多麻烦。对于非政府组织来说，被禁止与一个国家有业务往来是一个大问题。"

"他们可以成为好警察，但不能当坏警察。""我可以当那个警察。问题是如何把信息传出去。在哪里和怎样才能产生影响？"

他说，如果风险增加，那么大象和犀牛唯一的希望便是一些关键人物最终被关进监狱，打击供应链。"如果世界各国真的认真对待执法问题，而不是严肃地谈论执法，那将是朝着正确方向迈出的重要一步。但这种情况只有在失去面子后才会发生。如果有必要，我们必须点名批评。"

但就我自己而言，我希望每天早上都能坦然面对镜子中的自己。所以我一直在讲述事实和我所看到的真相，而且我知道我不会赢得任何人气比赛。

◎ 马丁·哈维摄

顺时针，从左开始

喀麦隆早市上出售的象鼻和野味。

在亚洲待售的象牙珠宝。尽管一些国家（包括中国）已禁止象牙加工，但某些中国消费者还是可以在当地或邻国获取象牙。

在香港，一名象牙商人与当地的象牙抗议者打招呼。

◎ 凯特·布鲁克斯摄

◎ 托德·R.达林摄

"对我来说，贩卖野生动物不是一个关于野生动物的故事，而是一个犯罪故事。"

——
布赖恩·克里斯蒂

在南非夸祖鲁-纳塔尔被
捕的一名偷猎者

彼得·查特威克摄

18

武器和大象

大象偷猎不再是唯一的保护问题。国防机构、主要基金会和非政府组织呼吁对"血牙"和"象牙资助的恐怖主义"进行外国军事干预。但枪支越来越多却不是件好事。

凯茜·琳·奥斯汀

2014年9月，我前往位于比勒陀利亚郊区的南非空军基地，参加两年一度的非洲航空航天与国防展览会（AAD，Africa Aerospace and Defence Exhibition），[1]这是非洲最大的武器展，也是南非最吸金的盛事。[2]武器贸易展览会的另一个附带主题是反对偷猎，我来到这里的原因有两个：第一，亲眼看看世界上领先的军火公司营销的用于非洲所谓的偷猎战争的尖端武器和技术；其次，与在前线工作的野生动物保护者会面，这样我就可以尽可能多地了解偷猎者的武器。

第一个目标很容易实现。当我穿过飞机库般大小的展馆和宽敞的展厅时，销售代表热情地告诉我，哪些展出的军用级别武器和令人眼花缭乱的科技产品最适合反偷猎行动。除了通常使用的火力，他们还向我介绍了世界上最先进的无人机，配备有公文包大小的数据处理系统，以及先进的电子和红外探测设备，和为在野生动物活动区域进行侦查而特别改造的飞机。

一个由商业导向的游说团体即美国商会（US Chamber of Commerce）赞助的附带活动，针对的是一群本来就倾向于将偷猎和反偷猎视为战争以及将偷猎者视为"敌人"的人。一个《壮志凌云》遇上詹姆斯·邦德的事件，召集了军队科学家、国防公司和反恐专家来讨论最有前途并且昂贵的军事级别监视工具，以应对南非的跨境偷猎威胁，这产生了一项新的防御支出。[3]

在贸易展览会中展出的无数国家赞助的军事硬件中，我也发现了私营军事公司的产品。它们也希望能从快速发展的反偷猎行业中获利。一些公司的宣传网站和宣传册表明，尽管这种公司可能几乎一夜之间如雨后春笋般涌现，但它们的员工在阿富汗和伊拉克等地，或在南非的种族隔离战争中积累了丰富的军事经验。这些私营公司发布了各种广告，从安全部队作战方式的部署和情报收集服务，到旨在将管理员和狗变成随时准备战斗的军事力量以便随时准备杀死任何潜在偷猎者的培训。市场条件似乎对它们有利。

"非法野生动物贸易不仅威胁到所有物种（例如大象和犀牛）的生存，还会威胁到非洲各地数以百万计依靠旅游业谋生的人的生计甚至生命。"

———
耶耶·托尼

彼得·查特威克摄

这次活动已经最好地显示出了日益增长的环境保护转向军事化的趋势，对整个家庭来说都是很有吸引力的游玩项目。戴着墨镜的护林犬从直升机上跳下来，好似反偷猎先遣队一样，父母和孩子都很开心。学龄儿童急切地排队付钱，希望有机会把他们那彩虹般的手印放在坦克外壳上，以显示他们团结一致反偷猎的决心。

在这场为期4天的盛会中，最具吸引力的活动便是在一台三层楼高的金属变形金刚前自拍，变形金刚的身体由传说中的装甲车构成，头是假的犀牛头。作为非洲最大的超级英雄机器人，这款机器人花了600多个小时才建造完成，它矗立于展览厅之上，传达了一条明确的信息："国防工业在加强保护工作方面处于独特的位置。我们的技术和设备正在发生真正的变化。"[4]

2014年的贸易展无疑证明了一场与偷猎团伙之间的军事化军备竞赛正在进行。

新时代，新资产

为保护工作而使用军事资产和战略并不是什么新鲜事。[5]现代军事化的反偷猎形式可以追溯到20世纪70和80年代，当时大象最后一次面临大规模屠杀。人们认为1989年的国际象牙禁令在很大程度上将象牙从灭绝的边缘拉了回来。但到那时，在大象大屠杀最严重的时候颁布的军事化策略已经根深蒂固：政府制定"枪毙"政策，部署国防力量保护野生动物保护区，以及国家决定强行将偷猎者和可疑村民逐出国家公园和保护区。

最近的保护工作军事化时期大约从5年前开始，目的是应对濒危野生动植物种国际贸易公约组织允许某些非洲国家一次性大量出售象牙后在整个非洲爆发的大象屠杀事件。[6]由于有大象的国家拥有不同的背景和参与者，人们很难对今天的反偷猎方法加以概括。很明显，它们已经逐渐变得更加军事化。[7]

一些非洲国家和私人野生动物保护区保护者声称，他们别无选择，只能加强前线防卫，在装备精良的偷猎者采取更具攻击性和暴力的手段的情况下，在地面部署更多的警力，配备更具杀伤力的枪支。据报道，当苏丹武装袭击者手持突击步枪突袭穿过乍得，在喀麦隆包巴恩吉达国家公园杀死了多达450只大象后，这个国家便在管理员附近部署了国家军队。[8]

以防范入侵和制止偷猎者为重点的武装干预是一种相当常见的次选方案。在紧急情况下，强化武力应对措施可以实现短期保护目标。但是，在战区及其周边地区之外，以解决更广泛的政治、安全和可持续发展问题为代价的军事防御可能最终导致大象灭亡。

一些专家认为，由于偷猎者只是可替换的小喽啰，"打鼹鼠"的方法治标不治本。[9]偷猎者的动机多样而复杂，而大众媒体军事化的宣传往往会掩盖事实，罔顾人性。偷猎者的动机可能是贫穷或对其他无法获得的东西的渴望。许多人发现自己很容易受到有组织的、与腐败领导人和官员勾结的野生动物贩子的胁迫。另一些人则开始抨击那些禁止自己进入世代以来赖以生存的猎场，好让运动猎人、游猎经营者和外国富人在里面度假的政策，以腾出空间给体育猎人、游猎经营者和富有的外国人度假。

更大的反偷猎火力可能会导致更多的犯罪行动，更多的偷猎者被杀害，但是仅仅打击偷猎者会让保护方案走偏。真正的问题是由强大的跨国犯罪组织推动的需求驱动的全球化黑市贸易，而仅仅依靠军事化的反偷猎行动是无法解决这个问题的。

除了长期使用的被动反偷猎策略外，现代军事化的时代还受到了持续流行的创新趋势的推动。其中最主要的是利用新兴技术，部署外国军队，严重依赖私人安保承包商，以及将保护区转变为准军事化保护区，并配备各种新装备。

在对偷猎危机为期三年的前沿研究中，我发现在保护大象和人类免受工业规模的偷猎和野生动物犯罪威胁时，这些新资产既可以揭示我们已经采取的手段的效果，也让我们发现了有待填补的空白。这些新资产既揭露了正在尝试的东西，也揭露了缺失的东西。

无人机和监视系统[10]

无人机及其集成数据管理系统是最受吹捧、最具潜力的反偷猎"游戏规则改变者"之一，是时代的标志。[11]无人机由希望扩大市场份额的军事承包商开创，是最早用于保护工作的高科技军事应用之一。实验型号正在肯尼亚、纳米比亚和南非的野生动物保护区进行测试。但是，由于无人机项目的成本对多数资金紧张的环保机构来说高得离谱，因此国际捐赠者和科技公司承担了大部分费用。[12]

反偷猎实体的人力和财力有限，这也是他们普遍抵制偷猎的原因之一：我们不是要在所有方面都变强，而是要在重要的方面变强。作为我们在天空中的眼睛，无人机提供了更好的数据获取和监控，特别是在更广阔、更难进入的区域。不过，大多数高科技专家都认为，在将其部署纳入主流方面还面临着一些实际挑战：价格标签、训练、地形适应性、有效载荷和耐力限制，以及地对空追踪和监视系统的适当性。[13]

保护工作利益相关方指出了他们认为同样重要的更广泛担忧，比如监管和隐私问题、社会影响、与其他保护优先事项的兼容性，更不用说在将无人机视为"杀戮机器"的当地社区中，无人机造成的恐惧，因为人们能够远程控制无人机，用它们来打击目标。[14]

硅谷高科技巨头和华盛顿那些环城公路公司，以及国家机构，继续寻求最先进的技术保护方法。一个标志性品牌向我描述了一个"革命性的星球事件"目标：利用速度、准确性和节约成本的自动化技术来提供保护。要想打击贩卖象牙的主要人物，真正取得突破性进展，光靠无人机和人工智能远远不够，高科技产品必须在执行命令的同时产生数据。

外国军队和任务蠕变

大象偷猎不再是唯一的保护问题。国防机构、主要基金会和非政府组织普遍呼吁关注"血牙"和"象牙资助的极端组织"，呼吁对非洲冲突地区进行外国军事干预。[15]

在过去十年里，作为全球威胁的野生动物犯罪已经稳步增加。在非洲和其他地区，这一利润丰厚的灾难（估计每年价值在7~230亿美元之间）助长了腐败，煽动了冲突并破坏了法治。尽管象牙犯罪通常始于偷猎大象，但却是跨国犯罪组织（黑手党、联盟或联合组织）负责非法供应链和走私象牙。因此，如果把保护工作和现代战争策略混为一谈，不重视执法工具，那么对濒危的大象种群来说，只不过是拖延时间而已。

当然，当野生动物保护者和外国军事利益相关者在战区和叛乱热点地区相遇时，协调和援助很重要。在那些威胁国际和平与安全的反叛组织、地区民兵组织和流氓军事组织参与非法象牙采集和走私活动的地方尤其如此。[16]在中非共和国和马里等地，联合国维和人员为反偷猎组织提供了支援和培训，帮助它们保护受到非法武装组织攻击的象群。[17]但在准备更有力的保护方法以应对最严重的危机时，应当采取一切预防措施，以确保因武装冲突而不堪重负的管理员和当地平民不会面临更大的危险。[18]

也有反恐言论过度的趋势。怀疑论者指出，没有证据表明"青年党"或"博科圣地"等暴力极端组织在很大程度上参与了非法象牙贸易。他们指出，外国军队使地方偏见转向反对外部干涉，并将人们的注意力从长期的大象拯救要求上移开。[19]这些要求包括加强非洲刑事司法系统，提高地方社区参与积极性，以及减少亚洲的象牙需求。

在试图阻止更熟悉地形的偷猎者时，即使是

部署良好的外国军事行动也有其局限性。其中一个例子是在刚果民主共和国发生的与"上帝抵抗军"的长期斗争。联合国和濒危野生动植物种国际贸易公约组织都呼吁对上帝抵抗军的偷猎行为采取行动。[20]但是,美国特种部队在加兰巴国家公园及其周边地区的行动并未能减少对野生动物的屠杀。[21]甚至有人怀疑,在战斗中一支由美国资助的乌干达军事部队使用其军用直升机在战场上偷猎大象和运送象牙。[22]

25年来,几乎在我经历的每一次冲突中,我都发现腐败的军队利用外国军事行动作掩护,来掠夺可及范围内的东西。[23]我记录了太多的军用武器案例,人们打着"战争之王"式的外国军事行动的幌子引进军用武器,结果这些武器却最终落入了坏人的手中,引发了更多的冲突和偷猎。外国军队应该遵守交战规则以及国际人权和人道主义法,而有效的监督和监测可以防止武器滥用行为。但私营军事和安保公司就不是这样了,它们在实际战区以外的反偷猎行动中占据主导地位。[24]

私营军事和安保承包商

私营军事和专门的反偷猎公司在"9·11"事件后迅速成为国家和私人领地厚皮类动物保护的基石。[25]这些机构的工作本质上与国家雇佣的管理员的工作相同,但管理结构、限制或道德义务不同。这种交战的阴暗面打开了装满机会主义坏苹果的潘多拉魔盒。

相当多的反偷猎情报、安保企业、非营利组织的审查或监督结构毫无价值。它们的特工从被改造成私人反偷猎战士的无业士兵,到为付费客户掩饰其他动机(比如打击极端主义、情报收集和工业间谍活动)而翻新的雇佣军公司。[26]它们以慈善的方式一起筹集了数百万资金,其中一些资金来自炒作、情感网站诉求,还有华而不实和虚张声势的筹款活动,这些活动与保护大象这个问题的复杂性相去甚远。其他被发现挪用资金、严重虐待被禁偷猎者,或者吹嘘自己的杀戮权的人,一旦被发现,他们就会更改名字或者转移到其他国家。

安保真空和私营公司占据是问题的一部分。另一个问题是捐助者对运作的激励方式。我曾经遇到过这样的情况:承包商因伪造犯罪现场而受到官方调查;还有一些承包商被指控谋杀他们用来假扮偷猎者的人。从法治和人权的角度来看,必须消除从原本善意的国际保护基金中获取回报的任何"倒卖"行为。

抛开严重的弊端不谈,外人对军事化策略使用的漠视可能会加剧当地的紧张局势,疏远对成功的长期保护至关重要的邻近乡村社区。不管准确与否,有关武装的外国白种人正在猎杀当地黑人偷猎者的看法,已经挑起了一些复杂的情况。[27]进一步削弱反偷猎成效的原因是,在我接触过的反偷猎私掠船船员中,只有少数几个能够妥善处理法医证据、执行逮捕,或必要时立刑事案件,这些都是遏制偷猎行为的首要因素。

私营反偷猎公司的爆炸性增长,无论它们在道义上是致力于拯救大象,还是仅仅将危机作为打开商机的大门,都需要更好的保障、标准和监管程序,尤其是在承包商有权使用致命武器的偏远地区。[28]

与任何对公众有利的致命行业一样,应该设置高门槛。改进筛选和问责措施可以遏制法外杀戮、过度和不合理使用武力以及其他侵犯人权的行为。这些措施也可以减少捐助者的责任和共谋的可能性。单个安保服务提供商的声誉取决于它们自己的行为,但自愿按照国际标准执行和提供服务可以在很大程度上提升它们的形象。

堡垒保护

在非洲国家公园和野生动物保护区的广告中常常出现这样的画面：在金色的热带草原、青翠的三角洲或可乐豆木丛林中，大象和乘坐游猎车辆的游客相互审视。很难想象，有时候在这个故事视角下，隐藏着一个阴暗的世界。在肯尼亚、津巴布韦和南非的某些公园里，有被称为"密集保护区"的堡垒，在这些堡垒中，保护标志性物种的火力和军事资源比边远地区的更强更多。[29] 在偷猎严重的地区，整个国家公园迅速变成堡垒空间，强化了的武装系统可能会失控。克鲁格国家公园最近决定在有数十万游客和野生动物种群漫步的地方部署榴弹发射器，这只是紧急时刻采取紧急措施的一个例子。[30]

由于野生动物机构与偷猎者之间的军事化冲突，在前线的管理员面临着最大的个人风险。在过去的十年里，非洲各地有超过一千名管理员在执行任务时被杀。[31] 我在南非采访的大多数管理员告诉我，他们最初只是报名参加自然保护工作，结果却发现自己被迫加入了准军事组织。南非环境事务部长明确表示，在2017年7月的世界管理员日，她表示，该国几乎所有的管理员小组都已被转为反偷猎组织。[32]

偷猎者也纷纷效仿，使用更好的装备和更暴力的战术。暴力循环榨取了捐赠者和国库的钱财，同时又让更多的管理员、偷猎者和大象陷入交火之中，并造成了死亡。在夜深人静的时候，常常无法区分搜寻者与那些被追捕的人，这就是南非国家公园部队在所谓的友军炮火中丧生的原因。

尽管军事化行动已经蔓延，但人们还是希望能控制它，为它设定一个更人道的方向。与升级版"我们对抗他们"的战略相比，"赢得人心"的方法可能产生更持久的结果。不管战斗反应被如何大肆宣传和美化，它们往往都未能阻止偷猎，而且还导致双方的死亡人数不断上升。地方社区倡议和加强执法措施值得更好的尝试。我们的目标应该是建立一个更加公正的星球，让人类和居住在人类附近的大象都能感到安全。

另一面：偷猎者的武器

我几乎整个职业生涯都在关注枪支在武装冲突中的作用。因为一个巴掌拍不响，所以我的任务是在提出加强和平与安全的解决方案之前先研究一下双方使用的武器。这让我想起了我参加的非洲最大的武器贸易展。我去反偷猎机构中寻找了偷猎者枪支的详细信息。

我没找到。人们甚至都没有意识到有必要处理枪支和弹药供应链的问题，因为这些是象牙犯罪集团庞大的犯罪网络存在的关键。反偷猎部队卷入了与小喽啰的日常战斗中，但它们往往是被动的，而不会采取预防措施。它们很少能依靠专业知识和谍报技术来有效地打击高度有组织的犯罪，更不用说收集武器来源信息了。

什么是偷猎者军械库？捕杀大象的方法有很多种。氰化物或其他工业化学品可能被放入大象的水坑中。箭可以沾上当地的植物性毒药，然后用弓射出。[33] 可以用长矛和圈套，但偷猎者瞄准的大象大多数都是被轻武器射中的。这些武器从无处不在的 AK47 和猎枪，到一枪就能击倒正在猛冲的大象的半自动步枪和威力强大的猎枪。

安全部队、军事单位和警察倾向于使用政府武库中的武器。为了生存和投机取巧的偷猎者通常依赖被盗的枪支，或使用以前的丛林战争和殖民保护部门遗留下来的枪支。民兵组织经常与走私者或肆无忌惮的商人以象牙换取枪支。

然而，野生动物偷猎集团组成了自己的联盟。它们依靠稳定的武器流通或大量的武器供应来持续拉高偷猎水平。它们所依赖的武器可能是新制造的，也可能来自老化的库存。不管怎样，它们通常来自专门的国际枪支供应链和资深走私者。

溯枪而上

揭露犯罪组织的一个众所周知的方法是追踪它们的钱。但这在非洲通常很难做到，因为那里的象牙从源头上就用现金进行交易（尽管这一方法已经使几个肯尼亚的主要人物落网）。[34]更简单的方法是追踪枪支，而这一方法却被保护界所忽视。

枪支序列号是唯一的标识符，它使调查人员能够绘制枪支在整个供应链中的轨迹，从枪支的制造和出口，到枪支在当地的进口、销售和分销，再到最终用户。序列号也提供了无可辩驳的证据。这些数字不会说谎，它们的记忆不会褪色，它们能够经受住法庭上最严厉的审查。

通过追踪枪支，我建立了世界上一些最大走私者的档案，比如被定罪的俄罗斯"死亡商人"维克托·布特，西欧和非洲大口径"CZ"猎枪走私者，以及在南非和莫桑比克之间活动的犀牛和大象犯罪集团。

但在反偷猎实体能够做到这一点之前，它们需要系统地记录与偷猎犯罪现场有关的枪支、子弹和弹药消耗情况。这样累积得到的数据可以揭示相关模式和统一因素，就像犯罪现场掌握的信息使调查人员能够追查连环杀手一样。可靠的侦查工作将使犯罪头目受到更大的关注，产生的效果远远超过从反恐战争中调来的军用级别武器能达到的效果。

解除武装

大象正经历着最黑暗的时刻。保护工作的最高目标应该是扭转人类和大象双双死亡的趋势。在大象灭绝之前，制止猎杀大象的方法之一是减少非法武器的流入，使各犯罪团伙失去射杀猎物的手段。遏制非法枪支和弹药供应不仅有助于减少偷猎战争双方的死亡人数，还能缓和两个敌对势力之间的军备竞赛。总之，减少枪支，减少杀戮，减少物种灭绝的风险。

可以在 CAP 的网站 www.conflictawareness. org 上找到凯西·奥斯汀揭露偷猎头目的纪录片《溯枪而上》。

相反案例

坦桑尼亚的辛吉塔格鲁梅蒂基金将尖端技术与车辆和地面部队结合起来，以打击偷猎行为。

"尽管那些打算从野生动物产品贸易中获利的人发布了错误的信息，但《濒危野生动植物种国际贸易公约》贸易禁令却起到了作用。这在犀牛和大象身上都得到了证明。在20世纪70和80年代，非洲每年有多达9000只犀牛和近90000只大象被偷猎。1990年，因大象被列入附录一而导致象牙市场被关闭后，大象屠杀停止了。1993年前后，犀牛角消费国实施了完整的《濒危野生动植物种国际贸易公约》贸易禁令，犀牛偷猎活动在短短一年内就停止了。由于没有市场，也没有贸易，偷猎停止了。为了让濒危物种贸易禁令发挥作用，需要有全面的、无任何漏洞和混合信息的国际和国内贸易禁令。可悲的是，今天的《濒危野生动植物种国际贸易公约》充斥着各种豁免和漏洞，犯罪集团利用这些漏洞来推动需求和偷猎。"

———————

科林·贝尔、唐·皮诺克博士

"不了解濒危野生动植物种国际贸易公约组织的人认为它是一个保护组织。但不是这样的。它是一个基于贸易的组织。"

———————

辛西娅·莫斯博士

"一开始是一个管制贸易的保护条约，现在正逐渐成为一个管制保护的贸易条约。"

———————

朱迪斯·米尔斯

濒危野生动植物种国际贸易公约组织和贸易：这是拯救大象的组织吗？

濒危野生动植物种国际贸易公约组织应该是最能保护大象生命的组织。但它是吗？

亚当·克鲁斯

《濒危野生动植物种国际贸易公约》(下文简称《公约》)是各国政府之间的一项国际协定，其唯一目的是确保濒危野生动植物物种的国际贸易不会威胁到它们的生存。《公约》目前管理着183个成员国（缔约方）之间约3.5万种野生物种的国际贸易，[1]这使公约组织成为世界上最大也可能是最有效的保护机构。

不可否认，大象是《公约》的旗舰种，被纳入《公约》的标志之中，而且人们在大象身上花费的时间和精力比在其他任何物种身上花费的都要多。事实上，人们对濒危野生动植物种国际贸易公约组织的主要批评之一是，大象占据了大部分程序，使数以千计的被列入濒危名单的其他物种没有得到多少关注和资助。[2]因此，濒危野生动植物种国际贸易公约组织应该是最能保护大象生命的组织。理论上来说它当然能够做到，但是由于其框架内的一些固有缺陷，它做不到，而且还差得很远。更糟糕的是，濒危野生动植物种国际贸易公约组织可以说是造成最近的偷猎危机的一个主要原因，在过去的十

年里，非洲超过三分之一的大象都被消灭了。

CITES 是如何（不）运作的？

要理解这一严重反常现象，特别是关于非洲大象的，我们必须深入探究濒危野生动植物种国际贸易公约组织复杂的工作机制。

从根本上说，正如它的名字所表明的那样，《公约》本身是一种贸易公约而不是保护公约。这个组织不会决定对大象或任何其他物种采取原位保护措施，也不会考虑栖息地丧失或人为环境退化。《公约》允许缔约方在很大程度上进行自我管制，加入《公约》是基于自愿原则。各缔约方可指定一个或多个管理机构，管理出口或进口《公约》所列物种进出口的许可证制度，并指定一个或多个科学机构，就贸易对《公约》所列物种状况的影响向它们提供咨询意见。[3]

矛盾的是，大象数量最多的国家往往是大象保护装备最缺乏和财力最弱的国家。这些较贫穷的国家难以进行准确的科学研究，而且在控制偷

猎和非法象牙贸易方面普遍处于不利地位。因此，它们容易滋生腐败。人们只需把利比里亚和刚果民主共和国的海关和科研人员与美国和德国的海关和科研人员进行比较就能明白这个问题。

同样需要注意的是，尽管缔约方一旦决定加入《濒危野生动植物种国际贸易公约》，《公约》就对其具有法律约束力，但《公约》的规定并不能取代国家法律。[4]例如，尽管缔约方禁止进行多边或双边象牙贸易，但因为《濒危野生动植物种国际贸易公约》没有能力处理一国境内的贸易，所以它们仍被允许在国家层面上进行象牙贸易。《公约》所能做的就是"敦促"或"建议"缔约方限制或关闭其市场。从奥地利到津巴布韦，几乎每一方都有某种形式的合法国内象牙交易市场。

此外，不同国家对偷猎者和被抓获的走私罪犯的惩罚差别很大。例如，虽然涉嫌大规模象牙偷猎，但像莫桑比克这样的国家在起诉罪犯方面却是出了名的松懈；而老挝，一个以运送大量象牙而闻名的国家，尽管有明确的证据证明这类罪行，但没有一个已知的象牙走私犯受到严惩。同样，《濒危野生动植物种国际贸易公约》缺乏解决这些问题的框架。

三个附录

附录一至附录三对野生物种的国际贸易进行了分类，并制定了相应的许可制度，以应对贸易对这些物种造成的威胁。[5]

附录一清单为《公约》项下任何物种（包括濒临灭绝的物种）提供尽可能多的保护。涉及这些物种野生标本的商业贸易是非法的，除非出于非商业目的，如猎杀大象作为战利品，或在例外情况下，如用于科学研究、人工繁殖物种、活物贸易和教育目的。在这些例外情况下可进行国际交易，但前提是这些交易同时获得了进口和出口许可证。

2016年在南非约翰内斯堡举行的《濒危野生动植物物种国际贸易公约》第17届缔约方大会，濒危野生动植物种国际贸易公约组织代表团在主讨论厅

© 科林·戈尔摄

附录二包括《濒危野生动植物种国际贸易公约》项下的大部分濒危物种：共2.1万个。附录一仅有1200个，附录三仅有170个。它们不一定灭绝，但可能会灭绝，除非此类物种的标本贸易受到某种形式的管制。这种"保护"仍然允许每年交易成千上万的全球物种。

一般来说，交易附录二项下的物种所需要的是出口国家的科学机构出具的非损害性裁决，证明交易不会对某一物种造成伤害，以及出口国颁发的出口许可证。不需要进口许可证，但一些缔约方，如美国，确实要求进口许可证，这是其更严格的国内措施的一部分。

附录三包括不一定面临灭绝威胁的物种，并且和附录一、附录二不同，因为缔约方有权单方面修改附录三。这些物种是在某个成员国要求其他《濒危野生动植物种国际贸易公约》缔约方协助控制某一物种贸易之后才被列入清单的。

《濒危野生动植物种国际贸易公约》缔约方大会、秘书处和常务委员会

《濒危野生动植物种国际贸易公约》缔约方大会是《公约》的最高决策机构，由其所有成员国以及其他联合国机构、国际公约组织和非政府组织组成。尽管只有缔约方才能投票，但所有组织机构都可以参加讨论。[6]

缔约方大会只有通过其例会或邮政程序才能在附录一和附录二中增加或删除物种，或在两者之间移动物种。各方商定一套生物和贸易标准，以帮助确定某一物种是否应列入附录一或附录二（附录三的物种不需要获得缔约方大会的许可，任何一方可在任何时候单方面添加或删除附录三的物种）。[7]

在缔约方大会的每次例会上（通常每3年一次），缔约方根据这些标准提交提案，以修正前两个附录中的物种清单。修正提案经讨论后提交表决。为了将某一物种列入或移出附录清单，必须获得三分之二的与会缔约方的投票。

《公约》的行政和程序职责由秘书处履行，秘书处位于日内瓦，由联合国环境署（UNEP）管理。[8]除了发挥协调、咨询和服务作用并安排缔约方大会的委员会会议，以及就如何表决提案提出建议之外，秘书处执行条例的能力有限。当秘书处获悉某一方违反规定时，将通知所有其他缔约方。然后，它将把责任移交给由六大洲的缔约方代表组成的常务委员会。委员会通常旁听缔约方大会的会议，重要的是，就《公约》的实施向秘书处提供政策指导。

在2016年1月的一次常务委员会会议上，27个国家因不遵守《公约》而受到贸易封锁，其中有16个非洲国家。委员会通常会给予违规缔约方时间，对违规行为指控作出答复，而秘书处则可提供技术援助，防止进一步的违规行为。如果违规方未能给出答复，那么常务委员会和秘书处所能做的就是建议（而不是强制）对任何不遵守《公约》规定的国家实施贸易制裁。[9]

贸易封锁建议的实施完全取决于各个缔约方，尽管有人指出，约有一半的成员国尚未制定适合实施《濒危野生动植物种国际贸易公约》现行制度的内部法律。[10]莫桑比克就是一个很好的例子。这个国家几乎没有制定国家法律来逮捕和指控偷猎者。尽管这种情况正在慢慢改变，但莫桑比克政府仍持传统意见，认为偷猎野生动物是一种合法的生存手段。

濒危野生动植物种国际贸易公约组织和大象：一段灾难性的历史

也许对濒危野生动植物种国际贸易公约组织最大的批评就是它是一个消极或者说倒置的模式。假设物种一般列在附录一下，然后科学研究证明它们可以进行贸易，就将特定物种移出附录一，公约组织没有采取预防措施，而是站到了相反的立场：除非另有证明，否则不管制任何物种贸易。

各方同意的关于将大象列入附录清单的《濒危物种国际贸易公约》生物标准过去是并且现在仍然是"在过去10年或三代中（以时间较长的时间为准）下降了50%或更多"。[11]

这种颠倒的做法立即对大象造成了灾难性影响。在《濒危野生动植物种国际贸易公约》生效的十年间，非洲大象的数量急剧下降，而到1977年只被列入附录二。1978~1988年期间，非洲大象的数量下降了一半以上，从130万只减少到60万只左右。[12]据估计，在国际贸易中，超过90%的象牙来自被偷猎的大象。肯尼亚的大象数量受到的影响最为严重，自1973年以来下降了大约85%。为了抗议象牙贸易，肯尼亚于1989年决定烧毁其国家象牙库存，这是第一次进行此类示威活动，世界各国开始关注大象。作为回应，美国国会通过了《非洲象保护法案》，该法案禁止将非洲象象牙出于商业目的进口到美国。[13]

1989：所有大象都列在附录一中

同年，在瑞士洛桑举行的第八届缔约方大会上，提出了将非洲象列入附录一的提案。列入清单的生物标准当然适用，但并非没有阻力。一些缔约方，特别是南部非洲和一些亚洲国家提出了强烈的抗议。随后的投票只达到了必要的三分之二。

不过，这个决定被证明是非常有效的。它引起了全球的广泛关注。濒危野生动植物种国际贸易公约组织唯一一次证明了其保护非洲大象的能力。禁令一生效，大多数主要象牙市场就开始萎缩，然后关闭，特别是在欧洲和美国，非洲大象的数量也开始慢慢增多。[14]

然而，在整个20世纪90年代，以津巴布韦和南非为首的南部非洲国家继续通过法律质询来反对将大象列入附录清单。它们声称，它们境内的大象受到了良好的管理，偷猎活动不会对大象构成严重威胁。它们的要求被压了近十年。

1997年：将大象移出附录清单的忧虑

1997年，博茨瓦纳、纳米比亚和津巴布韦巧妙地利用1989年《濒危野生动植物种国际贸易公约》会议商定的生物标准，指出它们的大象远远没有达到附录一所要求的"50%"的下降幅度。

那年在哈拉雷举行的第10届缔约方大会上，罗伯特·穆加贝著名的开场白是，宣布津巴布韦的大象是时候为它们的生存买单了。[15]尽管有"注释"[16]，但缔约方仍然投票决定将博茨瓦纳、纳米比亚和津巴布韦的非洲象种群转移到了附录二，因此这三个国家并未被允许进行出于商业目的的国际象牙贸易。注释似乎达不到将大象降级的目的，除非……

1999年：一次性销售试验

大象的降级，为濒危野生动植物种国际贸易公约组织常设委员会1999年允许这三个南部非洲国家一次性向日本试验性出口49.4吨政府储备的象牙打开了大门。

2000年，濒危野生动植物种国际贸易公约组织同意建立两个系统，向缔约方通报非法杀害大象的情况：监测非法捕杀大象系统（MIKE，Monitoring the Illegal Killing of Elephants）和大象贸易信息系统（ETIS，Elephant Trade Information System）。[17]本质上，监测非法捕杀大象系统和大象贸易信息系统的建立是为了证明或反驳象牙库存销售与偷猎水平之间的因果关系。试验的主要目的是用合法象牙抵消失控的非法市场，但这只会使问题加剧。

在2004年~2006年期间，超过40吨的非法象牙被查获，数量几乎相当于合法象牙的库存数量。这只是冰山一角。据报道，在2005年8月~2006年8月之间，可能有多达2.3万只大象被偷猎。[18]

然而，濒危野生动植物种国际贸易公约组织的监测系统却不这么认为。从1999年开始，根据监测非法捕杀大象系统和大象贸易信息系统长达5年的分析，非法象牙数量是下降的。濒危野生动植物种国际贸易公约组织称赞这个试验是成功的。尽管如此，代表监测非法捕杀大象系统和大象贸易信息系统汇编野生动物贸易数据、获得国际自然保护联盟支持的国际野生物贸易研究组织的执行董事史蒂夫·布罗德承认，目前尚不清楚"这是因果关系还是巧合……我们不知道"。[19]

2008年：又一次进行一次性出售

2002年，在成功的鼓舞下，在包括世界自然基金会（WWF）在内的多个著名非政府保护组织的支持下，[20]常设委员会批准了第二次出口60吨政府储备象牙的计划，这些象牙分别来自博茨瓦纳、纳米比亚和南非（那年早些时候，南非也支持将大象移出附录清单）。贸易伙伴尚未获得濒危野生植物种国际贸易公约组织的批准。2007年，这一计划在海牙举行的第14届缔约方大会上遭到强烈反对，直到2008年才开始实施。

许多有非洲象群的国家强烈反对将象牙移出附录清单。2006年，19个非洲国家在加纳阿克拉签署了一项宣言，呼吁禁止国际象牙贸易。在第14届缔约方大会上，在加纳、乍得、刚果民主共和国、尼日尔和多哥的支持下，肯尼亚和马里向濒危野生动植物种国际贸易公约组织提交了一份提案和一份工作文件，提议暂停牙贸易20年，并敦促各个有象群的国家在此期间不要提交将大象移出附录清单的提案。[21]该提案和文件均被拒绝。

濒危野生动植物种国际贸易公约组织常设委员会以惊人的相反方式回应了它们的忧虑。委员会不仅再次将津巴布韦列入经批准的卖家名单，还几乎将政府囤积的象牙数量翻了一番，从60吨到108吨，并将中国列为经批准的买家。作为一个小小的让步，濒危野生动植物种国际贸易公约组织同意至少在2017年之前不会批准其他"一次性销售"——这个术语已经成为一种嘲弄。

2008年11月，102吨象牙被售出，其中大部分由中国政府购买。相关机构追踪不到这些合法象牙，这为非法象牙以低于市场价格通过马来西亚、新加坡、泰国和越南的海港流入中国提供了机会。

2008~2016年：大屠杀

如果说1999年濒危野生动植物种国际贸易公约组织批准的第一次"一次性出售"还只是存在争议，那么2008年的第二次一次性出售则是一场彻头彻尾的灾难。象牙流入中国，让获得政府批准的大规模象牙雕刻行业重新焕发生机，自1989年实施象牙贸易禁令以来，这一行业一直衰落。中国是世界上最大的象牙市场，这批象牙一进入这一领域，非洲的偷猎活动又开始了，这并非巧合。2016年的一项研究发现，2008年的象牙销售"与非法象牙生产的突然增加相对应，而且这一趋势可能会增加十倍"。据估计，非洲象牙走私活动增加了71%，进一步证实了这一发现。研究表明，被禁货物的部分合法化并不会像濒危野生动植物种国际贸易公约组织所希望的那样减少黑市交易活动。[22]此外，一旦濒危野生动植物种国际贸易公约组织批准两项合法销售象牙交易，那么向中国和日本消费者发出的象牙是禁售品的信息就几乎被抹掉了。

回到非洲，2016年的大象普查是一项对非洲热带稀树草原象的泛非洲调查。结果显示，在一次性出售结束后的7年里，大象的数量已经减少了总数的三分之一，即14.4万只大象。[23]2016年，世界自然保护联盟非洲象专家小组进行了一项单独的分析，其中包括对森林象数量的调查，发现了类似的情况。即使是在那些把大象列入附录二的国家中，虽然它们的种群受到了良好的管理，但也受到了偷猎的影响。

野生活象的销售

随着非洲大陆对大象种群的屠杀越来越猖獗，津巴布韦无法从其他一次性象牙出售中获益，于是开始出售活象。2012年，津巴布韦宣布计划运送约200只大象出国。它们大多数都是幼象，在万基国家公园与家人暴力分离，然后乘飞机前往国外的动物园、马戏团和"游猎公园"。到目前为止，津巴布韦在2012年、2015年和2016年三次运送了约80只大象。由于不习惯交通和陌生的环境，许多大象受到了创伤和伤害，有些甚至死亡。[25]

根据附录二清单上的注释，《濒危野生动植物种国际贸易公约》允许"将活体动物销售到适当和可接受的目的地"。《公约》将"适当和可接受的目的地"定义为："进口国科学机构确信活体标本的拟接受者有适当的设备来圈养和照料它；进口国和出口国科学机构确信销售能促进原位保护。"[27]

这个注释经常被违反。人们用直升机促使象群逃窜，而不能跟上的幼象则被飞镖射中，用绳子捆绑到卡车上。在野外用暴力抢夺大象常常会造成创伤、伤害和幼象的死亡。显然，大象没有得到适当的圈养和照料，这个行动也不利于对那些留在野外的大象，特别是被抓走幼象的母亲和家庭的原地保护。

2016年1月，濒危野生动植物种国际贸易公约组织批准将18只来自斯威士兰的野生大象出售给美国。在斯威士兰，大象被列入附录一，但只要出口商和进口商都能获得无害结果以及许可证，则允许出售活象。[28]

如同津巴布韦的情况一样，濒危野生动植物种国际贸易公约组织的生物标准只涉及统计数据。虽然出售18只甚至200只大象并不会对总数产生不利影响，但标准没有考虑到对那些离开野生环境的个体动物的创伤影响，以及被遗弃的家族象群的痛苦。最后，鉴于目前偷猎危机的性质，濒危野生动植物种国际贸易公约组织批准出售野生非洲象显得既无情又错误。

2016年9月~10月：第十七届缔约方大会上拯救大象的最后机会

2016年年底，第十七届缔约方大会在约翰内斯堡举行。很显然，移出附录清单、一次性出售试验和出售活象都没有起到保护大象的作用。

支持恢复在1989年被证明有效的一揽子附录一清单的呼声一直在高涨。29个自称"非洲大象联盟"的非洲国家支持了一项含五点内容的提案，其中包括呼吁将这四个南部非洲国家列入清单，并停止出售野生活象。[29]提交了相反提案的津巴布韦和纳米比亚呼吁自由贸易，但作为会议主办国，南非在很大程度上保持沉默，尽管默许了合法贸易。然而，博茨瓦纳政府已开始秘密地重新考虑其以前支持将大象移出清单。在《公约》框架内改变主意的舞台已经完全搭建好了。

然而，濒危野生动植物种国际贸易公约组织再一次未能保护大象。令人难以置信的是，监测非法捕杀大象系统和大象贸易信息系统仍然否认2008年出售的象牙与偷猎危机之间存在任何已证明的联系，而秘书处在表决前向所有缔约方提出了一个错误的建议，即不要通过该提案。然后，早在1983年就被加入《濒危野生动植物种国际贸易公约》机制中的一个有缺陷的注释突然浮出水面，这几乎毁掉了所有非洲象被放回附录一的机会。

这个反对将大象放回附录一清单的奇怪建议是因为附录文本中隐藏着一个奇怪的条款。主要由于纳米比亚和津巴布韦眼尖的代表团的威胁及其基于这一条款的后续威胁，秘书处开始担心，如果通过将大象放回附录一的提案，那么当前附录二的清单及其"预防性"说明将被删除。该条款规定，如果清单发生变化，《公约》允许任何缔约方在90天内提出保留。奇怪的是，《濒危野生动植物种国际贸易公约》规定，任何提出保留的国家都不会自动被视为《公约》缔约方。

也就是说，提出保留并且反对将所有非洲象列入附录一的缔约方可以在不违反《公约》条款的情况下，向提出保留的任何其他缔约方进行象牙贸易。所以一旦大象被列入附录一，像津巴布韦这样的国家就可以取消保留。如果贸易方国家在90天内也这样做，那么两国就可以随心所欲地进行象牙贸易了。[30] 这条保留条款完全破坏了列入清单的程序，使得整个《濒危野生动植物种国际贸易公约》系统无效。

此外，由于秘书处建议缔约方不要通过将大象列入附录一的提案，许多没有大象也不在意的国家（比如南美洲），只会遵循秘书处的指示，进行相应的投票。

哈博罗内修正案

第二个问题同样可笑，使第17届缔约方大会的程序变得多余。1983年，在博茨瓦纳首都哈博罗内，缔约方投票赞成对《公约》内容作出的一项修正案，使各区域经济集团都能够加入该条约。这是一个奇怪的修正案，因为它在2016年约翰内斯堡大会（当时欧盟第一次作为完整一方参加投票，还有28个成员国，但欧盟有一次额外投票权）之前的33年里没有任何意义。

欧盟几乎颠覆了《濒危野生动植物种国际贸易公约》的传统投票方式。通过29张保证票，欧盟掌握了所有的投票卡。第17届缔约国大会的模式是一致的：无论欧盟决定以何种方式投票，无论涉及什么物种，结果总是与欧盟所投的一致。有了这样的权力，欧盟基本上推翻了《濒危野生动植物种国际贸易公约》。

欧盟政策由非选举产生的委员决定，支持过时的观点，即附录二四个国家的大象种群很健康，受到良好的管理，不符合列入清单的生物标准。因此，所有欧盟国家都投票维持现状。

但这不是它们投赞成票的唯一原因。欧盟是世界上最大的"古董"象牙出口商，并且是在1975年《濒危野生动植物种国际贸易公约》生效之前获得批准的象牙出口商。这是《濒危野生动植物种国际贸易公约》的另一项贸易豁免，只要提交一份能"证明"每件物品年龄的证明，那么它就是合法的。

根据《濒危野生动植物种国际贸易公约》贸易数据库，在过去十年中，欧盟国家合法出口超过两万件雕刻品和超过564根象牙。[32] 这是洗白非法象牙的另一个幌子。最能证明这一点的是，比利时、英国、德国、捷克和西班牙等国多次截获从新近猎杀的大象身上获取的象牙，而它们都冒称是所谓的公约前象牙。[33]

一些国家，如法国和卢森堡，在第17届缔约国大会之前就与欧盟背道而驰，大声支持非洲大象联盟和附录一清单，但在会议上被迫听从欧盟的指令。同意的声音不知不觉变成了反对的声音。欧盟实际上迫使一些成员国投票反对它们的要求。

尽管博茨瓦纳在最后一分钟呼吁支持该提案，[34] 但该提案仍未能获得将大象列入附录一所必要的三分之二票数，这是欧盟投票的直接结果，大象再次前途未卜。

结论

尽管在1989年禁止象牙贸易后取得了显著成绩，但濒危野生动植物种国际贸易公约组织不仅未能完成保护非洲象的任务，还由于一系列内在缺陷加速了非洲象的消亡，这些缺陷几乎使该组织的存在变得多余。

大象的继续生存依赖于独立于《濒危野生动植物种国际贸易公约》的国家的意志和行动。一些国家已经接受了这一挑战。2016年12月30日，中国承诺在2017年年底前关闭国内象牙贸易市场。美国已经采取了同样的行动，法国和更多的国家也将效仿。

除非濒危野生动植物种国际贸易公约组织在推荐行动方案之外还有其他行动，并且能更有效地实施条例（还有一长串的其他内部改革），否则它很可能会被归到其他失败的国际组织之中。根据最终分析，《濒危野生动植物种国际贸易公约》急需改革，而且改革必须尽快进行，以免对非洲迅速减少的大象种群造成进一步伤害。

一只注射了镇静剂的小象被哄骗、推、拖进
软垫板条箱，准备从南非克鲁格国家公园运到它
的新保护区。

达里尔·巴尔弗摄

20

迁移大象：福利和保护之间存在冲突吗？

如果我们不将福利纳入大象管理，私人保护区的问题将继续出现。

玛丽昂·E.加莱伊博士

在许多方面，南非的野生动物管理方法在非洲是独一无二的。在过去100年里，人们关注的重点是恢复，而不是维护正常运作的生态系统。[1]它也是非洲大陆上唯一一个允许私人拥有野生动物（包括大象）的国家，这些野生动物被圈养在电围栏内（甚至国家保护区也有防象围栏）。也可以利用野生动物或将其商业化，保护和管理大象是所有者的责任。

这些因素造成的问题不同于任何其他国家的问题，并且也对管理提出了挑战。圈养在某一空间内的动物种群最终都会发展壮大，超出该空间所能承受的最佳数量。上个世纪，对付大象数量增加的一种方法是筛杀过剩的大象。但这产生了道德问题，最后，迁移到其他保护区似乎是一种道德的选择。

由于开放的所有权可能性，许多私人野生动物保护区的所有者购买大象来吸引游客。最初，只有相同年龄的幼象被按小组迁移，但这也有不利的一面。迁移对大象行为的长期影响现在才显现出来，并引发了一些问题：这种管理选择是否仍然可行并合乎道德？这对大象的心理和社会福利有何影响？

在南非，福利和保护工作由两个不同的政府部门负责。这给较小保护区的大象的伦理处理带来了问题，也造成了一个进退两难的局面。政府层面的规章制度是以生态原则为基础，但这些往往与大象的社会学要求不相关。那么，迁移大象的意义是什么？如果不考虑福利，生态管理可行吗？

最初，相关部门没有规定私人可拥有的大象数量，也没有规定如何管理它们，因此产生了许多小而无法生存的种群。随后，大象管理和所有者协会（EMOA，Elephant Management and Owners Association）制定了一项关于迁移大象的政策，随后该政策被纳入南非《大象管理的国家规范和标准》。[2]我在20世纪90年代初首次收集了生活在私人土地上的大象的数量。大象管理和所有者协会在2004年开发了一个数据库。[3]南非大象专家咨询小组最近更新了数据库。[4]

克鲁格国家公园的一群兽医、管理员和现场助手们将一只注射了镇静剂的小象放进箱子，准备运送到新家。

为了研究迁移模式，相关人员给这只公象佩戴了无线电追踪项圈，以监测其在克鲁格国家公园和周围保护区的活动。当大象处于镇静剂状态时，树枝能使它的呼吸通道保持畅通。

在一个巨大的开放系统中，大象是可以迁移的，尽管生态平衡会发生变化，但它会自己恢复，而且大象的种群也会比较稳定。[5]在一个封闭的环境中，对于不能在其中飞行或爬行的动物来说，迁移是不可能的。在某些阶段，被圈养的动物种群会壮大并逐渐破坏其自身的食物来源。因此，必须对私人或国家的有围栏的野生动物保护区进行管理。如何做到这一点，为什么要这样做？比如防止生物多样性丧失、遏制特定树木损失或管理大种群的发展，是所有者的决定。许多有大象的保护区选择保留生物多样性，这意味着动物

数量必须得到管理。于是就有了几种选择：迁移、避孕或筛杀。在这三个选择中，我们人类决定哪些大象被迁移或不能繁殖。

迁移历史

从20世纪60年代到90年代，人们管理野生动物，使它们的数量保持在先前商定的承载能力范围内：大约每平方英里（约2.6平方公里）一只大象。超过这个数字就要对大象进行筛杀。仅在津巴布韦，就有4.6万只左右的大象被筛杀了。[6]1967年，克鲁格国家公园开始每年筛杀大象，以保持其数量稳定，导致在1967~1994年间近1.7万只大象死亡。最初，整个家庭都被筛杀，但从1978年起，幼象就被活捉并卖给竞购者。

幼象的首次迁移从匹兰斯堡和赫卢赫卢韦－印姆弗鲁兹等保护区开始。[7]在20世纪90年代初，私营单位和海外动物园对大象的需求增加了。由于新所有者不知道饲养年幼孤儿象的困难，而且也没有这头象的相关信息，因此大象死亡率很高。[8]死亡的主要是年幼的孤儿象，主要原因是压力、肺炎、营养不良、感染、沙门氏菌、毒蛇咬伤、被狮子捕杀或闪电。然而，在1994年暂停筛杀之后，迁移整个家庭的技术得到了改进。

但最终，南非境内的大象市场饱和，需求减少。如今很难找到一个仍能接收大象的保护区，因为许多保护区都希望能减少它们的大象数量。

国家和私人保护区内的大象

到2015年，南非共有2.8万多只大象，分布在80多个保护区内。超过四分之三的大象居住在克鲁格国家公园和无围栏的西部边境私人保护区内。在这80多个保护区中，有9个是省级或国家级的国有保护区，其余都是私人保护区。

许多私人保护区的大象数量都很少，有20个保护区有2~10只大象，只有19个保护区有超过

100只大象。根据印度大象专家拉曼·苏库玛的说法，有100~200只大象的种群才可以生存下来，这意味着南非的许多小象群其实无法生存，对物种的整体保护也没有贡献。[10]这些保护区实际上是大型动物园。

迁移和种群分裂的影响

从迁移的最初几天起，我们就了解到，生活在受到社会干扰的小群体中的迁移大象与"正常"自由迁移的大象群体的行为不同，因此需要加强管理。下面将讨论许多待审议问题中的一部分。

繁殖率

1994年的一项研究显示，在较小的保护区内，南非有68%的大象种群比稳定的自然种群增长速度要快得多。[11]这是因为与未受干扰的种群相比，圈养的母象怀孕的年龄要早得多。在某些情况下，这些母象的产犊间隔是2年或更短的时间，其中一只母象在5岁就怀孕了。这与动物园象群的繁殖率相对应。

在欧洲的9只非洲母象，第一次分娩的年龄为7至12岁，产犊间隔为26个月以上。[11]在10个野生种群中，母象第一次分娩的平均年龄是8到12.8岁，一般产犊间隔是4年。[13]尽管在受调查的较小保护区中，这种最初的快速繁殖增长已经或多或少地正常化了（由于年龄结构和母象受孕年龄较大），但仍然很高。

发情期提前

研究发现，较小保护区内的年轻公象进入第一个发情期的时间比正常的25岁左右要早得多，有些在它们的青少年期就开始繁育后代。[14]这与动物园里的公象差不多，从9.25岁开始繁育后代。[15]

公象之间有严格的等级制度，当较年长公象的数量缺乏时，年轻的公象在有时间和机会学习如何在心理上和身体上适应发情期之前就会提前进入发情期。这种生理状态会极大地提高睾丸激素水平，使公象具有攻击性。

青春期的公象会从较年长的公象那里收集社会和生态信息，这对社会稳定至关重要，而较年长的公象会抑制年轻公象发情期的狂暴状态。[16]在上世纪90年代，有报道称，孤儿象会对其他大型野生动物如水牛、河马和犀牛发起攻击。在匹兰斯堡国家公园的大象杀死了至少30只犀牛，赫卢赫卢韦－印姆弗鲁兹公园的大象杀死了50多只犀牛后，研究发现这是因为公园里没有较年长的公象。[17]引入较年长的公象后，猎杀最终停止。

成年公象

1998年~2000年期间，克鲁格国家公园响应了对成年公象的需求，总共有84只公象被迁移到其他保护区。后来，一些30岁或更年长的被迁移的动物逃跑了。造成这种情况的原因有几个：围栏（适应性围栏）不够好；只有一两只公象（缺乏公象等级制度）；较年长的公象（40岁以上）被迁移，或者具有归巢本能的公象冲破了围栏，开始朝它们原来在克鲁格国家公园的家走去。[18]

社会混乱

少数个体或者整个家庭的迁移，会使重新安置的群体和剩下的大象陷入社会混乱。一项关于孤儿象社会发展的研究表明，尽管年幼的大象试图通过模仿一个家庭群体来重组一个社会单位，但它们多年来一直极度紧张，而且个体间总是靠得很近，并避开有人类活动的区域。[19]它们从未加入过后来被引入保护区的一些家庭单位。[20]许多迁移的种群缺乏一只领头母象，并非所有的年轻母象都能胜任这一艰巨的任务。[21]正如大象研究人员李和莫斯所说的那样，母象个体的性格特征是领导能力的基础。[22]这一点在孤儿象身上表现得很明显：一些年轻母象能很好地领导种群，而另一些母象则缺乏这种能力。

社会混乱还有许多其他影响，例如，随后的

母性行为要么是过度保护，要么是非常松懈。没有学习育儿技能的母象可能会对自己的小象或另一只小象表现出异常行为，甚至会杀死它。[23]也有很多记录表明，动物园的大象，不管是母亲还是另一只母象都有杀死幼象的行为。[24]

大象的青春期很长，这与大脑重组的第二个主要阶段相对应。[25]这意味着缺乏正常家庭结构的孤儿象将不会获得某些应对特定事项的对策或社交技巧。这使得它们处理不可预测的情况和压力的能力不足，例如大规模偷猎可能会导致严重的大象社会混乱，以及行为模式和基因结构的改变。[26]

许多遭受严重创伤的大象，例如与家人分离，在社会上通常表现出较差的竞争力。[27]它们也可能表现出较差的身体状况。[28]受到严重创伤的动物园和马戏团大象通常比野生大象小得多。[29]

与家庭成员分离了几十年的迁移大象常常对其他大象的叫声作出不适当的反应。有些大象不知道如何防御性地聚集在一起和保持警惕，也不会对"安全"的召唤声作出反应。[30]与之相反，在不受社会干扰的象群中，领头母象们能够区分多达100种不同的召唤声。[31]

在匹兰斯堡国家公园，人们发现了一个社交能力受损的象群。该象群在上世纪80和90年代迁移到这个公园，然后公园发生了严重的火灾。[32]尽管火灾发生在2005年，也就是在大象受到迁移创伤后很长的一段时间后，但人们发现大象在处理压力方面的经验较少。

未受干扰的种群中的领头母象们在由其他几十个大象家庭组成的广泛的社交网络中构建它们的知识。其中一个例子是在肯尼亚的安博塞利国家公园，一个家庭与不少于50个其他家庭聚集在一起。[33]将家庭单位从这些网络中迁移出去会使得领头母象失去社会环境和象群支持。她必须熟悉和适应新的生态环境，并努力融入任何现有的大象社会之中。她必须找到最好的饲料、水源和安全的地方，这一责任给她带来了巨大的压力，对

健康和心理造成严重影响。[34]

涉及保护区大象的事件

大象专家咨询小组（ESAG）2012年进行的一项调查显示，80%以上的南非保护区都报告了某种形式的问题，涉及100多只大象。[35]主要问题是公象和母象的逃脱、袭击车辆、破坏水管、电线杆、车库和建筑等基础设施。尽管这些事件看似微不足道，但如果反复发生，它们可能会成为很大的问题，可能会导致责任大象被安乐死或猎杀。该调查还报告了5人死亡，尽管涉及人的事件通常很少被报道，以免威胁到旅游业。在一个保护区里，一只领头母象和一只象宝宝被另一只母象杀死。

许多这些问题都可以追溯到早期的社会混乱，以及管理层忽视大象对无压力社会环境的需要。这里的压力包括过度旅游造成的压力（大量车辆、自驾游游客，甚至是开车太近的管理员[36]）、人类的无知、狩猎、反复迁移、大象密度过高或由于围栏限制而产生的营养压力。在克鲁格国家公园发生的一些袭击事件主要是由于游客的无知，他们不了解或不注意大象发出的警告信号。[37]

结论

你没法在不造成严重的长期问题的前提下简单地把大象从象群中剔除。因此，它们的福利必须成为解决方案的一部分。

在南非，动物福利（适用于圈养动物或宠物交易）由农业部负责，保护工作则由环境事务部负责。这种分工产生了几个问题，特别是关于私人保护区内大型哺乳动物的小种群问题。

那么，大象福利标准对私人、有围栏的保护区有多大的适用性呢？

小保护区里一群受到社会干扰的大象群体和被圈养的大象之间有许多相似之处，其中一个就

是没有选择自由。一个小种群中可能只有很少的年轻公象，因此母象不能选择她们喜欢的伴侣，也不能选择在哪里漫步、觅食或与哪些其他家庭或个体往来。

福利对动物园的大象很重要，对私人保护区的大象也同样重要。保护工作可能涉及生态系统，但管理一个种群就意味着要管理其中的个体。因此，福利储备水平很重要。

从把一群大象从原来的种群中迁移到另一个地方的那一刻起，就会对大象造成创伤、压力和社会混乱，产生终生的影响，并可能会传递给后代。[38]生态处理，例如控水、在特定区域建造围栏、植物、道路、建筑和旅游业，都将影响到大象。[39]因此，必须考虑大象福利，以便给这些大象提供最好、尽可能接近自然的环境。这与动物园种群的管理没有显著差异。

南非政府需要制定福利标准，不仅是为了圈养的大象，也是为了所有大象，因为南非没有象群是完全自由放养或不需要管理的。我们竖起了围栏，干扰了它们的正常生活；我们管理它们，但不考虑福利的话，管理是不可能成功的。

我认为，因为福利问题被排除在考虑范围之外，决策也仅仅基于生态学，所以我们遇到了与大象迁移有关的问题。显然，在如何管理小型保护区的象群方面，我们需要进行范式转换。有两种情况：

1. 我们需要明白，较小的围栏保护区限制了大象的生存环境和社交能力，所以只从生态角度思考问题就会产生问题。

2. 在较大的保护区中，我们必须防止破坏，促进自然社会结构的恢复。必须尽可能恢复大象栖息地的自然扩散，以及大象之间的自然社交行为。过程。正如鲁迪·范·阿尔德等人所指出的那样，"我们需要解决人为操纵有限资源的问题"。[40]

第一种情况是像控制圈养大象一样控制大象的数量。我们必须把福利问题考虑在内，并且同样重视社会因素和生态因素。第二种情况可以通过建立连接保护区的走廊网络来实现。这可以对集合种群进行管理。[41]理想情况是，走廊连接季节性的植被区域，这样大象就可以从夏季觅食区域走到冬季觅食区域，或者从湿润的植被区域走到干燥的植被区域。[42]第二种情况应该是长期目标，不太可能在不久的将来实现。因此，第一种情况应该是我们的首要关注点，直到第二种情况能够实现。

那么，福利和保护之间存在冲突吗？在某些情况下似乎存在冲突，但事实并非如此。两者之间需要有细微的平衡。然而，如果我们不将福利纳入大象管理，私人保护区的问题将继续出现。如果我们要保护大象这些动物进化的伟大使者，我们就需要更多地关注社会因素。

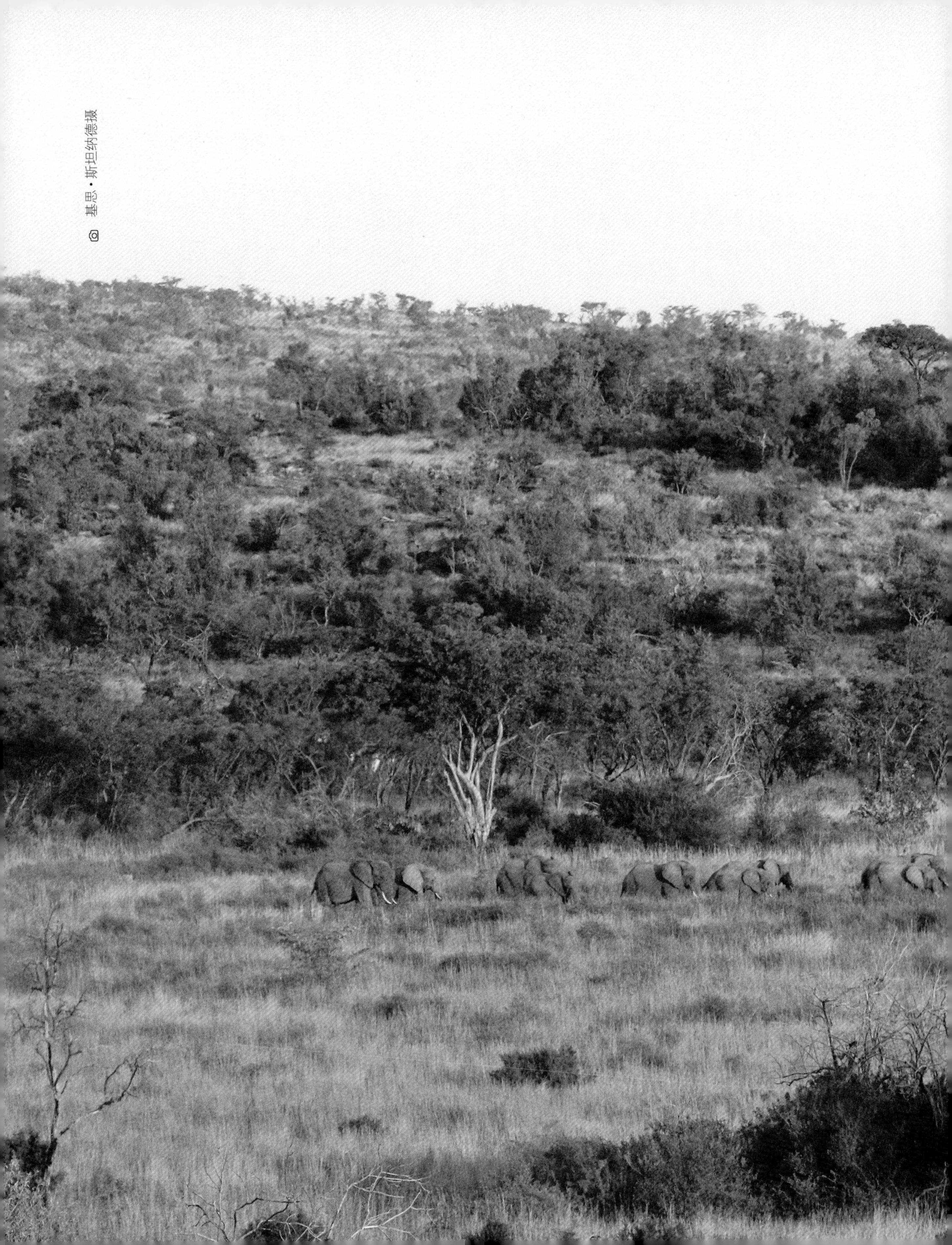

© 基思·斯坦纳德摄

20世纪80年代末，这里还是南非的一个养牛场。在6年的时间里，通过合并邻近的农场，拆除围栏，重新引进野生动物，在这些边缘土地上建立了一个野生动物保护区。今天，威尔吉旺登禁猎区是一个占地近7万英亩（约283平方千米）的繁茂野生动物保护区，是五大野生动物的家园，构成了联合国教科文组织认可的沃特堡生物圈的一部分。威尔吉旺登禁猎区是南非第一个将整个繁殖象群进行迁移，从而使家庭团聚的保护区。

21

只有阿多

作品集

约翰·沃斯鲁

　　约翰·沃斯鲁是一位律师，他住在城里，但是也是大象国度的常客。他所住的房子毗邻南非的阿多大象国家公园，有时候，他可以在书房里看到大象。多年来，约翰花了大量时间来拍摄阿多以及部分其他地区的大象，积攒了各种绝美的大象影像。

　　但是，阿多并非一直都是大象卸下防备的家园。时光倒流到1900年代初，当时早期的定居者正在向该地区扩展，种植农作物，在此处定居。定居者认为阿多的大象是"恶棍"，它们在没有围栏限制的灌木丛区游荡，并时不时与定居者发生致命的冲突。1919年，政府决定消灭区域内的所有大象。到1931年，阿多仅剩下11头大象，这时政府宣布设立国家公园，保护这些最后的大象。随着时间的推移，阿多公园的面积扩大了，还从克鲁格国家公园引入四头大公象改善本地象群基因。如今，阿多国家公园覆盖面积已超过一百万英亩（约4047平方千米），覆盖了南非七个生物群落中的五个，从干旱的卡鲁内陆一直延伸到近海岛屿，中间的土地都是公园的。园内现在有约600头大象，有一些地方的象群是整个非洲密度最大的，游客可以得到极好的观赏体验。请在本章和本书封面等处，欣赏约翰对这些宏伟动物的致敬。

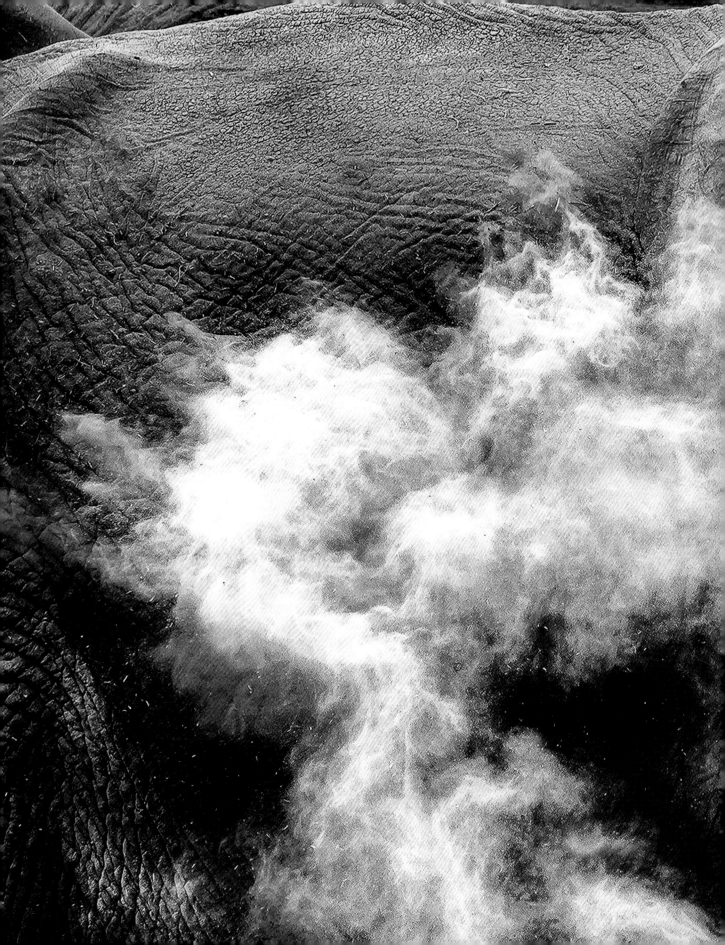

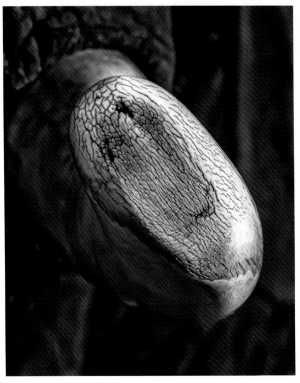

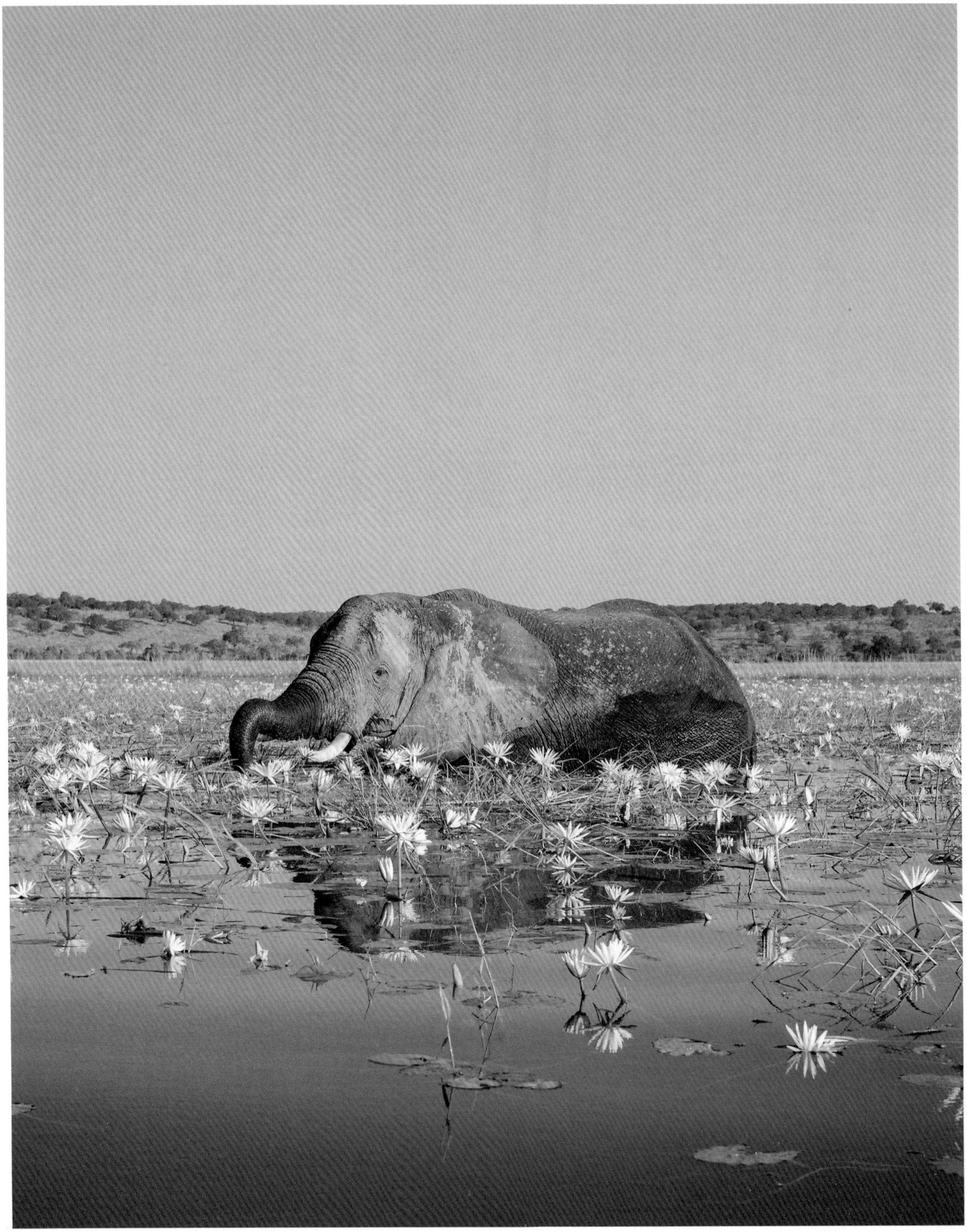

◎ 格兰特·阿特金森摄，博茨瓦纳乔贝国家公园

22

建立一个避风港

在危机时期，博茨瓦纳成了大象的避风港。但是，该国的邻国现在需要开辟受保护的走廊，使象群回到传统领地。

科林·贝尔

博茨瓦纳有约13万头大象（有可供20万头大象生存的领地），占非洲草原象数量的33%以上，而50年前这个数字还不到3%。其他地区的大象数量锐减，邻国的大象受到不断扩张的农村社区以及日益严峻的偷猎形势威胁，安全的博茨瓦纳吸引了邻国大象不断迁入。

大象无国界组织的迈克·蔡斯说："大象显然具有认知能力，可以判断什么地方危险，什么地方安全。举例来说，它们现在就是来博茨瓦纳避难的，因为它们知道可以在这里得到庇护。"

以前并不是这样的，博茨瓦纳的大象曾经历过艰难的时刻。在1980年代之前的几十年中，象牙一直是备受追捧的国际时尚产品。象牙制成的吊坠、手工艺品、家具和珠宝十分常见。当地几乎每个游猎向导都有一条象毛手镯，许多游猎旅客戴着象牙手镯和项链。甚至野生动物参考书和野外指南书都带有象皮制作的皮套。在整个非洲，人们为了娱乐以及各种副产品而猎杀大象。在某些年份，有近10万头象被杀害，相当于每6分钟

就有一头大象被害。目前，这个数字是每15分钟一次——但仍然是灾难性的。

在这一时期，大部分时间内大象被列入到《濒危野生动植物种国际贸易公约》附录二中，允许进行商业贸易。其结果是，大象产品的国际市场极为有利可图，导致非法偷猎集团和商人赚得盆满钵满。由于博茨瓦纳疏松、不设防的边界以及该国的荒野没有任何安全保障可言，该国变成了偷猎者的自由王国。那一时期的大象紧张不安、躲藏起来，而且通常非常凶悍。

1980年代偷猎活动开始升级，导致大象愈加愤怒。大象捣烂了许多营员的帐篷，砸碎了许多汽车。一家新成立的野生动物园公司的越野车在到达莫雷米禁猎区时遇到了一头不友善的大象。它的大牙刺进了车的散热器里。在这家公司首场旅行的第一天，它的车和车上的向导游客就被大象狠狠地推出了50米之远。这家公司第二天就关门了。研究人员告诉我们，白天，慌乱的大象和它们的家人隐匿在密林里，在深夜才敢跑到水道边匆匆喝上几口水，然后赶紧逃回安全的树林里。

这张末日一般的照片拍摄于2016年，是在博茨瓦纳全面禁止大型猎物捕猎两年之前拍摄的。如果我们选择无视对这些极其聪明、感情丰富的智慧生物的猎杀，这就是它们的未来。

◎ 丹尼尔·杜格莫尔摄

但是这种情况在1990年代初得到了扭转，当时由于大屠杀，《濒危野生动植物种国际贸易公约》相关机构将所有非洲象都列入了附录一，在全世界范围内禁止所有象牙交易。禁运为大象带来了"黄金岁月"。对象牙的需求已基本消除，导致偷猎的集团转移到了利润更高的产品和活动上。整个非洲的大象种群稳定下来，并且数十年来它们的数量首次开始增加。这一时期，博茨瓦纳的大象开始不再紧绷，因为它们得知车上的人不再构成危险。

博茨瓦纳的新旅游政策

在1990年代初期，博茨瓦纳彻底改变了其旅游政策。该国放弃了在非洲许多地方已成为常态的大众旅游，并积极制定针对高税收、低容量、低影响游客的政策和程序：这些游客可以为农村居民提供大量的岗位和培训机会。该国巨大的狩猎特许区被分成了较小的特许区（每个区平均为10万公顷），并通常以排他性的方式招标给旅游经营者。一些地区被指定专门用于摄影旅游，其他地区则用于狩猎，还有一些地区则是摄影旅游和狩猎都有。

游猎公司投资建立了小型、个性化的高端旅馆，并在农村地区创造了许多新的就业机会。旅游政策的巨大变化带来了巨大的积极收益，直接造福了博茨瓦纳北部约40%的人口。得益于蓬勃发展的旅游业，人们吃得起东西了。人们为了生存而偷猎的欲求减少了。越过这些特许区的诸多耳目让偷猎变得更加困难。大象变得更加平静。游猎车辆不再被压力大、攻击性强的大象追赶。

但是，1996年，博茨瓦纳恢复了大象猎杀，并且博茨瓦纳的大象又重新被列入《濒危野生动植物种国际贸易公约》附录二，情况发生了重大变化。受管制的国际象牙商业贸易变得合法。每年都有数百张狩猎大象的许可证发放给博茨瓦纳狩猎公司。在狩猎季节的第一声枪响后，科学家检测到一头戴有跟踪项圈的大象在24小时内移动了70公里，逃离某个狩猎区。在狩猎季节的第二天，一个在狩猎特许区毗邻的区域独自驾驶的野生动物园向导的车辆被不友善的大象推翻、挤压。他幸免于难，但是受了伤，也受了惊。大家都意识到，观赏大象的时候要更加谨慎了。

然后，在2013年9月，博茨瓦纳采取了迄今为止最大胆的举措，禁止在国有土地和禁猎区进行狩猎活动。大象安全得到了很大程度的保障，逐渐变得平静，虽然还是有些个体脾气暴躁。牙齿脓肿、干旱、高温、发情、失去家人都可能导致这些感情细腻的动物变得脾气暴躁。

持续多年的惊险野生动物观赏，以及定期、近距离、高质量的大象观赏，有助于提高博茨瓦纳的旅游声誉，在增加旅游需求的同时，也在农村地区创造了更多的就业机会。现在，野生生物和旅游业是博茨瓦纳经济的第二大支柱，仅次于钻石。政府知道钻石并非永恒。博茨瓦纳野生动物园产业的核心是广阔的原始荒野地区以及雄伟的大象。

但是，国境之外，压力越来越大。即使有严格的反偷猎政策还有国防军的支持，博茨瓦纳也开始感受到了席卷非洲大部分地区的偷猎海啸的影响。最初，犯罪集团针对的是北部和东部非洲的大象群。但是，由于现在东非的大象数量不到过去总数的15%，这些集团将注意力转移到了南方。博茨瓦纳与纳米比亚和津巴布韦（与赞比亚近在咫尺）的漫长、无人、不设防的边界很难监控。尽管该国制定了严格的反偷猎法律，但偷猎活动仍在增加。甚至南非的克鲁格国家公园也开始遭受偷猎的侵袭：经过数十年几乎为零的大象偷猎记录，南非在2017年记录有68头大象被猎杀。

只需要一起偷猎事件就可以改变大象的行为。2017年年底，博茨瓦纳北部的一家野生动物园特许经营商注意到，通常十分放松的大象突然变得紧张不安且具有攻击性。几天后，在附近发现了许多被盗猎大象的尸体，这才确定了它们突然变

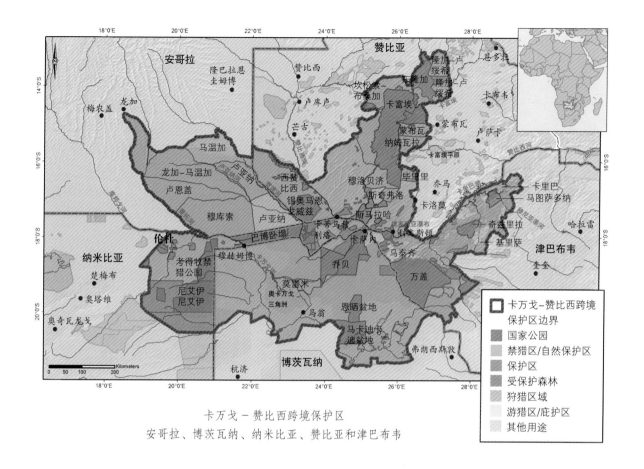

卡万戈－赞比西跨境保护区

安哥拉、博茨瓦纳、纳米比亚、赞比亚和津巴布韦

得不友善的原因。

卡万戈赞比西跨境保护区的潜力

博茨瓦纳及其大象的未来会是如何？让我们从数字开始说起吧。1973年，博茨瓦纳估计有大约1.1万头大象。2016年大象普查的结果显示博茨瓦纳的大象数量约为13万头。这一普查反映了2002年、2010年和2014年计算得出的趋势。这些数字与2012年的大象普查相比大幅下降。2012年的大象普查记录了20多万头大象，尽管2012年的统计数据如今看来并不可信，其方法存在很多错误。今天，博茨瓦纳大象的整体出生率大致与其死亡率相符。人们普遍认为，博茨瓦纳的大象数量稳定在13万左右，并且会在13万到15万之间固定下来。在大象密度很高的地区，产犊间隔似乎增加了：大象似乎本能地知道做什么对它们有益。

安哥拉土地肥沃，面积几乎是博茨瓦纳的两倍，但是安哥拉只有不到4000头大象。赞比亚只有约2.2万头大象。然而，赞比亚和安哥拉都有大量的大象理想栖息地，这些地方尚未得到开发利用。

博茨瓦纳能否维持其目前的大象数量？大象会占领当地，损害其他物种吗？大象会破坏它们赖以生存的植被吗？人类与野生动物之间的冲突呢？这些是博茨瓦纳当局需要解决的问题。

这就是卡万戈赞比西跨境保护区计划的成因。卡万戈赞比西跨境保护区是由安哥拉、博茨瓦纳、纳米比亚、赞比亚和津巴布韦共同签署协议建设而成，协议各方建立横跨各国的大跨界"和平公园"，覆盖面积大致等于法国或德克萨斯州的面积。卡万戈赞比西跨境保护区的土地包括赞比西河上游盆地的大部分、奥卡万戈集水区和奥卡万戈三角洲本身。卡万戈赞比西跨境保护区的中心位于乔贝河和赞比西河的交汇处，博茨瓦纳、纳米比亚、赞比亚和津巴布韦的边界在此交汇。跨境保护区内包含乔贝国家公园、万基国家公园、奥卡万戈三角洲和维多利亚瀑布。

卡万戈赞比西跨境保护区的目标是"基于最佳保护和旅游模式，通过协调政策、战略和实践为生态区域内及周边社区和其他利益相关者的社会经济福祉，可持续地管理卡万戈赞比西生态系统及其遗产和文化资源"，其愿景是"在可持续发展的背景下，在奥卡万戈和赞比西河流域地区建立世界一流的跨境保护和旅游目的地"。

这是非常宏大的目标。如果能够实现这一目标，整个地区及其人民都会受益。问题的关键在于，卡万戈赞比西跨境保护区利益相关者是否具有开放古代大象迁徙路线和安全走廊的政治意愿，让博茨瓦纳的大象与那些在纳米比亚、赞比亚和安哥拉北部等有充足食物的区域相连。如果可以重建这些走廊，对所有成员国及其农村社区来说都是双赢的局面。当前该项目已花费了数百万欧元，但其中很大一部分花在了昂贵的、大部分都是外国人的顾问身上，这些顾问制作了许多听起来不错的文件和精美的地图。可悲的是，一线几乎没有实质性的变化，一些顾问的工作是不切实际的，甚至是灾难性的。

通过纳米比亚最关键的卡万戈赞比西跨境保护区热点地区之一的土地利用地图，我们可以看到顾问造成的恶果之一。这片土地正对着乔贝国家公园并与之相邻（参见第217页）。

这个区域是社区土地，它应该能够容纳丰富的野生动物，并且是一条重要的走廊，让博茨瓦纳密度过高的大象和水牛得以前往纳米比亚和赞比亚北部的空置土地和保护区。这个潜在的走廊将从卡萨内附近的乔贝河北岸开始。

尤其是在旱季快要结束时，大量动物会横穿乔贝河涌入这些富饶的洪泛平原，以及远方，但现在它们不能这样迁移了。这是因为河对岸的纳米比亚没有相应的国家公园可以提供保护，而且没有结构合理的摄影旅游业能够为村民大规模提供切实的利益，因此对他们来说牲畜优先于野生动物。冒险穿越乔贝河的任何一头大象都可能遇到猎人和当地村民。村民们十分担心自身的安全，这是可以理解的。他们敲锣打鼓，骚扰大象，将它们赶回乔贝河，回到博茨瓦纳的安全地带。

我无法理解这些顾问是如何制作如此不切实际且考虑不周的土地使用计划和地图的。难道他们真的以为小型狩猎区域、邻近繁忙河流的大型摄影游猎景点以及观赏野生动物的大范围洪泛区可以兼容吗？不幸的是，许多游客在乔贝河游船上见证了被出于娱乐目的猎杀的大象和水牛。由于规划不当和分区不当造成的这些事件损害了博茨瓦纳和纳米比亚在国际旅游市场上的良好信誉和旅游品牌。

应该通过制定切实可行的计划，其中包括一些较小的、更容易实现的分步里程碑，与政府、当地社区及其领导人合作分阶段实施来解决这一问题。野生动物走廊可以在卡斯卡定居点的两侧开放。同时需要对社区进行充分的咨询，并让社区从这些走廊创造的旅游资金和工作中得到补偿，并逐渐从中受益。位置优越但较偏僻的狩猎特许区可以开放在乔贝河的安全距离内到这些走廊的北部的范围内，这样在河上观赏动物的大量摄影游客就看不到也听不到狩猎区里发生的事情。不久前，有关人士咨询了当地酋长和他的头人，他们完全支持这一想法。没有这些安全的走廊，卡万戈赞比西跨境保护区散布和共享野生动物种群的野心将仍然只是白日梦。

目前，博茨瓦纳的许多大象都害怕纳米比亚。大象无国界组织地图（下图）绘制了其在四年内的无线电跟踪运动图。它们向北迁移到纳米比亚边界，只在纳米比亚的穆杜穆国家公园跨过边境，图为2011年~2014年无线电追踪大象的记录，每一头大象用不同的颜色表示。大象的运动模式显示，它们会往北移动到纳米比亚边境，但是只会在纳米比亚穆杜穆国家公园宽渡河沿岸处才敢穿越国境。它们知道在这里才是安全的。

它们知道那里是安全的。大象可以很快搞清楚什么东西对它们有好处！

人类的综合考量

　　纳米比亚和博茨瓦纳都是社区野生生物保护的成功先驱。诸如农村综合发展与自然保护和基于社区的自然资源管理之类的举措因其开创性的工作而受到赞扬，该举措使社区融入了野生动物保护和旅游业，并从中获得收益。

　　1990年代初制定的博茨瓦纳旅游业模型确保了私营部门旅游业可以产生基础广泛且公平的收入。每年，每个旅馆或特许区都必须向邻近社区、地方土地委员会或政府支付年度租赁费。在这一年中，通过收取资源使用费、培训费和增值税等费用，高达总营业额19%的款项支付给政府机构。这些综合费用在生意不景气的时候可能相当于旅馆净利润的100%，在景气的时候高达30%。最终结果是，政府（有时还有社区）至少可以获得旅游业所产生利润的30%，而无需进行任何投资。作为回报，游猎公司可以在地球上最有趣的野生动物地区之一经营可持续发展企业。

　　这些巨额款项有助于激励政府（有时还有社区）照料他们的野生动物和环境。博茨瓦纳蓬勃发展的犀牛再引进计划是世界一流的，没有政府的全力支持就不会成功。

　　为了限制当地的腐败和低效率，政府最近建立了一个有争议的、中央控制的旅游土地银行，旨在规范所有旅游租赁和许可证的发行，并收取由旅游业产生的许多费用。建立银行的目的之一

是防止地方土地局和社区腐败。人们发现，有影响力的社区成员通常会从野生动物园公司获得的租赁费用中分得更大份额，这样社区的利益就受损了。只有时间能证明这种土地银行机制是否有效，或者是否会在基层产生敌对情绪并刺激野味和象牙偷猎。

令人惊讶的是，尽管有社区发展的丰富经验，纳米比亚仍未能为其社区和国家的利益使其乔贝河保护区变得更可行、功能更完善。结果是，卡万戈赞比西跨境保护区吸引博茨瓦纳的大象回到以前更广阔的领地所需的野生动物走廊被封锁了。在乔贝河纳米比亚一侧河岸上开了一些新旅馆，大多数在河上航行的船屋都是纳米比亚所有并以纳米比亚为基地的。但是大部分时间游客观赏的野生动物都在乔贝河博茨瓦纳一侧的河岸上。

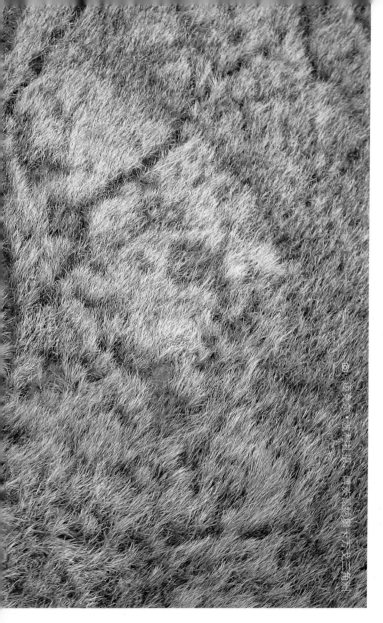

对于博茨瓦纳其余的大象领地来说，情况已经是最理想的了。没有任何系统是完美的，总会有人说闲话，也总会有一些偷猎行为。然而，在经历了好几个季节的降雨之后，塞林达溢洪道、博特提河和纳贝河储存了大量水资源，吸引着博茨瓦纳的大象在该国进一步扩大活动范围。一些大象已经能够从其传统的奥卡万戈、乔贝和利尼扬蒂的家乡搬到远达卡拉哈里中央野生动物保护区这样的地方。有些大象甚至南迁到库策禁猎区和马卡迪卡迪国家公园。其他大象越来越频繁地在津巴布韦的乔贝和万基国家公园之间迁移。该国东南部的图里/马沙图地区现在有大约900头大象。

自从中国于2017年底禁止所有象牙贸易并关停了象牙雕刻行业以来，随着对象牙产品需求的减少，偷猎水平将真正下降。但首先，中国香港和世界其他地区必须效法中国内地，禁止所有象牙的境内贸易。互联网已成为犯罪分子宣传和出售非法、濒临灭绝的野生动物身体部位的有效渠道。

如果世界想彻底杜绝非法的野生动物贸易，那么像淘宝这样的互联网交易平台和其他平台就必须负起责任。那些狡猾地以"猛犸象牙"名义出售象牙的合法网站必须被关停，因为它们成了偷猎象牙宣传和交易的秘密渠道。当开云集团（古驰的所有者等）宣称要在纽约提起诉讼后，这家中国网络巨头阿里巴巴便采取措施，叫停了其平台上的假冒奢侈品销售。我们必须采取同样的措施，来阻止通过互联网出售所有濒临灭绝的野生动物身体部位。《濒危野生动植物种国际贸易公约》相关机构必须将所有非洲象列入附录一，并永久性地消除所有贸易漏洞。

希望卡万戈赞比西跨境保护区的走廊可以开放，让大象再次散布到旧日的活动范围内。随着迁徙大象种群不断增加，越来越多的南部非洲国家可以创建可行、充满活力、可持续、包容性的旅游业和野生动物产业。

展望未来

希望卡万戈赞比西跨境保护区计划能够有健康的发展势头，使该地区的当地人和野生动物得以繁荣发展。非洲几乎没有任何地区具有乔贝河纳米比亚一侧的旅游潜力。然而，那里的大多数人一直生活在贫困中，只是勉强糊口而已。目前，乔贝河纳米比亚一侧的野生动物大多只是短暂停留，也许它们仍在测试通往纳米比亚、赞比亚和安哥拉的古老迁徙走廊的安全性。

野生动物专属：禁扰

多用途：
优先牲畜
使用

定居点和
耕作区

西格威·

野生动物专
属：仅允许
战利品狩猎

定居点和
耕作区

野生动物专
属：仅允许
战利品狩猎

多用途：优
先牲畜使用

野生动物专属：
仅允许战利品
狩猎

野生动物专
属：仅允许
战利品狩猎

野生动
属：仅
战利品

卡斯卡

姆巴拉辛特·

多用途：优先
旅游业使用

野生动物专
属：仅允许战
利品狩猎

卡布拉布拉·

定居点和
耕作区

乔贝草原酒店

博茨瓦纳

卡祖卡

姆普卡诺

永巴

伊维利温兹·

图例

- ✈ 机场
- ◉ 定居点
- ■ 保护区或社区森林办公室
- ■ 兽槽
- ✚ 医疗设施
- ■ 栅栏村庄
- ▲ 旅游设施
- ● 取水点
- ● 合资企业
- ― 延边境三公里缓冲带
- ― 河流
- ― 区道
- ― 干道
- ― 小径
- ― 主干道
- ▭ 社区保护区
- ▭ 国家公园
- ▭ 社区森林
- ▭ 森林保护区
- ▭ 国境线

卡布拉布拉、卡斯卡和因帕里拉社区保护

NRWG   IRDNC   Namibian Association of CBN

赞比亚

因帕里拉小岛酒店

卡玛柏祖

阔佐

穆伦达2

恩特瓦拉小岛酒店

辛尤卡

稆伦达1

定居点和

卡图图拉

耕作区

纳贝罗

斯津布克瓦

崇维 马苏菲 那莫尼 卡巴拉

物专 卡阿约 游猎区1 因帕里拉 伊通哥 布克托

限旅游 卡布布 夸萨 卡伦杜 斯伦布

猎） 游猎区2 辛萨 卡姆努 萨玛潘德

用途、 卡萨内 纳玛库尼 卡布育 力扎德

七牲畜

用

资料来源：纳米比亚国家统计局官方网站
http://www.nacso.org.na/，纳米比亚社区自然
资源管理支持组织协会自然资源工作组
卫星图：谷歌地球
比例尺：1：55000
地理坐标系统：WGS84
本地图由自然资源工作组于2013年4月绘制

及划归保护区管理的周边区域

USAID | SOUTHERN AFRICA
FROM THE AMERICAN PEOPLE

WWF

顾问犯错的时候

援助有可能是一把双刃剑。好心的捐助者的钱常常会要求加入能影响项目有效性的顾问人员和附加条件。这张2013年的地图可以告诉我们顾问大错特错的决定是什么样子的。卡万戈赞比西跨境保护区是安哥拉、博茨瓦纳、纳米比亚、赞比亚和津巴布韦共同达成的雄心勃勃的协议，以期扩大野生动物走廊，并使社区能从野生动物保护行动中受益。为了实施该计划，必须有安全的野生动物通道将博茨瓦纳的大型象群与纳米比亚、赞比亚和安哥拉北部的丰富食物和国家公园相连。这条线路会卡在乔贝河北岸。

这张乔贝河对岸正对着乔贝国家公园纳米比亚土地的地图是在好心肠、受人尊敬的捐助者的组织资助下制作的。随意划分的小型狩猎区分布在整条走廊上，通常非常靠近摄影游猎观赏区、旅游小屋和村庄。这不仅会阻止大象过境，更严重的是，要是子弹未击中目标，杀死村民或游客，会怎么样？许多摄影游猎游客看到了令人痛心的大象或野牛狩猎，这对纳米比亚的品牌及其在国际旅游市场上的声誉产生了负面影响。

如果要制定可以实际实施的土地利用计划，至关重要的是，分区规划要让社区完全认可，且实用、明智和有效。

幸运的是，头脑清醒的人胜利了，这个混乱的土地计划被悄悄搁置了。

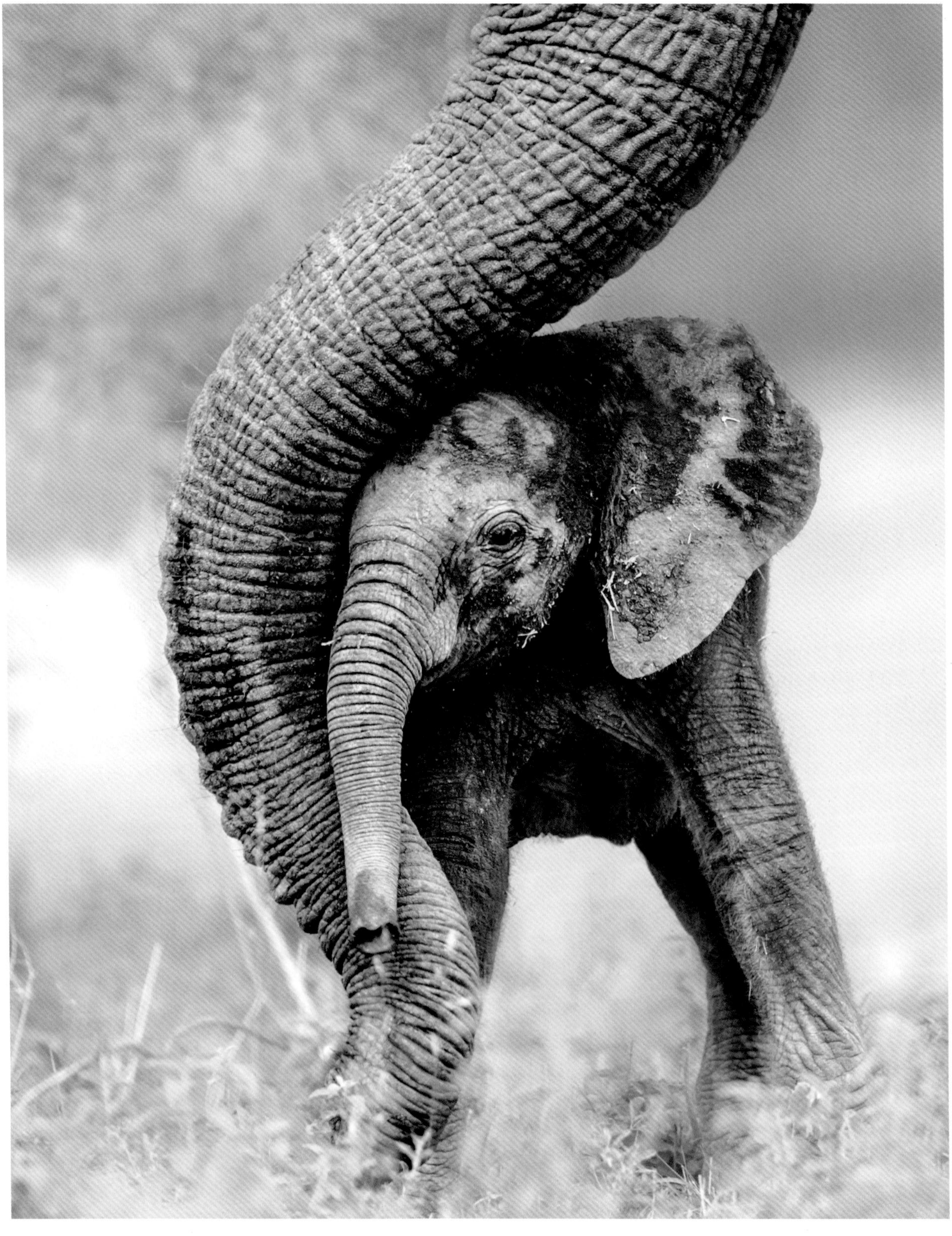

◎ 罗斯·库珀摄，辛吉塔

23

博茨瓦纳庇护所

追踪世界上致力于大象保护工作的领导者的不寻常轨迹

凯利·兰登

湛蓝的天空，温暖的阳光，所有的一切都很安静，只有博茨瓦纳北部乔贝森林保护区的兰迪跌跌撞撞翻过厚厚的小沙丘时发出的隆隆声。这是一年中最好的时节：雨季，广阔的土地上满是郁郁葱葱的绿色植被，散布着汇聚雨水的泽地。凉风中摇曳的金色植被里藏着六头"滚泥牛"（被赶出牛群的老公牛），我只能看到它们露出的角尖。几百米外，一大群大象穿过赞比西河柚木林，沿途采食嫩叶。一头小象，藏在母亲肚子下面，抬起头吮吸着温润的乳头。这就是我一直想象的狂野非洲应有的模样。

博茨瓦纳的大象种群故事一直是暗淡辰光中的一个亮点。在博茨瓦纳以外，非洲象处于危机中。栖息地的丧失、资源竞争、内乱、恐怖主义、人类与野生生物的冲突以及象牙偷猎率的上升威胁着它们的生存。在某些地区，不到十年的时间，大象数量就减少了多达70%。

面对无休止的大象被屠杀的图片，人很容易感到失望透顶，但博茨瓦纳在保护和维持其大象种群方面已经取得了坚实的进展。这里的大象曾濒临灭绝，如今数量已经恢复，这是非洲大陆最大的保护成就之一。博茨瓦纳现在拥有世界上最大的自由活动的大象种群，有时这里的大象数量占非洲所有热带稀树草原大象的50%以上。它是地球上少数几个大象还能遵循古老的路线迁徙而不受开发阻碍的地方之一。这里也有数量惊人的野生动物，其季节性迁徙持续时间是非洲最久的。

这不是偶然发生的。这一场景是在立法者的领导、政策制定者的远见，再加上一位博茨瓦纳博士生的愿景的结合下诞生的。本章讲述这些人如何共同引发真正的变化。这是把大象当作促进和平文化、发展生态旅游和改善农村生计的伙伴的愿景。大象是保护伞物种，它们是保护工作的大使，帮助我们找到并连接非洲最大的荒野地区内的关键保护区。

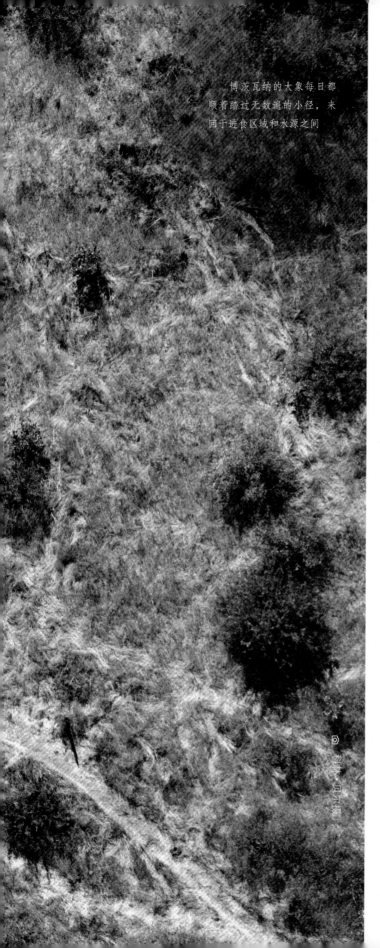

博茨瓦纳的大象每日都顺着踏过无数遍的小径，来回于进食区域和水源之间

一个有计划的人

二十年前，一位名叫迈克·蔡斯的年轻博茨瓦纳保护主义者设想出了一个计划。蔡斯坚信每头大象的生命都很重要，因此他提出了一项雄心勃勃且从未尝试过的研究：对博茨瓦纳北部和邻国的大象迁徙路线进行研究。

蔡斯是一名博士生，他坚信自己在保护祖国乃至整片非洲大陆上的大象的斗争中，最关键的一环便是使用硬数据。他一直都相信，大象是一个国家生态系统健康状况的领先指标，就像俗话说的煤矿里的金丝雀（即危险的预兆，煤矿工人会将金丝雀带入矿井，侦测有毒气体）一样。当一个国家的大象种群开始受到袭击时，整个生态系统很可能会承担后果。尽管他对世界上最大的陆地哺乳动物有显而易见的偏爱，正是他的洞见，让人们认识到可以为保护大象打开更广阔的保护议程的通途。他的想法对非洲野生动物的保护影响巨大。计数和追踪大象仅仅是改变博茨瓦纳保护方法的开始。

2004年，蔡斯建立了一个位于博茨瓦纳的非政府组织——大象无国界组织，来支持他的研究。到2007年获得博士学位时，大象无国界组织已在博茨瓦纳北部、纳米比亚和赞比亚北部的近50只大象身上安装了卫星颈圈，这是当时最大规模的大象遥测研究。这项研究提供了新的信息，出乎人们的意料，打破了人们长期以来对大象活动和迁徙的设想——此前人们曾认为大象通常都待在同一个区域内。人们发现，不同年龄的大象每年的活动范围差异很大，一头45岁的公象的活动范围是沿着乔贝河的910平方公里范围内，而一头年轻公象的活动范围则跨越四个国家，达24828平方公里，这是人类记录到的最大的非洲象活动范围。考虑到非洲其他地区大象的平均活动范围约3000平方公里，这是极其不寻常的。

迈克·蔡斯（左前）、凯
利·兰登（右）和其他观察员

根据这些遥测研究，以及大象无国界组织在整个地区的航测中发现的大象数量评估和趋势，人们划定了卡万戈赞比西跨境保护区的边界。根据协议，博茨瓦纳、纳米比亚、赞比亚、津巴布韦和安哥拉正式承认野生动物保护工作是跨国的。不能再孤立地研究大象了——这些数据告诉我们大象的活动范围有多大多远，以及如果想要大象繁衍生息，需要保护哪些土地。于是，重新建立和维护跨国野生动物走廊的观点又出现了。

在2010年，蔡斯与当时的博茨瓦纳环境部长基措·莫凯拉会晤，得知政府愿意资助对博茨瓦纳北部野生动物进行全面航测。他建议让大象无国界组织承担这一责任，政府表示允许和支持。

沿着样线在离地面仅100米的地方驾驶飞机，飞行员必须与高温、颠簸飞机的风和高空鸟类抗衡，需要有高超的技巧和注意力。团队连续四个月每天在黎明前醒来，日出时出发，在空中飞行5个小时。从起伏的草地到沙岭、湿地、泽地、河流系统和延伸林地，他们穿越了博茨瓦纳丰富的生物多样性地区和生态系统，发现了该国独特的荒野地区的壮丽全景。

调查结果令人惊讶，在过去的15年中，博茨瓦纳北部某些地区的一些野生动物物种数量大幅下降。但是，根据该调查的大象数量估计数，再加上九次政府的航空调查结果显示，博茨瓦纳北部的大象种群在1990年代初有所增加，但从2004年开始数量一直都很稳定。

战利品狩猎的终结

数据是博茨瓦纳大象最引人注目的使者。尽管人类长期以来对这种物种着迷——把它们神秘化，敬若神灵——但是没有确凿的物种灭绝证据，政府并没有加强保护的压力。但是在2012年，即蔡斯的航空调查两年之后，野生动物和国家公园局进行了自己的调查，调查结果同样显示了北部地区野生动物种群的减少。

博茨瓦纳的反应迅速，成果卓越。2013年8月，环境部宣布从2014年1月1日起在全国范围内禁止狩猎。从那时起，将不颁发任何配额、执照或许可证来允许狩猎《野生动物保护和国家公园法》中所列的动物。这是该国野生动物保护历史上具有引领作用的重要时刻。

政府解释说，颁布禁令的原因是，"人为影响等多种因素的结合，包括非法造假和生境破碎化或丧失"，几种野生动物物种减少。内政部发言人卡罗琳·波加莱-贾耶叶巴说："特别令人担忧的是，除了大象和黑斑羚以外，所有接受调查的物种数量都下降了。"

该禁令是出乎意料的，某些人认为这是对其他广泛允许狩猎的南部非洲国家的野生动物政策的直接挑战。但是，从博茨瓦纳开放狩猎的这近二十年来看，狩猎业可以改善社区所有成员的生活质量这一点越来越难站住脚了。资金是通过社区信托分配的，几乎没有问责制，也几乎没有使家庭中的社区成员个体受益。

博茨瓦纳的这一决定是保护工作最前沿的做法。它致力于通过为野生生物提供安全的避风港来保护其野生生物遗产。它还创造了一种低影响、高价值的非洲旅游业新模式，最大限度地减少了人类在自然世界上的印记。这使博茨瓦纳变成了热门的旅游目的地，带来的收入远远超过了禁猎令带来的损失。

解决非法象牙贸易

蔡斯追踪博茨瓦纳大象的工作在当地取得了成功，但他知道只有设立更高的目标才能造成更大的影响。他的研究表明，大象的迁徙路线和迁徙活动比大多数生态学家以前想象的要广阔得多。他不满足于他绘制出的令人印象深刻但不完整的画面，于是开始考虑另一个计划。蔡斯认为，我们是不是可以数出非洲剩下的每一头大象呢？

2013年12月，博茨瓦纳主办了第一届非洲大象峰会。总统伊恩·卡玛在哈博罗内致开场辞，并接待了象牙贸易链中主要国家的代表。其中包括象牙分布国家博茨瓦纳、加蓬、肯尼亚、尼日尔和赞比亚，象牙过境国越南、菲律宾和马来西亚以及两个主要的象牙目的地国中国和泰国。首脑会议采取了14项紧急措施，制止和扭转为象牙贸易非法杀害大象的趋势。

在这次峰会上，蔡斯借机宣布大象无国界组织迄今为止最雄心勃勃的一次计划：由博茨瓦纳领导的大象普查。它仍然是迄今为止非洲最大、最准确的大象和动物调查。这项声明受到了大多数非洲象分布国家的欢迎和拥护，他们渴望参加这一开创性的倡议。

随着调查的进行，2015年博茨瓦纳主办了关于非法野生生物贸易（IWT）卡萨内会议。32个国家以及欧盟和9个国际非政府组织参加会议，审查了2014年伦敦非法野生生物贸易会议宣言的进展。会议成果就是《卡萨内宣言》，其中载有15项新的行动承诺，涉及诸如走私、减少需求、加强执法以及确保当地社区从保护中受益等问题。它承诺参加者改善贸易路线上的国家之间的合作，同时加强起诉机制。

尽管面临资金压力，博茨瓦纳环境部长谢克迪·卡玛仍然呼吁所有非洲国家尽力拯救濒危物种。他说："我们的经济正在努力从最近的经济衰退中恢复过来，对此我的认识十分充分，但我们不能以此为借口而无所作为，因为将来是要付出代价的。"

在2016年8月的世界自然保护联盟组织的世界自然保护大会上，大象普查的最终结果与科学同行评审论文同时发布[1]。结果令人震惊，它描绘了整个非洲大陆的惨淡景象：非洲只有不到40万头草原象。在过去的7年中，象牙偷猎使整个大陆的大象数量减少了30%，即14.4万头大象。偷猎、人象冲突、气候变化和栖息地丧失十分严重，导致整个非洲大陆大象的数量每年以8%的速度递减：每年约2.8万头，每天有76头、每20分钟有1头大象死亡。

蔡斯的硬数据突显了大象的困局，使人们更好地了解了它们的苦难，促进了国际行动。现在很清楚：许多大象种群都面临着当地灭绝的威胁。

上调大象等级

世界自然保护大会举办三周之后，博茨瓦纳方在南非约翰内斯堡举行的《濒危野生动植物种国际贸易公约》缔约方大会上发言。出乎意料的是，谢克迪·卡玛部长说："我们清楚地认识到非洲大部分大象面临的严峻偷猎危机，我们……支持将所有大象上调到附录一。如果我们不立刻采取行动，而是等到2019年缔约方大会的话，大象们的结局不堪想象。会有数千头大象因为象牙被猎杀，会有更多的巡林员失去生命，犯罪集团和腐败的官员使贸易蓬勃发展，将继续从这种破坏性贸易中获利。

"这将发出迄今为止最明确的信号，即对象牙贸易零容忍。我们能够将资源转移到重要的事情上：支持当地社区，维持栖息地的连通性，管理人象冲突，应对造成象牙贸易的犯罪网络对我们大陆最引以为傲的象征——非洲大象造成的巨大破坏。博茨瓦纳支持对包括国内市场在内的所有象牙贸易发布全面、明确和永久的国际禁令，并支持将所有非洲象种群纳入附录一。"

尽管该提议遭到拒绝，但包括非洲大象联盟

39个国家、利益相关者和非政府组织以及多国政府都对博茨瓦纳的立场表示欢迎和赞扬。这一提议为国际和国内完全禁止象牙贸易奠定了基础。

缔约方大会第十七届会议反对将大象统一列入附录一的主要论据之一是，三个附录二国家（纳米比亚、南非和津巴布韦）的大象没有出现附录一的主要标准——数量大幅减少。根据这一论点，这些大象没有受到威胁，应该允许这些国家交易象牙。

然而，2017年发表在《生物保护》杂志上的一篇经过同行评审的科学论文表明，非洲76%的大象种群的活动范围是跨界的。作者呼吁应在整个大象活动范围内应用《濒危野生动植物种国际贸易公约》的大象保护标准，而不是在单个国家/地区应用这一标准。研究中使用了大象普查和世界自然保护联盟/物种存续委员会2016年非洲大象状况报告中的数据，表明非洲目前有6个跨境种群，约25万头象，占非洲象总种群的53%，"分列不同附录"，即它们活动范围同时覆盖了附录一和附录二国家。

2017年1月，博茨瓦纳又迈出了大胆的一步，禁止骑大象旅行。受此影响，邻国也开始效法这一举措。

后记

在本书关于博茨瓦纳的两章完成之后不久，博茨瓦纳发生了翻天覆地的变化，从根本上改变了该国的政治格局，进而改变了其野生动物和大象政策。

在两届总统任期于2018年3月期满后，伊恩·卡玛卸任国家元首，将总统职位移交给他的副总统，希望他精心挑选的继任者继续执行他的政策。总统莫克维齐·埃里克·马西西目前地位稳固，迅速扭转了前任政府广受尊敬的野生动物政策和监督，使卡玛家族（以及几乎所有人）感到惊讶。

卡玛的反狩猎政策掀起了摄影游猎的热潮，

但他最大的错误之一就是没有填补他在2013年狩猎季节结束时禁止狩猎造成的空白。由于某些未知的原因，虽然有摄影游猎公司提出要租赁其中许多区域，但自那以后大多数此类狩猎特许区一直处于空置状态。

从狩猎中获得肉和现金的社区空着肚子，耗尽了银行存款。此外，奥卡万戈的许多农村社区从旅游业中获得的收入转移到了中央政府建立和控制的新土地银行中。这些社区对他们的损失感到不满，在选举季节，有人听到了他们的声音。

关于社区如何有效应对破坏作物、袭扰甚至杀害人类的大象，政府没有提供明确的政策方向。这些事件已多次见诸报端，引起了政界人士和亲狩猎游说者的注意，后者一直在不懈地利用这些报道来说服博茨瓦纳政府撤销狩猎运动禁令。

卡玛的执政党博茨瓦纳民主党未能在2014年大选中赢得绝对多数席位，仅获得46.5%的全民投票。由于反对党未能整合在一起，博茨瓦纳民主党仍然保有权力。下一次选举是在2019年10月，马西西总统还有时间巩固他和博茨瓦纳民主党的立场。但是要赢得选举，他需要进行全面改革，解决卡玛执政时期未充分解决的问题。

议会和全国各地都在讨论大象的未来，包括博茨瓦纳是否应重新引入大象狩猎运动、战利品狩猎，以及是否应改变其将所有大象升级到《濒危野生动植物种国际贸易公约》附录一的提议。

在本书付印之时，博茨瓦纳乃至整个世界都在等待这些审议的结果。自禁猎以来，博茨瓦纳通过摄影游猎收获了"博茨瓦纳品牌"正面收益、相关工作岗位、外汇收入，今后博茨瓦纳是否会失去这一切？该国曾大胆地提出禁猎的立场，使其成为可以说是非洲最负盛名的野生动物园的旅游目的地，这一立场是否会继续坚持下去？还是说着眼短期利益的选票政治会赢得胜利？

碰巧的是，随着新总统上任，偷猎象牙的狂潮一直在缓慢地向南穿越非洲，渐渐到达博茨瓦纳（和南非）。几十年来，克鲁格国家公园和博茨瓦纳北部一直没有象牙偷猎活动。但是那些黄金岁月已经过去，两国现在都面临着与国际犯罪集团有良好关系的老练、训练有素的象牙偷猎者的威胁。

令人遗憾的是，大象无国界组织的迈克·蔡斯博士陷入了当时的政治，他在2018年对博茨瓦纳北部进行的空中大象普查中发现了大象偷猎的突增，并报道了这一点。出于一名科学家的操守，他报告了自己的发现，但这并不是新一届哈博罗内政府希望听到的消息，他受到了持续的人身攻击。

问题是，马西西总统是出于对农村社区和大象福祉的真正关注，还是出于对在他执政期间偷猎行为意料之外的激增的尴尬，抑或仅仅是为了巩固选票，才改变野生动物政策的？目前尚不清楚他（或他的顾问）是否充分认识到，国际游猎旅游市场目前对博茨瓦纳高度重视，开放大象狩猎运动后，可能会造成不可挽回的损害。

根据世界旅行和旅游理事会的《2018年经济影响报告》，博茨瓦纳的旅游业对该国GDP的贡献将从2013年（可以狩猎的最后一年）的130亿比索增加到2018年的230亿比索——禁止狩猎后仅仅五年就显著增长了70%。2019年和2020年的旅游预约是有史以来最强劲的。博茨瓦纳的许多动保支持者都希望新政府不要为了少数农村投票和猎人的游说，舍弃这些不可小觑的收益，更别说通过摄影游猎旅游业创造的新工作以及增值税和其他税金了。

让我们拭目以待……

唐·皮诺克博士

追随巨兽的足迹

伊安·麦卡勒姆博士

行于大象之后，
在巨人的世界中变小，
领会沉默的足迹，
以及血亲的隆隆雄辩。

批象皮而动，
感受沙子，
土地的起伏
和地底水流诱惑。

依象而活，
记住四季的歌声，
古老的迁徙路线，
抛去设立围栏的理由。

为了唤醒智慧，
为了感知野生之源，
为了找到你的声音，
高声说出来，
让其他人为大象发声。

自然历史组摄

24

学习津巴布韦 "总统象" 经验

这个聪明的生灵，充满了自觉的思想和情感，头脑清晰。我们不会说彼此的语言，尽管如此，她还是选择和我交流。

莎伦·平科特

津巴布韦的总统象在津巴布韦西部的万基庄园一小片没被围起来的土地上漫游，喀拉哈里沙漠中天天回响着它们的隆隆脚步声。我于2001年3月来到这里，与它们一起工作。那时我还是一个年轻姑娘，从澳大利亚过来，无所畏惧，渴望开启新的生活，独自工作。既没有接受过培训，也没有薪水，所有开支都是我自己承担的。

据说这些大象仅栖息在一块土地上，并受到1990年总统令的特别保护，免受狩猎、筛杀和其他疾病的侵害。该法令当时可能是出于善意颁布的，但实际情况令人担忧。

仅有几只大象留在万基庄园。面积比庄园大上100多倍的万基国家公园呼唤着这些大象，仅有一条铁路线将这两个区域隔开。我还发现，这些大象分属不同群落。哪些大象才是总统象呢？出现在庄园内的大象都是总统象，但是它们可能很少到这里来。对大象种群动态的研究指出了另一个异常现象。与公众观念相反的是，被奉为总统象的300多头大象永远都不可能是少数"原始"当地大象繁殖出来的。很显然，有一些是来自临近

的万基国家公园。

各种各样的大象很容易辨认，我刚来这里的那几年，它们大部分时间都是和家人在一起的。居住在这里的游猎向导给几头大象取了名字。最著名的是两头成年母象，王母和歪牙，这两头象据说属于最初的总统象。但是我从未遇到过这两头大象或它们的任何家庭成员混在一起，因此它们之间不太可能有亲戚关系。王母是一头没有象牙的大母象，但我很快发现，有几头母象也长这样，大家都把它们错叫成王母。歪牙每隔几年就会折断它歪掉的牙齿，这时认不出它的耳朵轮廓或家庭成员的人就认不出它了。因此，他们也不知道她是否突然离开家人消失了。其实，我很快就意识到，我们关于这些大象家族的了解还很少，只知道它们不同寻常的行为：镇定、友善和习惯于狩猎旅游车辆的存在。

还有更多需要考虑的问题。尽管它们在国家元首的名义下享有名义上的保护，但它们就像住在几间私人旅馆的特权分子一样，算不上旗舰种群。政府也未采取任何特殊的安全措施来保护它

© 布伦特·斯塔贝尔戈普摄，津巴布韦

熟悉之后便会产生信任。被一头巨大的
野生大象信任的感觉是无与伦比的。

们。我想知道，当它们漫步到附近的狩猎区或没有围栏的万基国家公园（那里经常有狩猎发生）时发生了什么？公园里有野生动物护林员，但我从未遇到过他们在庄园内巡逻，庄园甚至没有自己的反偷猎队。同样令人担忧的是，战利品猎人已经开始在庄园的两个摄影小屋之间进行活动，公众对此毫无怨言。

因此，摆在我面前的是错综复杂的局势：一线没有实施任何措施来增强该法令的权重。实际上，自从罗伯特·穆加贝总统颁布法令以来的11年中，这里一直缺乏专门的长期监测，大家对这里只有浅薄的认识，也没有采取特殊的保护措施。

哪怕是津巴布韦境内，也有许多人不知道这些大象的存在。此外，自授名以来，政府对它们就没有明显的兴趣。

在朋友和家人看来，我来到这里的时机很奇怪。我到动荡的异国独自工作。这里的人们正在避开暴力的土地收购，而我却早早决定，自顾自地来到这里，想要提高人们对这些大象的认识。它们迫切需要的是一个胸怀开阔、极具耐心和毅力、愿意学习的独立人士，一个可以在当时津巴布韦的政治和经济疯狂中为它们发声的人。在我看来，我是对的时间来到了对的地方。

万基庄园的大象令人叹为观止。它们脾气随和，身形伟岸。这是一次亲密认识它们的机会和特权，我以独立个体和家人的身份去了解关于它们的一切。由于我不是科学家，肯尼亚长期的安博塞利大象计划（由先驱辛西娅·莫斯经营）的成员教会了我许多知识，他们都很高兴与我分享他们知道的一切。从一开始，我就下定决心，要继续提醒津巴布韦当局有关这些大象的独特地位，并高举其旗帜，以确保它们的健康。

我的首要任务是使每只大象的命名更具结构性。就像肯尼亚所做的那样，我给每个家庭分配了一个字母，每个家庭的大象名字都以相应的字母开头。这些大家族有 A 家族、B 家族、C 家族等等。我不喜欢使用科学家青睐的数字命名。

那些把 2001 年和 2002 年的大部分时间都花在庄园上的家庭，我归为总统象。我每天在野外，日复一日，年复一年，每天工作 8 个小时遇到每个家庭的频率，使我能够确定哪些家庭没有走得太远。研究发现，年龄较大、独立的雄性活动范围更大，这是有我亲眼看见的事实支撑的。因此，考虑到这一点，以及成年雄性大象徘徊在附近的狩猎特许区后会彻底消失，我把重点集中到了家庭群体上，拍摄了数千张身份照片（含右耳、左耳、正面）。慢慢地，我开始将家族谱系拼凑在一起。

熟悉之后便会产生信任。被一头巨大的野生大象信任的感觉是无与伦比的。最终，我成了他们家庭的一员，在困难时期，我的出现会让它们安心。通常，它们会像见到同类般向我打招呼。值得注意的是，当我叫它们名字的时候，它们会远远地跑过来找我。当母亲们选择带新生儿来见我，并经常在我的车门旁边休息 30 分钟或更长时间时，这对我来说是一项殊荣。有时它们会跟随我缓慢行驶的四轮驱动车，就好像我是他们的领头母象一样，每当我在沙路上停下来时，它们都会花时间取食嫩叶。

我陶醉于与这些大象的友谊，这是在过去的十多年中，人类记录里与野生、自由漫游的大象最亲密的关系。在偏远的万基灌木丛中，我时常面对各种挑战，正是这些特殊的关系使我热情满满，保持微笑和理智。这些非凡的生物总是能让

我打起精神，继续前行。

我刚到这里的时候，陷阱在庄园中很普遍，有时候我会花数周时间寻找受害家庭，协调清除陷阱，并监测脱离陷阱后动物的动态。这让我们的关系更加亲密。同样令人担忧的事情还有津巴布韦的"土地改革"规划中的抢地，以及在不应狩猎的地区进行战利品狩猎。我选择花时间安抚受到枪声惊扰的家庭。有一段时间，它们看到圈地人的车辆或者可疑的狩猎车辆就会逃跑。我匆忙帮助当地人装备并部署了一支专门的反偷猎团队。后来，在我监督挖出和清理被遗弃的水坑的过程中，大象家族在附近看着，似乎怀着希望。它们是十分聪明的动物，知道我是它们的朋友，把我当成荣誉大象，完全站在它们一边。

政治很快就响应来，但和我的预期不一样。我遇到了一些可疑的人，这些人通常地位崇高，他们经常故意混淆有关大象的信息。他们为什么要误导？是无知、自我、贪婪还是冷漠？他们不经取证就说："一切都很好，情况可控。"这在过去和将来都是大象面临的非常现实的危险之一。我们可以看到很多灰色大象在灌木间活动，这并不意味着每个家庭都生活得很好。

人类朋友之间，必不可少的是通过接触来安抚心灵，但我从未抚摸过野生、自由漫游的大象。我不仅了解单独的大象，还了解它们的家庭，并且通过多年的监视，我了解了这些家庭中的各种等级。我还熟悉一个家庭单位与附近家庭的关系。我了解到每个家庭中的哪些大象可能会造成麻烦（大象像人类一样，会有嫉妒之情）。我学会了阅读它们的情绪和肢体语言。随着时间的流逝，我可以远远地通过大象走路的方式，抬头的方式或它的同行伙伴来认出它们。我从不试探它们的忍耐程度，也没有强行接近它们。我让它们来找我。

第一头真正接受我进入她的世界并兴奋地回应我的声音和存在的大象，是我叫作淑女（Lady）的一头大象，她是 L 族的族长。那是值得纪念的一天，她正好在我的四轮驱动旁边，我从车窗里

探出身子，将手放在她的象牙上。这是我出于本能的举动，就像我向人类打招呼一样。她没有退缩或以任何明显的方式做出反应，所以我把手搭在她的象牙上有几分钟之久。这种短暂的联系使我精神振奋。

从那时起，淑女总是不顾一切地走过来，站在我的车旁，她向着我摆动象鼻，像钟摆一样。然后她会发出低沉而又满足的隆隆声。我总是抬头望着她琥珀色的眼睛，与她交谈，然后将手放在她的象牙上。我会深吸一口气，吸入我周围的所有魔力：美丽、和平、陪伴、知识和非洲非凡的光芒。我会闭上眼睛，增强听觉，并专心听见各种隆隆声、啸叫声、咆哮声、大象落脚的声音、搅动水潭的声音，树枝折断的声音以及大耳朵和皮革的刮擦声。

有一天，我从车窗伸出手，轻轻地放在淑女的象鼻上，摸起来就像卡拉哈里的沙子一样温暖，比我想象得要粗糙得多，有深深的沟壑。淑女有点紧张，不知道这根触碰着她皮肤的奇怪人类附肢是什么，但她并没有试图逃避我的抚摸。在那一刻，时间静止了。当我们这两个几乎不可能成为朋友的生物，瞬间合为一体，一股肾上腺素涌上头来。我好像在梦里：这是来自一头完全长成的野象的信任。我顺着她的目光，开始说话，然后我做了一件再合适不过的事情：我向她唱了《奇异的恩典》。我试图消化这份信任的殊荣，眼泪如雨后春笋般冒出。

后来，我在淑女的象鼻上上下摩擦，施加自己力所能及的最大压力。她似乎像我一样迷恋其中。有时候，当我这样做时，她会将象鼻折起来，活像一台手风琴，我总以为她要打喷嚏了。有时候，当我哼着歌靠近她，抬头看着她的长睫毛时，发现她的颞线充满了液体。不只是一点点，而更像是从内部喷出的泡泡，然后流到她的脸部两侧。这表示她激动了。对我来说很明显，我和淑女都非常喜欢我们的相遇，这些是我永远不会忘记的时刻。

我看着淑女的女儿莱斯利（Lesley）从顽皮的年轻人成长为新妈妈。她的长子，出生的时候动静很大。脐带还没断开的时候，孩子就被另一个家庭的三名年龄较大的少年暂时"绑架"了，然后它们欺负了莱斯利。她摆出地位较低的大象常做的顺从姿态，不断地向后退去，试图拼命地把小宝宝抢回来。然后，她突然向我的四轮驱动车跑来，在我可以触及的距离停下来，然后突然转身向孩子跑去。如此反复了两次。她在向我求救，我感到非常难过和荣幸。值得庆幸的是，最后事情顺利解决了，几天后，我从窗外探出身去，轻轻地抚摸着她的宝宝的象鼻，给他取了名字：兰斯洛特（Lancelot）。六个月后，兰斯洛特成为L家族的第三位陷阱受害者。淑女一家有25%的成员都被钢丝圈套器困住弄伤过，得益于专门的监视和熟练的飞镖枪手，所有大象都得救了。

在17个总统象大家庭中，每个家庭都有个别大象是我特别偏爱的。M家族有雾雾（Misty）和梅特尔（Mertle），它们的性格差别非常大。雾雾安静而温柔，梅特尔专横而吵闹。我非常喜欢雾雾靠近我的车门，她经常在那里与马萨可（Masakhe）和她的其他孩子一起小睡。

我和W大家庭的全全（Whole）（在她的左耳上有一个非常显眼的缺口，但我要给她取一个W开头的名字）、沃希特（Whosit）、威尔玛（Wilma）、棒棒（Wonderful）、望望（Wish）、万达（Wanda）和其他象在一起度过了无数难忘的时刻。但是，我记得最清楚的还是我的初吻。

有一天，我意外地发现威拉（Willa）躺在矿盐石旁，顶着万基炽热的阳光。尽管我知道其他象群会侧躺着睡觉，但除非感到不适，否则成年象很少会躺下。她站起来，走到一棵蔓延的柚木树荫下，然后又躺了下来。我远远地跟她说话。她最终站起来朝我走来，像往常一样停在离车门仅几厘米的地方。我继续轻柔地与她交谈，因为她把象鼻放到地上，摆成L形，后腿交叉，这表明她十分放松，她似乎把全身重量都放在了我的车上。我感到四轮驱动车动了起来，我知道如果她愿意的话，她可以将车翻个底朝天。但是我知道这不是她的意图。她想要陪伴，她想要安慰，她感到不舒服，她想要我向她保证一切都会好起来的。

与她交谈时，我用手掌温柔地抚摸着她的鼻子，我将脸贴到这只野生巨兽长长的、坚韧粗糙的鼻子上，轻轻地吻了她。这不是一次仓促的相遇。这是两个生灵，轻松相处，通过多年的爱心、耐心和理解结下的羁绊。我一次又一次吻她。威拉静静站着，低头看着我，眼里满是友爱和智慧。这个聪明的生灵，充满了自觉的思想和情感，头脑清晰。我们不会说彼此的语言，尽管如此，她还是选择和我交流。我们彼此了解，她知道我很关心她。我感受到只属于她的诚挚和温暖。与威拉相遇［几个月后她生下了摇摇（Wobble）］使我感到欣喜若狂。这头野生大象在过去十年中经历了许多艰难的时期，却给了我如此高规格的信任，这只是使一切都变得值得的众多遭遇之一。

但是，好时光里也总是会有很多坏事。想利用政界关系申索土地的人，以及道德败坏的战利品猎人和偷猎者以及不道德的战利品猎人和偷猎者不断试图把我吓走，将我驱逐出境，还有其他糟糕的威胁。针对我的威胁日渐增强。他们说我是澳大利亚政府的间谍。后来，我的名字在当地警察局公开显示的"通缉"名单上停留了12个月之久，一份作为政府喉舌的报纸上的一篇文章说，我需要被"一劳永逸"地解决掉，我被言语虐待，曾经被那些抢夺总统象的土地作为其私有财产的人的同伙殴打（最终我在法庭上胜诉）。

似乎总有人在制造麻烦。我的警察档案像一个词库一样厚，尽管对手一直在试探，但他们一直都没法给我安上什么罪名。我没有理由惹麻烦，我

但我不怕代表大象说话。我还经常不得不标记缺乏维护的主要庄园水坑（这会迫使大象进入其他地区）、日益增多的垃圾、噪音、枪声、超速驾驶车辆、越野驾驶和其他不负责任的行为。自我和冷漠继续与其他可笑的东西结合在一起，而一些知名的大象则永远消失了。其中一头是淑女。

最终，到2014年，这里变得十分危险。过去13年有令人振奋的高潮（我出了几本书，2011年政府重申了总统令，我还制作了一部享誉世界的纪录片），但我也被无尽的低谷摧折（年轻的大象被捕获，氰化物偷猎，持续的土地收购，腐败、反复无常的官员以及猎人），我不得不鼓起勇气离开津巴布韦和我的大象朋友。这无疑是一个生死攸关的决定，也是有史以来最艰难的决定。

有时，由于我被迫合理化自己的选择，我必须离开这个国家才能把人们的意识提高到所需的水平。我知道我的风险不会减轻，并且我在该领域全职工作了这么多年，我已经累坏了。我别无选择，只能离开，永远地意识到问题还将隐隐的存在，并且，它们很可能会再一次被忽视、压制和被谎言覆盖。

在回到澳大利亚近三年后的2017年——这期间我写了《大象黎明》一书，仍深深地怀念我的大象朋友——我患上了一种罕见的进行性自身免疫性疾病，无法治愈，我感到非常不安。压力很可能是引发疾病的原因之一，我的压力也的确很大。

今天，我想说的一个词是希望，但我在津巴布韦看不到希望。2001年，我给H家族的一个骄傲成员起了这个振奋人心的名字：希望（Hope）。现在，随着人们对世界的关注更加深入，我渴望有一天，希望，她的家族成员和所有她的同类最终都可以在适当的保护下，自由、安静、和谐地生活下去。

奇洛峡谷萨韦
河上的游猎旅店

⊙ 奇洛峡谷游猎旅店摄

25

马恩耶社区——与土著资源公共区域管理计划合作

生活在保护区边缘的社区极为重要——他们是对抗偷猎行为的前线部队。

克莱夫·斯托克尔

几个世纪以来，地球上生活着大量野生动物，这些动物日后将会成为哥纳瑞州国家公园的萨韦河以及伦迪河的生态系统，一直属于僧威部落。它们在此居住的时间早于19世纪初才到来的索-尚甘人。他们精于狩猎和捕鱼，因为此处采采蝇肆虐，无法蓄养牲畜。虽然族人在河岸上从事农业以维持生存，但僧威人主要还是依靠狩猎和采集为生。他们对自己生活环境的植被充满敬意。大象和人类在此区域共存，共享同一片古老猴面包树的树荫，共饮一河水，共享一片天地。

进入20世纪，哥纳瑞州这样的国家公园设立之后，情况就变了。居住在这些已刊宪公布的（注：当地法规政策需在宪报上刊载之后才能生效）公园内的村民被迁移到周边的公地上，导致他们可使用的自然资源减少，大象损毁庄稼、掠食动物、捕杀牲畜的事件却变多了。人类与野生动物的冲突箭在弦上。

僧威人被迁走之后，公园管理层和马恩耶社区成员之间爆发了冲突。马恩耶社区位于哥纳瑞州公园的东北边缘，靠近萨韦河和伦迪河的交汇处。沙德雷克·穆特鲁科和约翰·普兹等挑战公园权威、专营偷猎的恶徒借着冲突，得到了当地社区的全力支持。当地人把他们当成当代"劫富济贫"的"好汉"。

穆特鲁科和普兹在公园内偷猎了二十年之久，专门猎杀长着上佳牙角的大象和黑犀牛，当时这些动物还很多。1983年，穆特鲁科被捕后，他供认自己每年都会猎杀20~25头长牙象。考虑到穆特鲁科活跃的年数，可能有300~400头大象以及数量未知的黑犀牛命丧其手。他猎取的象牙都卖给了住在莫桑比克贝拉的葡萄牙商人。

1980年，津巴布韦独立了，僧威人期待能借此机会回到公园内的老家。D.P.朝科，马恩耶区域的新上任议员，应社区要求，向中央政府提出返乡的要求。两年后，哈拉雷政府拒绝了这一要求。僧威人已经不可能回家了。政府给出的理由是那片区域已通过宪报划为国家公园，而且国家需要这些公园来吸引外国游客，发展经济。此举导致当地社区开始支持偷猎活动。他们觉得，一

津巴布韦哥纳瑞州国家公园奇洛乔（Chilojo）山崖和伦迪河。

斯科特·雷姆塞摄

旦野生动物变少了，游客就会变少，政府的理由就站不住脚了。这种压力既使外界与马恩耶族长等社区领导人的对话成为必要，也为此提供了相应的机会。

重新考虑社区策略

1982年2月22日，一场历史性的会议在一棵罗得西亚红木（这棵树至今还矗立在马恩耶村里）的树荫下举行了，与会人员有70多名社区长老以及公园警卫。会议氛围剑拔弩张，因为会议举办时高粱和玉米将熟，受到大象夜间偷食的威胁，村民们坐在黑暗的田地里，保卫着他们这一年的食粮不被饥饿的巨兽夺走。

一位长老，愤怒地指着警卫，悲叹道："他的大象游过河，糟蹋我们的作物，让我们无法养家糊口。一旦我们宰了一头，好养活自己家人的时候，他们就说我们偷猎，把我们关进大牢。"

经过数小时的讨论之后，双方决定，环境部可以授权社区通过自己传统的领导合法使用当地的自然资源，包括以可控可持续的方式猎杀离开公园的大象。1982年5月，奇皮涅农村地区议会获得了这项权利，开展了第一次土著资源公共区域管理计划。

社区获得这项权利是有条件的：他们不得以不可持续的方式使用基础资源，并且哥纳瑞州国

家公园内的偷猎行为必须大幅度下降。有一些批评的声音，大部分来自疑虑的园区人员，认为这项实验会惨淡收场。

1982年6月，园区领导指派执法以及调查机构的首脑泽法尼亚·穆科提瓦在园区内靠近马恩耶社区的区域开展反偷猎巡逻。共有14名巡林人参与巡逻，时长为3周，在此过程中有90名偷猎者被捕。这些偷猎者有的是为了猎取商业象牙，有的是为了猎取果腹的肉类和鱼。巡逻的结果支持了那些怀疑社区不愿意改变的理论，社区与园区共存只能存在于想象之中。

但是，当年社区同意大象狩猎限额为两头成年公象。狩猎的权利于8月份卖给了两个美国猎人，猎取到的肉公平地分给了所有村民。社区同意将狩猎获得的收入投入到建设马恩耶小学的第一个教室区块上。

由于此项目的实验意味，资金需要通过200公里之外的区议会发放，这难度很大。奇皮涅地区有30个分区，其中只有马恩耶与哥纳瑞州接壤，并可从野生动物中获取潜在收入。在议会会议上，主席提议将从自然资源处获取的收入平均分配给所有分区。此提议让这个项目岌岌可危。

马恩耶议员 D.P. 朝科提议不应区分大象、水牛、黑斑羚、家养牛以及山羊。他认为，公平起见，应该用从大象和其他野生动物处获取的资金，以及家养牲畜获得的收入设立一个基金。这项资金可以每年平均分配一次，由每个分区的发展委员会决定如何使用这笔资金。

在对这项提议进行投票前，姆特玛酋长，他是数个境内无野生动物分布的分区的代表，在房间的一角悄悄地站了起来。他静静地举起了自己的手，希望能参与到讨论中来。他开口提出了两个问题：

有多少个分区被大象夺去了作物？

有多少个分区被狮子夺去了牲口？

他叫那些能举出例子的人站起来。只有一个人站起来，D.P. 朝科。姆特玛酋长行使了他的传统权柄终结了此次辩论，说，那些没有遭受损失的社区不会得到野生动物收入，因为这些收益属于那些自愿与野生动物分享空间，并承担相应代价的人。数周后，人们在马恩耶举办了一场庆典，庆典上，人们交钱给社区，用于建设马恩耶小学的第一片教室区块。

这一成功，鼓励着社区继续采取措施减少偷猎行动。为此，恩瓦楚门尼岛上七个村庄的居民被搬迁到陆地上，以制造一片社区野生动物区。人们怀疑这些村民把岛屿当作进入公园的垫脚石，好从事非法活动。村民搬迁之后，数群大象搬进了这个区域。通过马恩耶社区内的线人，老练的

津巴布韦马恩耶村马恩耶小学的学生

偷猎者沙德雷克·穆特鲁科被捕了，被捕时他还带着象牙和犀牛角。在进行了三周的巡逻之后，泽法尼亚·穆科提瓦和他的小队回来了。他们只进行了九次逮捕，大部分被抓的都是偷鱼的。这表明，与上一年相比，偷猎的压力大大减轻了。

六年后，国家公园、津巴布韦大学应用社会研究中心、世界自然基金会以及津巴布韦信托对这项实验进行了联合评估，认定马恩耶倡议为具有价值的试验项目，从中得到的经验教训今后将作为社区参与以及公平收益分配的基本准则。这个项目后来扩张到国家级，在津巴布韦境内四十多个区域开展。

今天的土著资源公共区域管理计划

马恩耶传统领袖和他们选出的土著资源公共区域管理计划委员会在1982年做出的大胆进步的决定值得我们认可和赞美。他们仍致力于发展综合性、多样化的经济，促进本地的可持续发展。他们的创举让人们有了改善自己生计的机会，同时也保护了区域内的生物多样性。

他们理解保障多样性的必要性，这让他们有机会利用自己临近哥纳瑞州国家公园的区位优势。项目开展十年后，马恩耶社区招标，在萨韦河畔建立可以俯瞰哥纳瑞州国家公园的旅舍。通过与私人资本合资建立公司，奇洛峡谷游猎小屋建起来了。小屋极大地提升了社区的收入水平，创造了40个工作岗位。

意识到这些好处后，社区决定为野生动物留出更多土地。他们与私人伙伴合作，为计划提供帮助和资金。这项倡议为津巴布韦首个保护区——贾曼达保护区的发展铺平了道路。该地区有7000公顷无定居点的社区土地，通常在旱季用作后备牧场。该地区有10公里区域，与哥纳瑞州公园隔萨维河相望。这是社区内的第一个野生动物保护区，保护在1950年代的采采蝇根除计划之前在该地区活动的传统物种。

应社区的要求，私营部门合作伙伴与土著资源公共区域管理计划委员会决定通力合作，实施这一雄心勃勃的项目，并将计划书提交给了国际发展机构。他们同意为该项目的第一阶段提供资金，主要用于基础设施建设，包括建造护林员住房、25公里的电气化猎物围栏、主干道上的出入控制吊杆以及建立运营总部。项目还计划在保护区内为野生动物提供饮用水，并扩展社区牛群的饮水管道。

社区要求保护区三面设置栅栏，以最大限度地减少潜在的人兽冲突，沿大萨维河的公园边界则不设障碍。在撰写本文时，项目已经完成了25公里的电气化围栏，并建造了三个护林员基地。计划在2019/2020年向园内补充平原猎物，如大羚羊、斑马、长颈鹿、牛羚，可能还有水牛。由于园区内大象数量已经足够了，因此无需内迁。

回顾过去35年发生的事件，令人鼓舞的是，在自然资源保护方面有一些积极成就。最初，由

于社区与公园之间的敌意，在河的公共一侧大象不受欢迎。如今，它们无论白天黑夜都可以穿过萨维河，园内的繁殖象群已经占领了贾曼达保护区和恩瓦楚门尼岛。

2014年对哥纳瑞州公园的泛非大象调查，包括马恩耶分区，调查结果令人惊讶——估计马恩耶分区内有400头大象生活。贾曼达保护区的建立使哥纳瑞州公园和莫桑比克之间的走廊得以恢复，大象可以沿着古老的迁徙路线移动，这条路线连接了奇马尼马尼山地低海拔森林和津巴布韦东南部的大象种群。最近，已经观察到300多头大象通过这条走廊进入它们的传统觅食区域。

除了保护方面的成就外，消费性和非消费性旅游业带来的收益还促进了社区基础设施的可持续发展，例如更好的教育和得到改善的卫生设施，同时增强了社区的权能并使他们拥有居住环境的所有权，并对社区负责。

但是，由于象牙需求的不断增长，非洲大象在其自然栖息地中的长期生存将继续受到威胁。生活在保护区边缘的社区极为重要——他们是对抗偷猎行为的前线部队。国家公园、私人保护区和其他保护区以及与当地社区为邻的其他地区的长期生存，将取决于他们对通过公平分享自然资源来发展利益和促进共存的认识。如果保护区的邻居充满敌意，消极合作，保护将会失败。

只有当我们准备分享我们的空间，与它们共存、共饮一河水、共享那棵古老的猴面包树的树荫时，才能保障大象的未来，确保它们的存续。

村民从临近哥纳瑞州国家公园的土著资源公共区域管理计划的奇察地区的一头猎物大象中取出肉食。土著资源公共区域管理计划是津巴布韦基于社区的自然资源管理计划，是第一个将野生动植物视为可再生自然资源，同时又将其所有权分配给原住民的计划之一。

© 大卫·钱斯勒 摄

© 加思·汤普森摄，津巴布韦伦迪河

26

哥纳瑞州：大象的天堂

如何在动乱国家的角落思考有效的保护计划

雨果·范·德·韦斯特赫伊

从哥纳瑞州国家公园的奇品达水塘群起飞时，"超级幼兽号"操纵杆的手感总会让我笑起来。我飞出可乐豆木的包围，然后向东转向太阳随时都会升起地方。

飞了几分钟后，一头大象的动作吸引了我的目光，我调转机头向它飞去。大公象通常会背对入侵者，但这头大象似乎急着掩饰什么东西。晨光熹微，我将"幼兽"转向它的正面，但它一直别过身子。

最终，我看到了最初吸引我的东西：它的左牙非常接近地面，而右牙断了。这是我在哥纳瑞州见过的最大的大象之一。它从哪里冒出来的？这是头老公象，它对飞机的反应有些奇怪，我一时说不准是什么。我打算在完成上午的巡逻飞行后，徒步返回仔细观察。

哥纳瑞州是位于津巴布韦东南部的一个公园，面积为5000平方公里。这里是非洲大象密度最高的地方之一——每平方公里约有两头。在1980年代，科学家认为公园的承载能力是3000头大象，

但这一概念和数字仍有争议。2016年调查估计的当前大象数量约为1.1万头。

公园曾经被栅栏围起来。大象只能使用公园边界内的空间，但此后栅栏被拆除了，大象可以在更大的区域内漫游。哥纳瑞州公园是大林波波跨界公园和大林波波跨界保护区的一部分，无疑会受到大象的青睐。

尽管在过去的几年中，有两只戴有追踪项圈的大象从克鲁格国家公园走进来，但自2008年以来我们戴上颈圈的20头哥纳瑞州大象中没有一头回来。在东部，巴尼纳和兹纳威国家公园（合起来面积是哥纳瑞州的1.5倍）几乎没有大象。哥纳瑞州的一头戴有追踪项圈大象有两次都是在前往巴尼纳的中途掉头回来。将这些公园与哥纳瑞州相连的区域是公共区域和狩猎区，人类影响程度低，定居点也少。

在津巴布韦一侧，公园与游猎区、土著资源公共区域管理计划计划进行狩猎的公共区域，以及管理完善的保护区共享边界。除了保护区外，大象几乎不会在公园外的其他地方停留很长时间。

大象主要在晚上离开园区去喝水或偷吃农作物，但它们总是回到公园的安全地带。哥纳瑞州的大象遭受过战争、采采蝇困扰，还有筛杀和偷猎的威胁，但大象数量却一直在反弹。

阳光普照，视野开阔之后，我可以看到几个大象家庭团体在开展日常活动。我围着他们最新的"受害者"飞行，一棵有百年历史的猴面包树。被公象系统地分解后，巨树塌陷在一堆纤维里。这些天我经常看到这种景象——公象站在这些树木旁，像酒吧柜台旁的客人一样，在午间炎热的时候在树荫下消磨时光。

目前尚不清楚为什么他们在常流河附近推倒树木——可能是由于口渴、饥饿或是其他原因。大象影响的其他证据是树冠损失。过去60年里，哥纳瑞州北部的林地已经失去了30%的树冠，其中干旱、大火和大象是主要原因。

哥纳瑞州大约在15年前就停止提供人工水源，首先是因为缺乏资源，其次研究表明，人造水点对克鲁格国家公园的栖息地和大象数量动态有不利影响，于是做出了基于生态考虑的决定。按照最初的设想，远离河流的水坑将保护河流森林，并维持黑貂和马羚等稀有物种的种群。但是，水量的增加，使得大象、牛羚和斑马等物种全年更容易获得资源，导致其种群数量不断增长。

旱季时，在没有人工水源的情况下，哥纳瑞州的大象会待在可以步行到三条主要河流和有终年水池的范围之内。第一次降雨后，它们分散到那些在旱季还未被完全利用过的荒野之地，沿途留下各种使用过的痕迹。

如果没有人工水和其他人类干预措施，动物种群的增长将趋于平稳，大象幼崽死亡率更高，产崽间隔更长。但是这种现象没有发生在哥纳瑞州的大象中。哪怕大象数量在逐渐萎缩，其滞后效应以及它们取食和践踏的强烈影响也会对其他动物物种产生连锁反应。

我们如何定义"可接受"的影响，以及我们何时决定是否应干预？即使在大型保护区中，由于人类住区的扩张，我们也封锁了迁移走廊，这改变了主要河流的水流状况和水质。还有什么其他手段可以控制或改变大象数量的影响？

当我到达莫桑比克边境时，我在仔细考虑这些问题，我上午要在这一带巡逻。由于偷猎活动增加，这里大象数量下降了。我萌生了个禁忌的想法：偷猎是否可以解决大象数量过多的潜在问题？由于精心计划的安全系统和一支专职的护林员队伍，在哥纳瑞州偷猎造成的大象损失已保持在可接受的水平内。当偷猎者可以解决大象问题时，我们为什么要投资执法？

然后我开始回过神来。在2012年，偷猎者在哥纳瑞州杀死了一头大象。他们切开尸体，并掺上线虫毒药特美克，导致至少230只肉垂秃鹫（濒临灭绝）和白背秃鹫（极度濒危）死亡。在保护大象的大局中，一头大象的丧生无足轻重，但是这些秃鹰的死绝对是一场灾难。偷猎者往往不加区别地大肆猎杀，杀伤动物，把它们留在陷阱之中。如果你移除过嵌入大象脚骨并拖了数周的陷阱绳索，就会知道，这不是控制大象数量的恰当之举。

那狩猎呢？哥纳瑞州四周都是狩猎区。由于这里是少数几个可以猎取到100磅象牙的地方，它在狩猎圈中广为人知。2015年，公园南边的一名猎人在毗邻的游猎地区射杀了一头长着122磅象牙的大象，这显然是过去30年来非洲合法猎杀的最大大象。在哥纳瑞州周围打猎的广告网站上陈列着许多猎人，个个都洋洋得意地站在自己猎杀的长牙象旁边。"在哥纳瑞州周遭，"一位猎人解释说，"打猎跟别处不一样。你得在边界上等着，逮着长牙象天黑离开公园的时候，或者天亮回来的时候。"

射击戴有追踪项圈的大象是非法的，但是有两头被射杀时，猎人辩解说光线太暗，他们看不清楚。狩猎并不一定会减少大象的数量，因为猎人只针对特定的目标——最大的公象。但是，如果管理得当，狩猎可以在大象的保护中发挥重要作用：公园外那些会被本地社区用来耕作的边缘土地，可以指定为狩猎区，这样可以为居民提供第一道安全保障。这是一个有争议的主题，并且经常被误解。始于1980年代的革命性土著资源公共区域管理计划打算说服社区为野生动物留出土地并继续与野生动物生活在一起，前提是他们能够从中受益并抵消人类与野生动物冲突的成本。这些地区的旅游潜力通常很小，因此狩猎是一个明智的选择。

狩猎一头大象，一个社区最多可以赚取2.5万美元，作为用于学校、诊所和野生动物管理的再投资急需资金。替代方案主要是养牛和边缘农作物耕种，两者都会对这种环境产生负面影响。但是分配狩猎收入很难做到公平公正：资金由社区官员持有，并没有转递到基层，一些社区因而放弃了土著资源公共区域管理计划，增加了他们的牲畜数量（他们可以自有和交易）并朝着公园边界不断开辟土地。

随着哥纳瑞州外围野生生物区，以及迁出公园大象数量的萎缩，猎人开始关注公园边界。公园虽然在安保上投入了更多的资金，但仍受到严重影响，而在虚拟篱笆上观望的猎人正在猎杀非洲最大的大象。我反对狩猎吗？不，因为替代方案可能更糟。我们只需要找到一种透明且可持续的狩猎方式，其收益就有助于保护大象和当地社区，当前这样的情况很少。

那么避孕和迁移又如何呢？哥纳瑞州大象数量很高，避孕是不可能的。这不切实际。迁移可以短时间缓解问题，但是我们要把大象迁到哪里？2016年大象数量普查报告显示，在过去10年中，津巴布韦塞邦韦大象数量减少了75%，赞比西河大象数量减少了48%，而万基大象数量则保持相对稳定，增长了10%。在此期间，哥纳瑞州大象数量猛涨到134%。

去年，我去了塞邦韦地区的奇兹里拉国家公园（据估计，奇兹里拉大象数量不到2000头），看看能否将象群迁移到那里。但是，鉴于那里大象数量的锐减，在消除诱因之前迁移大象是不负责

任的。当我飞越塞邦韦，发现人类活动正在严重侵蚀公园的边界。很明显，大规模迁移不是一个可行的解决方案。

那筛杀呢？在1980年代~1990年代中期，通过在哥纳瑞州进行的系统筛杀计划，大象数量大大减少。这引起了极大的争议，受到包括本地和国际保护组织在内的许多组织的广泛谴责。关于筛杀是否真的有助于扭转克鲁格国家公园中大树的损失也存在一些争议。

我能不能支持在哥纳瑞州进行筛杀呢？在绕另一棵猴面包树飞行时，我试图重新思考这个问题。这棵树倒在地上，树干大部被搅得稀碎。大象数量激增，饥肠辘辘，对环境造成长期的负面影响，筛杀可能会立即（即使是暂时的）缓解这一问题。但是，不会有双赢的局面。筛杀的好处可能是为社区提供工作以及廉价的蛋白质。做出这样的决定很难，庆幸的是，这不是我一个人的责任。当前可选方案极少，我没办法排除筛杀这一选项。

实际上，重点应该是我们为大象创造空间。偷猎可能是减少大象数量的主要原因，但是在许多地区，大象是再也没有更多生存空间了。非洲的人口呈指数增长，大象庇护所将难以维系。如果我们不能腾出足够空间，让农村人可以跟这些能在一夜之间吃掉一整年的收成的生物和谐相处，那么唯一的选择就是将大象围在被圈起来的保护区内。

我们如何腾出空间？首先，猎人必须停止外围狩猎，并允许大象移出缓冲区，而缓冲区不应成为杀戮场。狩猎客户必须更了解他们的狩猎区域，以及狩猎公司的道德水平，确保他们的活动最终是保护性的和为当地社区服务的，而不是相反。战略上，我们不得不利用围栏，使大象远离敏感区域，尤其是远离公园边界的人类住区。在哥纳瑞州，我们还需要建立安全的走廊，以便大象可以移到兹纳威和巴尼纳国家公园内，这些公园都在大象步行距离之内。

一个保护组织最近花了大代价，将几头大象从南非转移到兹纳威。从生态和经济角度出发，将一些大象家庭群体从哥纳瑞州迁出，并有可能复活古老的联系，是否更有道理？让大象搬家，希望建立可行的走廊花费不大。但这需要达成共识，还需要人们拥有共同的愿景并下定决心。我们需要大胆地考虑战略。

当我回到奇品达，从狭窄的飞机上下来，伸展局促的身体时，已经接近中午了。我拿着双筒望远镜，跟一名护林员步行，去找那头公象。

它离机场不远，不到二十分钟我们就发现了它的足迹。几分钟后，我们听到前方约100米处有树枝折断的声音。我们观察风向，慢慢接近。这头公象很老了，脊柱突出，眼睛上方凹陷。我仔细地看着它，感到不安，事情不妙。它脸上的伤口正流着股股脓液，肯定不是颞线分泌的。它的右牙断了一半，参差不齐。是和另一头公象打斗的时候折断的吗？但是，它的左牙长而对称，而

且离地面只有几厘米的距离：这是我在活象身上见过的最大的象牙之一。

接下来我看到了难以想象的画面：在象牙的正中间有圆圆的孔洞，毫无疑问，是个弹孔。只有子弹的速度和强度才能造成这种痕迹。这不是大口径武器的杰作，那样的话象牙会碎掉。我推测这是AK-47造成的。这可能是开了自动模式胡乱扫射的结果，很有可能其中一些子弹仍埋在它体内，所以它脸上才会有伤口。它开始注意到我

们，但根本没有表现出敌意。它的右眼，有着长长的睫毛，一直朝着我们看。与这样大小和年龄的动物相处，在如此近的距离感受到如此的内在信任，会挑动无可言喻的丰富情感。透过双筒望远镜镜片，我的眼睛湿润起来。很难想象它这一生经历了什么。要是它会说话，也许可以告诉我们人类哪里出了问题。

接下来几天，它一直在飞机跑道周围游荡，我一有空就去看它。最终，它消失了，如同它神秘出现一样。后来，在约20公里外，我在天上看见过它，但那就是最后一面了。我们考虑过安装一个颈圈来跟踪它的行踪。但是它太老了，考虑到它的长牙的重量，它要站起来会很困难。我想给它起个名字，但后来意识到这样做对它不公平。它的象牙上有人类诅咒留下的印记，可能身上也有。

最后，为了纪念它，我们决定将它用作我们的徽标。这是至真切性的象征，在哥纳瑞州这片荒野上，这种体型的公象可以在几乎不被人类察觉的情况下自由漫步。但是，它象牙上的子弹孔可以证明，即使在如此巨大的范围内，它也逃不脱人类的贪婪和影响。没有人类的理解和保护，这些动物注定灭亡。

哥纳瑞州这个名字的意思是"大象之地"，再合适不过。

© 斯科特·雷姆赛摄，津巴布韦奇洛齐崖

"问题是，我们是否愿意假设我们的孙子孙女只能在图画书里看到大象？"

———————

大卫·爱登堡

在津巴布韦马纳波尔斯挺拔的白相思树林里，大象看起来像玩具模型一般大小。这看起来才像是它们的家——它们祖居之地。

姆根达荒野营地摄，莫桑比克巴西利 ◎

27

尼亚萨的大象

2009年起，偷猎者开始在莫桑比克北部杀戮，尼亚萨国家保护区对此毫无准备。这里需要我们做出反，夺回失地。

格雷格·里斯

莫桑比克北部的尼亚萨国家野生动物保护区里，处处是高耸的花岗岩岛丘，仿佛是侏罗纪的荒野。它是非洲第三大保护区，横跨卡加德尔加多省部分地区和尼亚萨省近三分之一，面积为4.23万平方公里。园区没有护栏，毗邻四条河流：北部的鲁伍玛河（坦桑尼亚边界），东部和南部的吕根达河，西南的鲁阿提则河和西部的卢珊含多河。这里是大象的理想家园。

保护区位于南纬12°纬线处，属于热带雨林气候，10月和11月的平均温度为30℃~40℃，冬季为10℃~20℃。雨季开始于11月，结束于4月下旬或5月初。在此期间，平均每月降雨量为250~350毫米。

尼亚萨保护区的大部分地区是东非旱生疏林。实际上，它是世界上最大的受保护的东非旱生疏林生态系统之一。该地区散布着季节性的湿地或泛滥平原网络，以及面积较大的低洼河谷里分布着树木繁茂的热带稀树草原。沿河森林被许多大河和小溪环绕着。保护区的水流通过常年流水旺盛、宽广交错的沙床河道排入鲁伍玛河和吕根达河。这两条河流之间的中央分水岭为许多季节性河流以及广泛的泛滥平原网络提供了养料。

这片原始的荒野是莫桑比克野生动物最集中的地方。在2002年，这里生活着1.3万多头大象——包括许多长牙象——9000只黑貂羚羊，以及数千头南非水牛、利氏麋羚、大羚羊、灰麂羚、草原狒狒和斑马。据估计，该保护区是非洲野狗最后的避难所之一，据估计约生活着350~400只非洲野狗。

这里是非洲的六个狮子根据地之一，生活着超过一千头狮子，也是豹子、斑鬣狗、薮猫、蜜獾、麝香猫、小斑獛和大斑獛的家园。这里的捻角羚、丛林羚、黑斑羚、羚羊、水羚、小苇羚、丛林猪、疣猪、鳄鱼和河马，以及三个特有的亚种：斑纹角马（Connochaetes taurinus johnstoni）、平原斑马（Boehms zebras）和高角羚（Aepyceros melampus johnstoni）种群健康。此外，还有七种猫鼬和400多种鸟类。该保护区是东非东部弧形森林的残余，有大量地方特有种生存。

"一线的护林员等参与保护这些大象的人们资源匮乏。他们的车辆很少，武器也很差，甚至根本没有武器。当涉及执法优先权时，保护大象的人们优先级非常低。"

———

艾伦·克劳福特

吕根达河像一根银线，穿过恩戈洛格岛山
山脉，右边矗立着梅库拉山。

广阔的尼亚萨国家保护区境内多山、河流季节性无法通行和公路网密度低，这给保护和反偷猎工作带来了极大的挑战。

尽管大象在这个国家有很大的活动范围，但还是遇到了麻烦。2016年的一项调查结果显示当地有3675头大象，但到2017年年底，当地调查人员的"直觉"告诉他们实际数量只有2000出头。如果这一数据准确的话，这意味着过去15年中大象数量下降了85%。在2016年10月中旬，人们预测有160头成年公象，但今天在保护区中很少看到这些巨象。十年前，人们很难想象未来会需要重新安置和引进成年公象来恢复保护区的物种。

在2017年11月到保护区的一次旅行中，从繁殖象群的行为中可以明显看出它们害怕人类。这些大象行为异常、混乱、无组织，这可能是由于偷猎者的猎杀，导致缺乏成熟的领头母象和年长的雌性家庭成员。成年公象的流失和繁殖群的不幸状况表明基因库正在不断恶化，大象社会结构正在瓦解。

可以从下表中的数字看出尼亚萨国家野生动物保护区中非法野生动物象牙贸易的影响。

正式的储备金管理始于本世纪初，各方于2002年签署了一项协议，组建名为"尼亚萨国家储备基金会"的公私合营机构，负责管理未来10年的储备金。2002年，尼亚萨国家储备基金会授予了尼亚萨保护区首个特许区，到2005年，在东部、南部和西部边界建立了六个独立管理的狩猎区作为保护缓冲区。然后，在2007年，尼亚萨国

2016年莫桑比克尼亚萨自然保护区野生动物航测。*2009年的大象数量来自2011年的调查，2014年的大象数量来自2016年大象普查报告。

资料来源：尼亚萨国家储备基金会（2011年10月）和尼亚萨国家野生动物保护区管理（2016年10月）莫桑比克尼亚萨自然保护区空中野生动物调查

年份	1998	2000	2002	2004	2006	2009*	2011	2014*	2016
大象	18 708	11 828	13 061	12 478	11 833	20 364	12 029	4 441	3 675
尸体Carcasses	336	644	645	461	588	896	2 627	3 183	3 379

家储备基金会通过两次招标设立了十个运营区域，主要用于摄影旅游，最初的2005年狩猎区中也有两个重新招标。2012年9月，管理协议终止时，尼亚萨国家储备基金会已与11个运营商签订了15~25年的长期合同。

从2012年10月起，新成立的莫桑比克政府部门野生生物保护学会和国家保护区管理局签订了共同管理协议，以提供正式的保护区管理监督。当前，该约定依然有效。

1998年~2009年大象数量按预期增长，尤其是2006年以来的大幅增加，显著地表明，在长期的特许区协议之下，进行正式的保护区管理监督、设立缓冲区和额外的保护区绝对有好处。

偷猎狂潮袭击尼亚萨

在南部非洲国家2008年售出108吨象牙的恶劣影响下，自2009年起偷猎者报复性地杀回了保护区。受濒危野生动植物种国际贸易公约组织批准的拍卖，引发了中国合法象牙雕刻行业的繁荣，也为犯罪集团将非法偷猎的象牙洗劫到合法市场提供了绝佳的机会。整个非洲大陆的偷猎活动上升到了灾难性的程度。

在南部非洲国家2008年售出108吨象牙之后，自2009年起偷猎者报复性地杀回了保护区。在这张照片里，一具母象尸体讲述了尼亚萨大象的悲惨故事。在2012年之后，公象被猎杀殆尽后，偷猎者将注意力转向了繁殖象群。据估计，今天的尼亚萨仅存2000多头大象，过去15年大象数量减少了85％。

© 威尔·伯拉尔德－卢卡斯摄

在如此广阔的土地上进行执法和反偷猎活动，还要有效应对激增的偷猎行为，问题很快就显现出来了。

此外，到2012年底，在位的11家运营商中，最多只有几家在进行了有意义的正式执法行动。这意味着在大象最需要保护的时候，保护区的大象保护水平却很低。

最先受到大象猎杀潮冲击的是邻国坦桑尼亚和肯尼亚的大象。但是，随着北方大象数量的减少，犯罪集团将注意力转向了鲁伍玛河另一边更容易攻击的目标。尼亚萨国家野生动物保护区和莫桑比克都没有准备好迎接突发的偷猎活动。与2009年相比，2011年的结果显示大象数量急剧下降，大象尸体也相应增加。

公象首先沦为偷猎者猎取象牙的目标。从1998年开始，公象数量略有下降，从1998年的约1300头下降到2003年的约1050到1150头。通过尼亚萨国家储备基金会对保护区的管理，以及科研人员和特许经营者的共同努力，到2009年，公象的数量已达到2400头。这表明在良好的保护和对象牙的低需求下，物种有恢复的潜力。

从2009年开始，该保护区的公象大幅减少。到2011年10月，公象数量约为773~821头。即使考虑到航测过程中的观察者偏见，这一降幅依然惊人。从2011年起的5年中，大象数量在2014年下降到400头，到2016年10月中旬下降到160头。成年雄象遭到了偷猎者猛烈的袭击。

从1998年到2000年，记录下来的大象尸体从340具增加到645具。此后这一数字开始下降，并在2004年稳定在460具左右，然后又开始上升。2009年，人们记录了约900具大象尸体；到2011年，人们发现了2627具大象尸体。其中也许有200具是由于自然死亡造成的，但大多数尸体可能是偷猎者从坦桑尼亚进入该地区的结果。

随着公象数量的减少，偷猎者将目标转向繁殖象群。随后的几年令人心碎。2014年，人们记录了约3183具尸体；2016年为3379具。

大象普查2016年报告显示，莫桑比克保护区的大象遭到了巨大的打击。迄今为止，该国大象数量降幅最大的地区是尼亚萨国家野生动物保护区和南部邻近地区：记录在册的大象数量分别减少了63%和58.6%。在整个莫桑比克记录的4460具尸体中，有3422具（76.7%）位于尼亚萨地区。在2011年~2014年间，莫桑比克全境损失了9752头大象（占48.6%），其中尼亚萨地区占了9074头（占93%），令人担忧，且其中大部分在保护区内。

缺乏保护

尼亚萨国家野生动物保护区成立于1954年，当时莫桑比克仍是葡属东非。然后，在为期两年的独立战争和内战期间，从1975年到1992年，保护区被遗弃了，没有得到足够的保护。

在莫桑比克海岸和尼亚萨湖/马拉维湖之间的保护区外，有大片区域仍然没有人类踪迹，动物不受限制地在此活动。以前，这里满是野生动物，大象沿着古老的大象迁徙走廊自由移动。它们从湖泊到现在的基里姆巴斯国家公园之间东西活动，以及横跨鲁伍玛河南北活动。

从历史上看，在保护区内外一直都有针对大象的狩猎活动。内战结束后，莫桑比克开始正式的保护区管理，狩猎被视为解决当地经济和自然保护问题的措施。莫桑比克北部被圈出来，当作狩猎旅行的目的地。但是面对激增的偷猎行为，为了保护这些大象，尼亚萨国家野生动物保护区的合法游猎项目被叫停了。但是，在周围的狩猎区中，没有任何保护措施。在那里，剩余的大象在保护区内被偷猎或自己寻求庇护所。

尼亚萨国家野生动物保护区由19个运营区域或特许经营区组成。其中三个（两个山区特殊保护区和一个分区用于公共旅游）受到直接保护区管理监督。在其余的16个经营区域中，除2个以外，所有区域均与私营经营者签订了协议（8个区域用于狩猎，而6个区域用于摄影旅游）。从执法和反偷猎的角度来看，不同区划的贡献差异很大。

在尼亚萨国家储备基金会管理的最初几年中，已制定了正式的储备金管理计划，同时与各个特许权持有人达成了协议。这些协议都是在长达10年的时间段内签署的，导致它们的合同和运营承诺各不相同，这无意间造成了信息孤岛，并阻碍了协作。

在有协作的区域，尼亚萨食肉动物项目团队对保护区进行了战利品监控，以确保狩猎是道德和可持续的。在2012年10月，国家保护区管理局与野生生物保护学会签署了最初的3年共同管理协议之后，在分区、执法、社区、采矿、利益相关方沟通以及治理方面既达成了重大进步，也新增了补充性措施。

国家保护区管理局和野生生物保护学会之间即将签署为期10年的共同管理协议，一项新的改良总体管理计划将利用这些经验和强化的全保护区范围合作，在未来十年内取得所需的成果。虽然这看起来很美好，但是由于当前起点如此之低，政府的务实支持和努力工作的优先级至关重要。

执法行动主要由姆巴塔米拉的保护区总部在公园管理员（由国家保护区管理局任命）的总体授权下进行管控。来自野生生物保护学会的执法人员负责协调整个保护区内的反盗猎和执法行动力量，但是个人经营者也会管理自己的团队并与非法入侵进行"交锋"。保护区管理部门在分布于整个保护区的前哨站（包括几个运营商控制的特许区域）部署保护区侦察员，并且还为无线电通信系统提供中央基础设施。由于环境的影响，这一系统的可靠性各不相同。

直到2009年之前，游猎活动（主要是狩猎），尼亚萨食肉动物项目团队进行的基于研究的活动和摄影旅游业（2006年的吕根达荒野训练营）在一线活动都足以对偷猎起到威慑的作用。但是现在这样已经不行了。莫桑比克针对环境犯罪方面的执法力度弱、不透明，对保护区自身的执法产生了负面影响。从捕获嫌犯、证据收集到起诉，执法过程中的大多数步骤都会出现问题。许多问题源于监管人员不足、政治动荡和战争，对基础设施或设备的投资不足并且缺乏适当的培训，以及该地区的贫困问题。

因此，当大象屠杀情况变得十分严峻的时候，保护区可以说是措手不及。但是，由于东南部地区的一家狩猎运营商（占保护区面积的11%），有一支有八年历史、完好无损的保安部队，情况还是有转机的。2012年，保护区管理部门与两家致力于保护工作的运营商签署了长期协议。从那时起，保护和安全主要是由保护区管理部门与这三家运营商共同推动的，后来这三家运营商组成了尼亚萨保护联盟。现在，这个联盟管理着保护区总面积的约26%。

执法是尼亚萨国家野生动物保护区一般管理计划的关键组成部分，因此一支精干的侦察部队是必不可少的。保护区管理人员和计调人员的候选人都是当地乡村社区的男人，大多是文盲，几乎没有任何相关经验。侦察队员应按要求完成基础培训课程，但考虑到对侦察员的需求，并不是所有成员都接受了培训。尼亚萨保护联盟运营商之一在2015年引入了SMART反偷猎数据技术，可以在保护区管理层面更集中地共享相关数据。

运营商会提供正式的执法支持，覆盖保护区近三分之一的面积。加上中央协调和在主要热点地区布置侦察员，该保护区现在在其大约50%的区域中具有对偷猎活动的"威慑力"。保护区管理执法人员还与当地警察和国家警察以及新成立的环境警察等莫桑比克主流安全机构进行协调。环境警察现在在驻扎在公园中，并与保护区侦察员合并。

尽管执法部门的人数有所增加，但偷猎活动仍然对保护区造成严重打击。执法工作受到政治潮起潮落的进一步影响。一个例子是，由于2016年到2017年初政府与莫桑比克民族抵抗运动之间的紧张局势，新成立的环境警察撤离了地区首府。政府没有提前警告，也没有考虑到保护区执法的要求。

少数几个拥有侦察队或进行有组织的安全行动的特许权持有人是自费的。许多狩猎经营者无视执法行动，认为这是政府的责任。官方保护部队无法与精心组织、有资金有资源的偷猎者抗衡，大约90%的逮捕和定罪是由一小批人完成的。

另一个问题是该地区的人口增长。记录表明，尽管有些人口群体在1850年左右就造访过这一区域，人类从1910年左右才开始在该地区定居，主要通过农业或渔业为生。该地区人烟稀少，聚居在大小不一的居民区里。尼亚萨国家储备基金会最初制定其管理计划时，约有2万人居住在保护区内，很多人是因为战争才流落到这里的。

到2012年，该保护区现已拥有9个区，3个镇和40多个村庄，有3.5万多人生活在这里，截至撰写本文时，人数已增长到4万多人。其中包括过去八年间在该地区定居的坦桑尼亚国民。

向前走

考虑到当前的挑战（大象偷猎、丛林肉狩猎、非法手工采矿、过度捕捞），目前的执法行动水平是不足的。虽然一些运营商在一线已经实施了基本的执法，但是这需要扩展到整个保护区中才行。改进数据的使用和跨特许区的协作也很重要。至关重要的是，要优化有限的资源。

最重要的是，在无法挽回之前，保护区需要真诚、专门和有意义的政治支持。莫桑比克政府需要采取紧急行动，镇压全副武装的偷猎团伙。特许权持有者不能继续让其侦察员面对携带高品质猎枪和AK-47突击步枪的偷猎团伙。特许经营者的侦察员大多没有武器，最多有一些泵动式霰弹枪和单发猎枪。多年来为保护区提供真正有效保护的只有寥寥数人，他们一直在孜孜不倦地工作。除非政府迅速提供援助，否则保护区可能会部分或完全失去这些重要的独立支持。

绩效大师斯蒂芬·科维说过："开始行动前，我们必须先考虑到结果。"尼亚萨的价值在于，尽管面临挑战，它仍保持着非洲原始的风貌：一片宁静的景致，只有些许人类足迹。尼亚萨国家保护区是一个神圣的地方，大象是其生态系统工程师，它们及其栖息地需要我们的保护。

莫桑比克吕根达河

© 威尔·伯拉尔德-卢卡斯摄

28

纳米比亚西北部沙漠里的大象

在地球上最古老的沙漠中，大象的非凡适应性经受了极限的考验。

凯斯·勒格特博士

生活在纳米比亚干旱和半干旱西北地区的所谓沙漠象，笼罩着浓浓的神秘色彩。由于某些形态学上的差异，它们曾经被认为是草原象的一个亚种，但这一点已被活动数据和基因分析证伪了。[1]

1900年之前，该地区的大象数量估计为2500~3500头。[2] 为了享用那里随着季节和年度变化的丰富资源，大象群体可能会从纳米比亚中北部的湿润地区迁移到西北较干燥的地区。一旦资源枯竭，它们就会离开该地区。这里的大象在19世纪后期被广泛狩猎，但没有证据表明数量有所减少。[3]

但是，到了1960年代后期，不断增长的人口和定居点阻断了这些大象的传统迁徙路线。那时候，西北部的定居点以及相关的密集狩猎和偷猎活动已使大象数量下降到600~800头[4]左右，到1983年，战争、干旱和偷猎活动使大象的数量减少到了360头。[5]

到了1980年代，西北大象种群似乎已分为三个不同的种群，其中东部和西部群体之间没有明显的接触。[6] 它们可能通过在它们之间来回的第三群体发生了遗传交换。[7] 相反，M. 林德克和 P.M. 林德克（M. LINDEQUE & P. M. LINDEQUE）共同发表的论文认为，在纳米比亚西北部，大象之间的分布显示它们之间并没有通过数量有限的过渡群体产生明确的交流。[8] 各个群体的产犊率均较低，这归因于偷猎和人为干扰。但是，自1980年代以来，居住在沙漠中的大象的总数量已恢复或至少保持稳定，数量约为317头。[9]

为了了解居住在这些干旱地区的沙漠象如何生存，有必要了解它们的活动轨迹、社会结构、活动和行为变化。但是，很明显，如果没有政府和非政府组织的持续保护，这些象根本不可能在这些地区存活。

大象在纳米比亚西北部的活动

纳米比亚沙漠象的季节性旅行和活动范围可能是非洲象里最大的。为大象安装单独 GPS 颈圈

解决了有关这一种群的一个问题：它们的基因并不是孤立的。多数颈圈都是装在雄性身上的，因为人们认为它们会进行长途迁徙，而且给它们上颈圈也相对简单。给雌性上颈圈比较困难，因为象群会保护被麻倒的雌性，这会给研究人员带来危险，还会对相关象群造成压力。

2002年9月，开始进行第一批GPS颈圈安装，颈圈每24小时收集一次数据。一共进行了三次颈圈安装，到2008年，纳米比亚西北部有八头大象装上了颈圈。科学家对其中一些大象进行了连续6年的监测。颈圈每24小时收集的数据，传输到位于南非的服务器，然后将其转发给纳米比亚的科学家。

欧姆萨提地区（埃托沙北部和研究范围最东端）的成年公象活动范围从720到8952平方公里不等；在库内内地区西部，它们的活动范围是从2881~14310平方公里；库内内地区东部为2168平方公里~12150平方公里。它们的活动范围比同一地区的成年母象和未成年公象大得多（分别为871~5600平方公里）。非洲其他地区的研究人员也报道了自由活动的成年公象活动范围非常广。成年公象通常是由于在发情期内寻找发情母象才会有如此广阔的活动范围的，这些母象分布在远超其非发情期活动范围之外。

大部分成年公象都是从埃托沙国家公园（纳米比亚中北部）进入西部和北部地区的。这意味着基因库一直在从相对较大的种群（埃托沙拥有2000~2500头大象）向相对较小的种群移动。年龄较大的公象似乎具有固定的季节性迁徙方式，每年在大致相同的区域中移动。年轻公象的活动轨迹是随机的，或是抱着投机的心理活动的。它们没有固定的模式，并且似乎对季节性的食物和水供应更为关切。

成年母象的活动范围要小得多，而且季节性更明显。由于幼象无法进行长时间的季节性跋涉，因此它们的活动范围通常较小，但是从记录来看，大象家庭每天可以移动35公里。它们在霍阿尼布河和霍阿鲁斯布河之间进行长达90公里的季节性迁移（约耗时48~72小时）。

大象季节性运动的时机和栖息地的利用差异长期以来一直与降雨、大象对食物的偏好和可利用性有关。[10]有人提出，季节性食用植被可以减少大象的生态影响。[11]这在降雨不均，可使用植被可利用性多变的干旱环境中尤为重要。[12]

在纳米比亚西北部的时令河中，分布最广的大型河岸树是白相思树。[13]这些树在霍阿尼布河西部尤为丰富，它们的独特之处在于它们从炎热旱季的末尾到（9月~12月）到雨季结束（1月~4月）都会结果。这些果实是大象的主要食物来源，尤其是在缺少其他食物来源的旱季。[14]

该地区记录的季节性运动的最好例子是被标识为WKM-10的大象。它是头巨大的公象，据信年龄在40~50岁之间，很可能是库内内地区的头象。它被连续四次戴上颈圈，它的活动范围和季节性迁徙范围是非洲大象记录中最大的之一。从2002年到2008年，他的活动范围为14210平方公里。

尽管由于降雨和可用植被的变化，它的活动轨迹每年都在变化，但在寒冷旱季时，它的活动范围（6月~8月）通常都在霍阿鲁斯布河，它在布罗斯村的上游和下游总共移动了45公里。炎热旱季早期（10月下旬或11月初），它向南迁徙至霍阿尼布河，与该地区的许多大象一起食用成熟的白相思树的果实。它有时会在该地区度过整个雨季，但通常会在进入雨季（一月下旬或二月初）时迁移到塞斯方丹南边的艾腾德卡山脉，然后向东进入东霍阿尼布河。

社会结构

雄性社会

普尔认为，大象社会组织的基本单位是家庭，其中会有数头母象以及它们的后代。[15]有血缘关系的家庭会组成防御单位以及基于血亲的联盟，这会提高幼崽的存活率。族群和血亲群落是由数个近亲家庭群落组成的，最多会有五个家庭。这些群体通常是因为家庭成员过多，必须分家的时候产生的。

族群见面的时候，经常会表现出复杂的问候行为。共享同一片季节性活动范围的家庭以及族群称为氏族。这一术语是用来形容它们对栖息地利用的合作程度的，但尚未清楚这是否是真实存在的大象社会单位。

据称，纳米比亚西北部的大象分布类似大致的大象社会组织结构。库内内西部地区的大象社会结构也展现出了普尔报告的特性。[16]

2002年到2008年期间，霍阿尼布河和霍阿鲁斯布河区域总是会有12~16头公象，具体数量根据季节有所变化。大部分被观测到的公象都是单独行动的，但其中也有很多是成对结伴活动的。出乎意料的是，有很多成年公象，大部分都不在发情期，但会和自己的族群待在一起。

看来成年公象是出于社会原因而进入了族群，但是数小时或两天后，它们会自行离开群体。正如非洲其他地区所报道的那样，成年母象似乎会容忍它们的存在，并没有试图将它们赶出族群。只有在成年公象进入发情期，寻找发情母象的时候，它们才会与族群建立长期联系（从两天到一周）。这里缺少其他非洲地区出现的公象群体，可能仅仅是由于大象数量的缺乏导致的。

雌性社会

对西北象进行的研究越多，研究人员发现其社会结构与非洲其他地区大象的社会结构越相似。例如，观察了超过500个小时后，人们发现，象群结构非常松散，族群经常会面，然后合并或进一步分裂，其间没有复杂的问候行为和互动。族群是流动的，家庭单位进进出出，只有核心家庭单位保持稳定。在缺乏领头母象的族群中似乎没有领导者存在。显然，我们需要其他的方法来描述其社会结构。

从2002年到2008年，研究区域西部有7个家庭单元（每个单元包含3~10头象），其中有38头成年母象、亚成年和幼象。每个族群都有不同的联系方式。其中一名成年母象（WKF-4）不常与其他成年母象联系，但有时候也会发现它在其中三个家庭里面。

观察发现，有两头成年母象大部分时间都是独处或与家庭成员待在一起，很少与其他成年母象互动，但是这两头母象之间会进行互动。有三头母象形成了自己的族群，它们与其他母象的互动要比前述的两头母象多。

另外四头母象组成了自己的族群，但也会随意地混入其他母象，或者独自活动。另外还有两头很少分开。尽管 WKF-11 和 WKF-3 长时间待在一起，但它们偶尔也会分开。

看来，道格拉斯·汉密尔顿和莫斯与普尔描述的传统象群结构不适用于纳米比亚西北部的沙漠象。[18]这可能是它们的历史导致的：在1970年代末和1980年代初，它们的数量由于偷猎和骚扰大量减少。[19]欧文－史密斯报告说，在1960年代末约有80头的霍阿鲁斯布大象在偷猎者射杀后，只留下了三头。[20]这三头大象向南移至霍阿尼布河并加入其他经历了同样事件、数量大幅减少的象群。该地区大象单位之间的家庭联系少到几乎不存在。这些大象的群体联系更多地是为了社交互动和培育后代，而不是因为直接的家庭关系。

人们注意到其中一个群落没有母象承担领导责任，于是开始集中研究它们。人们发现控制权是由首先采取行动的个人决定的，它会进一步协调各项活动。具体的领头象因情况而异，很难评估谁在领导谁。

这个族群经常分裂，但是也会在一段时间之后重组。族群成员经常互相间隔数公里之远，这已经超出了大象的联络范围。西北地区的所有其他族群似乎都由密切相关的家族单位组成，但即便如此，这些团体也会分裂成家族单位，长期分居，然后定期重组。

基因联系

线粒体 DNA 分析证实研究区域内有三个遗传上不同的雌性群体。[21]其中两个不同的遗传系形成了自己的家族单位和族群，很少与其他族群中的雌性互动。第三个族群与其他两个族群有有限的互动。

活动时间分配

这项研究调查了这些大象在2002年~2008年之间的日常活动，以评估它们在这些极端环境下的日常活动所花的时间，这些活动是否随季节变化，并对比非洲其他地区大象的行为。

科学家在30分钟内以2分钟为间隔记录观察组中每头大象的活动，并记录有关进食、饮水、休息、社交和步行活动的数据。第二种方法着重于大象个体，数据以至少5分钟为间隔（至少30分钟，有时长达4小时）进行记录，更为详细。科学家会监测大象个体的排便率，因为这可以间接衡量植被的消耗。在2002年~2008年期间，科学家在霍阿尼布河和霍阿鲁斯布河100毫米降雨量梯度以西地区的大象上，获得了超过750小时的详细观测数据。

寒冷旱季期间，居住在沙漠中的大象会减少日常休息时间，以便有足够的时间进行其他活动，例如进食。

与沙漠象的一天

生活在纳米比亚干旱地区，几乎没有食物和水的大象已经相应地调整了行为。本项研究调查了它们在这些极端情况下的日常，并与非洲其他地区的大象进行对比。

活动		雨季平均百分比	寒冷旱季平均百分比	炎热旱季平均百分比
进食		48.1	45.9	45.3
饮水		11.7	10.5	10.0
休息		13.7	12.8	19.2
社交		1.8	2.6	1.8
行走		24.7	28.2	23.7
每小时平均排泄次数	雄性	0.53	0.30	0.46
	雌性	0.21	0.24	0.21

表1

2002~2008年居住在沙漠中的大象的平均活动（占时间的百分比）

表2

2002~2008年，纳米比亚西北部栖息沙漠的大象的季节性和昼间活动时间百分比

活动	雨季			寒冷旱季			炎热旱季		
	07:00~11:00 平均百分比	11:00~15:00 平均百分比	15:00~19:00 平均百分比	07:00~11:00 平均百分比	11:00~15:00 平均百分比	15:00~19:00 平均百分比	07:00~11:00 平均百分比	11:00~15:00 平均百分比	15:00~19:00 平均百分比
摄食									
(a) 食草	19.1	7.6	6.4	6.5	5.4	4.2	4.5	1.7	7.4
(b) 食嫩叶	30.6	23.4	59.9	54.9	39.4	50.5	48.7	29.0	46.5
(c) 剥树皮	0.0	0.0	0.0	0.0	0.0	0.0	0.3	0.0	0.1
饮水									
(a) 喝水	5.0	7.6	2.6	3.4	6.8	5.9	3.6	8.2	1.8
(b) 打滚	0.4	1.8	0.7	0.6	0.6	0.2	0.0	3.7	0.1
(c) 尘土浴	1.7	0.6	1.1	0.8	2.9	2.5	1.7	3.7	1.6
休息									
(a) 站在遮荫处	10.9	42.7	2.6	6.2	20.0	6.5	15.8	33.0	10.8
(b) 站在阳光下	0.2	1.2	0.0	0.4	0.8	0.0	2.2	9.0	3.8
社交	0.4	2.3	1.5	1.1	2.2	2.6	1.4	0.3	0.6
行走	31.7	12.9	25.1	26.1	21.1	27.6	21.9	11.5	27.2

进食活动以及排泄率

喂养活动类型的差异可能归因于降雨的变化。在降雨量高于平均线的年份中，一年生植物和草丛更为丰富，大象食草活动增加。在降雨量等于或低于平均线的年份，食嫩叶活动占主导地位。这与非洲其他地区的报告完全不同，在非洲其他地区，季节性食草活动占饮食的比例更高。[22]

在寒冷旱季或炎热旱季，摄食活动水平略有下降，取食嫩叶是这些季节的主要摄食活动。大象分别在寒冷旱季或炎热旱季寻找结果的骆驼刺树和白相思树。[23]毫无疑问，这就是这里的大象的旱季摄食活动水平高于津巴布韦的原因。[24]然而，这里的摄食活动水平要低于坦桑尼亚。[25]仅在炎热旱季才会有剥树皮活动出现，之后就很少出现，这与津巴布韦报道的相反。在津巴布韦炎热旱季里，剥树皮占了进食活动的很大比例。[26]

在雨季和炎热旱季，雄性沙漠象的排泄率相似，而在寒冷旱季则减少。减少的原因可能是成年公象在发情，并花费大量时间进行社交和移动来寻找母象。普尔在肯尼亚报告说，发情公象的身体状况有所下降。[27]

沙漠母象在雨季和寒冷旱季的排便率相似，而在炎热旱季植被稀疏时，母象的排便率略有下降。沙漠象的排便率与津巴布韦的几乎相同，天气变冷的时候都会下降，但津巴布韦的排泄率在所有季节都高于沙漠象。[28]坦桑尼亚的公象排便率较高。[29]这意味着居住在沙漠中的大象虽然觅食时间与非洲其他大象相近，但是摄取的植被却要少一些。

水

与水有关的活动的年度和季节变化可能是由于环境温度和可用水量的变化产生的。雨季与炎热旱季的日均温度高，导致与水有关的活动百分比高于寒冷旱季，并且高于非洲其他地区的观测值。[30]这可能是为了减少热应激。成年母象和幼象进行与水相关活动的时间比成年公象或亚成年大象更长。

休息

寒冷旱季期间，沙漠象减少了其白天的休息时间，以便有足够的时间进行其他活动。雨季的白天休息时间略有增加。所有年龄段/性别组在炎热干燥季节的11：00~15：00期间，在树荫下休息的时间都大大增加了，这无疑是午间高温的缘故。在此期间，幼象的休息时间比任何其他年龄段的大象都多。因此，成年母象在炎热旱季增加休息时间，来保护和协助幼象。

社交

沙漠象在社交活动上花费的时间最少，似乎是伺机行事的。在雨季和炎热旱季，大多数社交活动都是在11：00~15：00期间观测到的，此时大象会聚集在可用的大树荫下避暑。寒冷旱季期间，由于成年公象开始发情，增加了与雌性的性接触，大象的社交活动增加了。求爱行为通常表现为公象嗅闻雌性生殖器并将象鼻放到雌象背上。在极少数情况下，会发生交配行为。

大象每年的活动水平各不相同，这取决于年降雨量以及可用植被的数量和质量。在雨季，不同性别和年龄群体的玩耍打闹行为会增加。

行走

雨季和炎热旱季期间，大象大多会在白天较为凉爽的时刻行走。在雨季，水的分布范围通常不会大大增加。尽管时令河会泛滥，河床上水量提升，但是可口的植被仍然会分布在较远的区域，需要大象走很远的距离。[31]此外，在寒冷旱季，大象性行为增加，发情的公象会不停地行动，寻找母象。[32]

纳米比亚埃托沙国家公园著名的
欧考库埃乔水坑

行为调整

食粪行为

在2002年，观察到一头成年母象排泄了质地
疏松的粪便。一头年轻的小象用脚把粪便聚拢到
一起，然后弯下前膝，吃了一些粪便。它又这样
吃了两次，然后才与象群一起离去。

2003年，在三头成年公象之间观察到了类似
的行为。一头年龄较大的公象（约45岁）排出了粪
便，该粪便被年轻的成年公象（约20岁）吞食。几
分钟后，另一位年长的公象（约40岁）走近并取了

少量粪便食用。津巴布韦僧瓦研究站的居伊报道
了少年象采取的类似行动。[33]在他的报告里，排泄
粪便的是成年母象，取食的是幼年象而非成年象。

食粪行为在圈养情况下更经常出现，这是一
种异常行为，被称为粪便操纵。[34]在野外，很可能
是幼象试图获得必要的肠酶来消化植物。从十分
年幼的大象中（例如在纳米比亚的研究中）观察到
的行为也可能是在玩耍，年轻大象可以通过采食
周围事物来简单地了解周围环境。

成年大象摄取粪便的原因尚不清楚，尽管两
个观察到的事件都发生在一年中植被有限的时期。

大象可能试图获取消化可用植被所需的肠酶。

体温调节行为

科学家在七个不同的场合，观察到成年雄性和雌性大象将象鼻伸入嘴中抽出胃里储藏的水，然后将水喷洒在背部和耳后。这发生在特别炎热的日子。

科学家还观察到另一种有趣的温度调节机制：当成年母象小便到沙子上的时候，幼象和亚成年象会用象鼻挖起沙子，甩到背上或者耳朵后面。沙漠象在除了高温之外没有其他压力的时候，似乎会例行使用这种温度调节机制。

结论

在当前的保护倡议、政府保护政策和执法措施的保护下，纳米比亚西北部的沙漠象相对安全。但是，人象冲突一直在加剧，库内内地区的冲突数量在纳米比亚排名第二。[35]居住在该地区的人口数量不断增加，这给大象种群带来了压力。讽刺的是，这些人是因为大象提供的旅游业就业机会才搬过来的。

这一情况带来了一个不幸的后果，一些游客和当地人被大象杀害，解决方法通常是把行凶的大象当作"问题动物"射杀。凶手总是侵略性极强的年轻公象。专业狩猎问题大象一直都充满争议。尽管在专业狩猎配额中射杀的大象数量（配额中包括有问题的大象）很少，但纳米比亚西北部的成年雄性大象数量也很少。

从运动轨迹研究中，我们知道成年公象正在从埃托沙国家公园迁移到干旱的西部地区。但是，如果增加的人口数量阻碍了这些迁徙路径，并且西部大象种群变得孤立的话，就有必要对保护区和政府的保护政策进行重新评估，以维持大象种群。

清晨，大象在纳米比亚西
北部境内内地区的达玛拉兰寻
找水源

© 罗伯特·J.罗斯摄，坦桑尼亚塞卢斯禁猎区鲁菲吉河

29

塞卢斯禁猎区：失乐园？

必须打破狩猎业对保护区及其管理人员的控制。

科林·贝尔

这是没人想写的章节。我们联系了许多与塞卢斯有关的人，讲述他们的故事，对令人震惊的偷猎大象的情况和其他重大威胁发表评论。但是没有人做好了下笔的准备。我们知道，坦桑尼亚政府和塞卢斯禁猎区的狩猎业的许多从业者都以"管教"麻烦的举报人而闻名。2017年8月韦恩·洛特在达累斯萨拉姆大街上被暗杀，证明了象牙行业首脑为了确保自己地盘的安全可以做出多恶劣的事情。2014年~2017年期间，韦恩的反偷猎和反情报组织 PAMS 与坦桑尼亚新成立的反偷猎部门合作，逮捕了1300多名偷猎者和非法象牙商人，其中最臭名昭著的是邦尼法斯·马里安戈和杨凤兰。

马里安戈在整个东非经营着14个走私团伙，而被称为"象牙女王"的杨凤兰可能是十年来最臭名昭著的象牙走私者。克里斯西和他们的两个孩子现在不得不面对失去韦恩的生活。

坦桑尼亚东南部的塞卢斯禁猎区从东北向西南延伸350多公里。它的面积超过5万平方公里，

是塞伦盖蒂国家公园的四倍多，是克鲁格国家公园的两倍多，面积大于比利时、瑞士、丹麦或荷兰，或佛蒙特州和新罕布什尔州的总和。塞卢斯是整个非洲最美丽的保护区之一，也是最有趣和多样化的地区之一。这是非洲剩下的最后一大片无人居住的荒野之一。塞卢斯确实是一个特别的地方。古老的阿拉伯人到非洲海岸的贩奴路线穿越了今天保护区的一部分。奴隶曾长途跋涉，将象牙带到海边。利文斯通曾到塞卢斯南部探险，伯顿和斯佩克等早期欧洲探险家走过塞卢斯平原、河床和山脉，寻找尼罗河的源头。

塞卢斯保护区的正式起源可追溯到1896年，自称是非洲最古老的保护区，但其实它可能只是非洲第六古老的野生动物保护区。在那一年前，祖鲁兰宣布成立了五个保护区来保护其日益减少的野生动物资源。

当时的德国殖民地总督代表皇帝威廉二世发布了保护令，建立了鲁菲吉保护区。随着时间的流逝，更多的土地并入了保护区，创造了500万公顷的土地，构成了今天的塞卢斯。1905年~1907

"资金本身决定不了保护区成败。重要的是强硬的立法、公开透明的管理以及机构落实计划的能力。这比在跨国会议上做出廉价的政治承诺难多了。"

———

布莱恩·亨特利
《战火中的安哥拉野生动物》

政府短视的后果

　　这些地图来自坦桑尼亚自然资源和旅游部最近发布的伐木招标活动。坦桑尼亚自然资源和旅游部负责保护塞卢斯禁猎区并发展其旅游业。此次招标的结果将是，从塞卢斯禁猎区的心脏地带砍伐260万棵本地树木，仅是为坦桑尼亚政府提议在鲁菲吉河上修建的水力发电大坝腾出道路（如下方的地图红色轮廓所示）。伐木以及大坝建造均未考虑联合国教科文组织的世界遗产协议和规定。除非能够给坦桑尼亚政府和大坝潜在的融资者和世界银行施加足够的压力，否则伐木是一定会进行的。然而，当前该水坝尚未获得批准，建造水坝所需的数十亿美元也还没有到位。

　　这次伐木招标将在塞卢斯中部形成一个巨大、贫瘠、无树的沙漠。如果坦桑尼亚没有其他的发电选择，建造这样的大坝是可以理解的。但是坦桑尼亚是一个拥有丰富天然气资源和太阳能的国家。私营电力公司正在非洲各地自费排队兴建太阳能发电厂，而不会给有关国家的纳税人带来负担。天然气与这些新型大规模高效并具有成本效益的太阳能发电厂（甚至微电网）结合在一起，可以为该国提供推动工业化计划所需的电力。如果伐木或大坝继续推进，坦桑尼亚和世界将失去其最后剩余的真正荒野之一。如果继续进行下去，这一举措将成为坦桑尼亚声誉的一个巨大污点。用旺加里·马塔伊的话说，"破坏环境的一代不是付出代价的一代"。

　　"对于坦桑尼亚来说，投资集中化和微电网替代大型水电的好处似乎是压倒性的。这样可以避免破坏塞卢斯世界遗产和下游生计的风险。同时，与昂贵的集中式电网传输升级相比，通过微电网可以更快地实现偏远社区的电气化。"

———————

罗斯·哈维

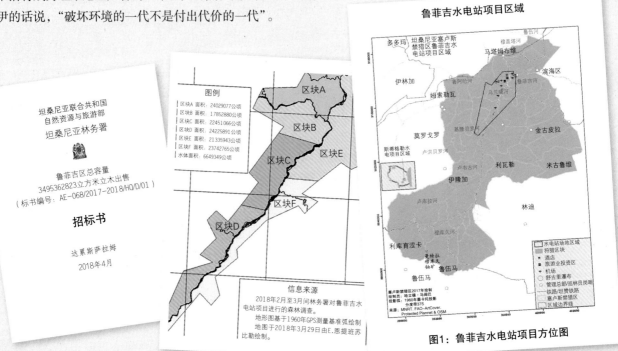

图1：鲁菲吉水电站项目方位图

年的"马吉马吉"起义是由当地反对德国殖民政府严厉的农业和劳工政策引发的，最终导致了一场公开斗争，这场斗争使成千上万的村民和部落民丧生。大部分战斗发生在塞卢斯当前边界之内和周围。而麻烦还远未停止。第一次世界大战爆发后，由斯穆茨将军率领的英军和冯·莱托-福尔贝克将军率领的德军在东非战役中使用游击战术，在塞卢斯广阔荒野的掩护中交战。在这场战役中，弗雷德里克·考特尼·塞卢斯，非洲最丰富多彩的早期猎人和探险家之一，在保护区北部比荷比荷附近头部中弹被杀。三年后，他在其中狩猎、战斗过并殉命的保护区以他的名字命名。由于采采蝇和"昏睡病"，塞卢斯的大部分地区仍然无人居住。随着保护区的扩大，一些村庄被合并了进来，但是到1948年的时候，公园里除了几个执着的管理人员、巡林员和工人以外，什么人都没有。C.J.P. 爱恩尼德斯和后来的布莱恩·尼科尔森等标志性人物成功地管理了该保护区数十年。

尼科尔森在《最后的旧非洲》一书中说到，当他第一次进入塞卢斯时，花14天才能到达大本营。他要乘坐达科他 DC-3 飞机、火车、公共汽车，最后还要步行五天。塞卢斯就是这样遥不可及。他说他们每年都要在保护区周围的社区土地上射杀超过一千头大象，来防止农作物遭到破坏。那时这里的大象数量是如此庞大。

由于其规模、多样性和特殊的荒野特质，1982年联合国教科文组织与坦桑尼亚政府合作，宣布塞卢斯禁猎区为世界遗产。那时，这里大约有10万头大象（可能是非洲最大的连续种群），以及接近3万头黑犀牛，还有大量的狮子和野狗。

那时的情况再好不过了。从那时起，对塞卢斯禁猎区完整性的威胁就一直存在：

· 2012年，为了开采铀矿，一部分区域被划出保护区，取消了保护措施。

· 政府正在计划在保护区中心的斯蒂格勒峡谷建造一座大型水电大坝，这可能造成极其严重的破坏。

· 2018年4月政府向伐木公司发出招标书，砍伐塞卢斯中心地带的30万英亩（1214平方千米）硬木（约260万棵树），为水坝腾出空间。

· 政府计划在塞卢斯以北建造另一个水坝，它将淹没保护区的一部分，减少宝贵的牧场。

· 政府已发出保护区内宝石勘探许可证。

· 狩猎特许区进一步细分，其中一些较小的区保留了与原来面积更大的区域相同的配额，导致狩猎配额增加了许多倍。

· 缺乏有效管理所需的足够资金和培训一直是一个制约因素。

上述事项都是在政府监管下进行的，政府还提议在塞伦盖蒂的中部修建一条新的高速公路，但是其实还有其他更合理可行的选择。政府还将整个部落迁至塞伦盖蒂，好为阿拉伯国家来的猎人让路。2018年5月，负责环境的副部长康吉·鲁果拉在坦桑尼亚议会中说，"抵制[斯蒂格勒峡谷水电站]项目[该项目将导致塞卢斯禁猎区中心地带的硬木消失殆尽]的人会蹲监狱"。

如今，塞卢斯的犀牛已经濒临灭绝。2013年的空中大象普查在保护区内只统计到了576头活象（和314具尸体）。采用统计推断法估计，塞卢斯境内的大象总数估计为一万头，比1977年伊恩·道格拉斯·汉密尔顿的空中计数数量减少了90%以上。在空中大象普查中，塞卢斯西部基洛贝罗地区的大象数量为零（1998年约5000头）。由于认识到当地的严峻形势，联合国教科文组织正式将塞卢斯的世界遗产地位定为"濒危"。

地球上最好的旷野之一出了什么问题？每个人都有不同的理论。我的理论如下。先从大象数量开始说吧。

在1970年代和1980年代密集的象牙偷猎年代，非洲各地有很多旅游车辆和游猎营地都遭到了愤怒受惊扰的大象破坏。我十多年来一直在博茨瓦

坦桑尼亚塞卢斯禁猎区的两个
大相径庭的景象

◎ 罗伯特 · J. 罗斯摄

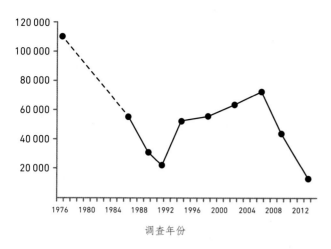

这是塞卢斯大象数量时间推移追踪图，从中可以看出塞卢斯的大象在1990年升到附录一中后，收益多大，当时所有的国际象牙贸易都是非法的。

资料来源：坦桑尼亚野生动物研究所系统侦察飞行普查报告

纳当游猎导游，还清楚地记得在1987年第一次去塞伦盖蒂游猎的情形。出乎意料的是，我的客人和我一头大象都没看到。偷猎造成了巨大的损失。在那些动荡的年岁，大象躲在森林深处，只敢在光线昏暗的时候冲向水源饮水解渴，然后迅速逃回安全的森林之中。1989年7月内罗毕象牙焚烧事件后，整个非洲范围内频繁的偷猎活动结束了，那时非洲周围的所有大象都受到《濒危野生动植物种国际贸易公约》附录一的保护。当时，肯尼亚总统丹尼尔·阿拉普·莫伊说出了下列超越时代的话：

要阻止偷猎者，交易者也必须被阻止。为了阻止交易者，必须说服最终买家不要购买象牙。我呼吁世界各地的人们停止购买象牙。

象牙焚烧之后的国际减少需求协调运动导致象牙需求直线下降。盗猎减少到微不足道的水平，从而迎来了大象的"黄金岁月"。由于国际象牙市场规模小到近似没有的程度，整个非洲的大象数量再次开始攀升。从1990年代初开始，大象逐渐变得放松起来，很多小象出生了。

大约在1989年象牙被烧毁的同时，新建立且资金充裕的塞卢斯保护区项目开始受到关注，并发挥作用。巡林员训练有素；保护区购买了设备、制服和车辆；致力于保护塞卢斯的人们精力充沛，决心坚定。有了更好的政策以及一线执行能力，加上国际上对象牙的需求下降，确保了塞卢斯地区的偷猎活动大大减少。塞卢斯的大象从1989年的3万头的低点开始恢复，到2005年约有7万头。好日子又回来了！

这些特殊条件持续了约15年，然后突然终止了，以南非为首的几个南部非洲国家恳求濒危野生动植物种国际贸易公约组织批准一次性出售108吨象牙。各国保证说，象牙都来自自然死亡的大象，而且出售的收益将用于保护大象。这是一个令人信服的故事，濒危野生动植物种国际贸易公约组织和全世界都相信了。

拍卖终于在2008年进行了。中国和日本购买了所有存货。犯罪集团利用合法的象牙市场，洗白非法偷猎的象牙。非法偷猎导致了今天的象牙危机，整个非洲每年大约有3万头大象被盗猎：每15~20分钟就会有一头大象死亡。更糟糕的是，象牙销售的收益没有一分钱用于保护大象。这次销售像乌龙球一样，给保护带来了巨大损失。《濒危野生动植物种国际贸易公约》成员、世界自然保护联盟的科学家以及许多保护组织通过努力，确保不会再合法出售象牙。

2000年代末，德国政府的初期投资耗尽后，塞卢斯保护区项目的成果开始消失。项目带来的系统和规则开始褪色，南非的一次性象牙销售再次点燃了象牙需求。有效警务的缺乏和对象牙的新需求结合在一起，意味着大象在偷猎者的准星中再次出现的几率比1980年代还要高。蓬勃发展的中国中产阶级对象牙的需求旺盛，每年有多达40万公斤的偷猎象牙离开非洲海岸。[1]

2013年的航空普查和2016年的大象普查报告证实了每个人最担心的情况：塞卢斯的大象数量大幅下降，保护区范围内估计只有一万头大象。塞卢斯禁猎区问题的核心如下：

· 从政府最高层到保护区管理层无处不在的、根深蒂固的腐败；

· 历史悠久的不透明、封闭式招标平台／狩猎区招标系统；

· 根深蒂固、偶有不道德行为的狩猎兄弟会；

· 数量高到不可持续、不是根据科学数据得出的狩猎配额；

· 对这些配额进行的有效监管和监控十分少；

· 主要特许经营区并未随着时间逐渐将业务从狩猎转向摄影游猎，这将创造更多的工作岗位、技能和收益，并使当地社区受益（至今，塞卢斯总土地面积的90％以上仍有狩猎行为）；

· 在野生动物和旅游业中缺乏有意义、有效的社区参与；

· 管理层缺乏足够的资金来开展工作、支付薪水。塞卢斯旅游业收入不足，资金已由中央政府返还给保护区。准时支付员工工资和提供必要的设备是管理良好的保护区的基本要素。

与此形成鲜明对比的是，克鲁格国家公园的面积仅为塞卢斯的40％，每年旅游收入、特许权费等方面的收入约为1亿美元。克鲁格的利润可以让其支付自身的管理费用并帮助其他全国范围内规模较小、鲜为人知但同样重要的亏损国家公园。在塞卢斯，尚未充分利用不断发展的摄影游猎行业（能够创造更多收入和更多就业机会）。塞卢斯内的摄影游猎活动仅局限在保护区的北角，游客只能欣赏保护区隐秘空间的一角。扩大摄影游猎有助于增加旅游人数、收入、工作和注意力来阻遏偷猎者。

当然，其中许多问题是相互关联的。腐败的猎人与腐败的公园和政府官员密不可分。偷猎者得以追逐利益，并保护腐败人员的安全。可悲的是，这不是塞卢斯独有的。这种勾结发生在非洲许多地方，这是狩猎声誉扫地的主要原因之一。在许多方面，塞卢斯是非洲某些地区及其大象种群目前面临的问题的缩影，这些问题是由于偷猎、人为侵犯、资金不足、管理不善、缺乏培训和技能以及当地人很少大规模融入旅游业和野生动物产业而产生的。

在津巴布韦的万基国家公园，许多公象狩猎许可证被悄悄以低于市场价的价格卖给了津巴布韦狩猎兄弟会。据说赚来的钱被指定用于公园管理和保护，但有人认为，这只是公园官员与某些猎人之间有利可图的勾结。塞卢斯中有类似的猎人和保护区勾结的行为，可确保不必重新招标和重新分配狩猎区，而将其授予最高出价、最道德的狩猎公司。它还确保了有时会以低于市场价的价格授予租约（尽管近来配额投机者的到来动摇了该系统，迫使一些猎人关闭了商店）。这种共谋确保了资金既没有流向周边社区，也没有为储备金的管理筹集资金。此漏洞直接到达顶部。我记得几年前，听到一个猎人吹牛说，他拿着一个装满钞票的公文包去会见坦桑尼亚总统办公室的官员，帮助他拿下租赁狩猎场。

狩猎／摄影游猎难题

在2000年代初期，《国家地理杂志》与著名的纪录片制片人德雷克·乔伯特和贝弗利·乔伯特签订了一项合同，让他们在塞卢斯拍摄两部会票房飘红的野生动物电影，预计观众将会多达十亿。这些纪录片将让塞卢斯禁猎区和坦桑尼亚其他旅游业成为世界旅游热点。

乔伯特夫妇以其反对腐败猎人的原则立场而闻名。狩猎兄弟会得知他们即将在塞卢斯安家后，就通过政府内部的关系无限推迟夫妇俩的拍摄许可证。结果，乔伯特夫妇从塞卢斯转到了奥卡万戈三角洲拍摄。博茨瓦纳得益于他们继续制作的《豹之眼》和《无情敌人》等纪录片的出色曝光和积极宣传。博茨瓦纳的野生动物园旅游向前发展，这是塞卢斯和坦桑尼亚失去的巨大机遇。

我不是在反对道德合规的狩猎业，我反对的是腐败的政府官员、不道德的猎人和无原则的游猎经营者，他们只顾着捞快钱，不是为保护区和国家的更大利益做对的事情。

如果狩猎业要拥有一个未来，那就要像南非那样，在遵守道德的猎人的带领下进行彻底的内部清理。同样重要的是，不能再与摄影游猎旅游争夺主要区域的经营权了。每个行业只能在为国家和农村邻国提供最有利可图的宏观经济成果的土地上经营。这样的话，两个行业都可以最大限度地为其国民经济做出贡献。但是要做到这一点，需要对野生动物土地进行更好的分区，并将其划分为以下区域：

　　·核心地区——除了步行、骑马或摩科罗（传统独木舟）以外，没有旅游基础设施或活动；
　　·主要区域——客流量少、影响低、收入高、创造就业高的摄影游猎；
　　·半主要区域——中等密度/中等收入的摄影旅游业；
　　·缓冲区——禁止旅游业（即使该区域只有几公里宽）；
　　·边缘地区——用于狩猎。

如果将非洲的所有野生土地都按照这些标准划分，狩猎和摄影游猎之间就不会有冲突，并且不会发生像狮子塞西尔和斯凯被"猎杀"/偷猎那样的悲剧。明确的分区和良好的缓冲区将使所有类型的土地开发繁荣发展。

当然，在一些主要区域，很少有摄影游客去参观，例如那些在1960年代和1970年代首次开始狩猎时主导塞卢斯旅游业的地区。可以在这些区域中，进行受到严格控制、低数量、可持续的道德狩猎，将其合理收入分配给禁猎区、邻近社区和国家。但是，随着摄影游猎旅游业开始发展成熟，可以为所有利益相关者提供更好的收入和更多的长期工作，这些地区的狩猎业需要抓住机会发展成摄影游猎业。

我对塞卢斯禁猎区最大的担忧是，从来没有狩猎区变成摄影游猎区，而摄影旅游仍然只占保护区北部的一小部分，与40年前一样。尽管塞卢斯的大部分地区可能不适合摄影旅游，但仍有许多主要地区可以成功地转换为客流量低、税收高、影响低的摄影游猎特许区，为经济带来更多收益并为当地社区提供更多的长期工作。

什么收益最高？

几十年来，猎人与摄影狩猎经营者之间经常发生激烈的辩论，争论谁在同一块土地上贡献最大。这场辩论将通过对博茨瓦纳的一项前狩猎特许区的研究来解决，该特许区已从狩猎游猎区转变为摄影游猎区。早期迹象表明，博茨瓦纳政府、当地社区和马翁企业每年从摄影游猎活动中获得的收入比从同一特许区中狩猎游猎活动获得的收入高出约1000%。此外，与狩猎的时候相比，摄影游猎每年为当地社区提供了4万个额外"人日工作量"。

显而易见的是，在边远地区，道德狩猎的表现要好于摄影游猎。而且，在不肥沃的土地中获得工作和收入时，在这些土地上进行有限的道德狩猎，社区通常会获得比放牧牲畜更好的收入。重要的是，游猎应在肥沃的土地进行。如果我们能做到这一点，塞卢斯就可以变得更好，一些区位优越的特许区和区块就可以转变成摄影游猎业。

塞卢斯能否重新成为地球上最好的荒野之一？目前来看，保护区几乎无力回天了，尤其是如果其核心内的采伐工作继续进行的话。

但是，自然的恢复能力十分强大，只要有足

坦桑尼亚塞卢斯禁猎
区南部卢库拉特许区

达那·艾伦摄

够的空间和机会，环境就可以恢复。顶层领导要谨慎、敏锐，着眼于中长期对保护区和周围人民最有利的事物，并在一线推动有效、资金充足且积极进取的管理。罗伯特·J.罗斯撰写的《非洲塞卢斯：域外之地》一书阐述了塞卢斯的美丽和潜力，并清楚地描绘了危在旦夕的事情和我们承受不起的损失。塞卢斯需要新的、透明的、公开的招标程序。每个特许区都需要有相应的实用管理计划，加长租赁期和商定旅游密度，以鼓励大量投资以及限制严重违规行为。指定用于狩猎的区域必须具有科学确定的可持续性狩猎配额。必须打破狩猎业对保护区的控制和对保护区管理人员的控制。新政策必须确保周边的农村社区可以从其旅游业所产生的主流收入（狩猎和摄影收入）中获益。

也许，仅仅是也许，塞卢斯可以充分发挥潜力，避免被联合国教科文组织降级。历史上只有两个世界遗产被降级。为了大象和坦桑尼亚全体人民，利益相关者需要确保塞卢斯不会是第三个被除名的遗产。如果坦桑尼亚现任领导层的观点能够与其仍然备受崇敬的第一任总统朱利叶斯·尼雷尔所认可的一致，未来还是有希望的。

"野生生物的存续是所有非洲人共同关心的问题。这些栖息在荒野中的野生生物，不仅是重要的奇观和灵感来源，也是自然环境不可或缺的一部分。在托管野生动物时，我们郑重声明，我们将竭尽所能，以确保我们的子孙后代能够享受到这种丰富而宝贵的财富。"

朱利叶斯·尼雷尔

旱季，大象在坦桑尼亚塞卢斯禁猎区挖水。

科林·贝尔摄

保护猴面包树

在非洲的许多地区，大象以猴面包树充满营养的木浆为食，特别是在食物、营养和水稀缺的旱季末期。在大象密度高的地区，大象会把猴面包树撞断。为了防止大象过分取食，可以用大型原木或锋利的岩石围住树干底部，或在树干上拉上铁丝网。坦桑尼亚鲁阿哈国家公园的这头年幼大象被倒下的、遭到过分取食嫩叶的猴面包树压死，这一双重悲剧很快吸引了食肉动物。

有效的反偷猎工作已使辛
吉塔格鲁梅蒂的大象数量增加
了四倍。

30

辛吉塔格鲁梅蒂的成功

在塞伦盖蒂的西部边缘建立一个综合野生动物系统。

尼尔·米德兰博士

中午刚过，塞伦盖蒂西部辛吉塔格鲁梅蒂联合行动中心操作室的值班员接通了社区热线。来电的是附近社区的一个村民，他绝望地说大象正在接近他家，并坚持认为大象会毁掉他种的玉米。这些玉米是他们一家人的生活来源，孩子的学费也靠它们。值班人员安抚他，说救援人员正在路上，然后挂断电话，并通过无线电派出人与野生生物冲突缓解单位。

携带武器、训练有素的前狩猎侦察员小队跳进他们的陆地巡洋舰，前往收到报告的地区。到达后，他们将大象引出农作物区，并赶回它们所属的保护区。作物得救了，通过团队的训练和经验，村民们不需要冒险自己赶跑大象。大象也不必在如此激烈的情形下面对一群装备破烂，瑟瑟发抖的人，发生致命的意外。

人与野生动物冲突在整个非洲大部分地区都存在，是生活在塞伦盖蒂生态系统等保护区附近的坦桑尼亚农村社区所面临的最大挑战。尽管豺狼到经济农场杀死绵羊或狒狒袭击城市居民的房

屋之类的事件造成的损失和不便也很大，但一次大象袭击就可以让人们损失一整年的收成，这让人类和野生动物都面临同样的险境。

前文说到的村庄是位于辛吉塔格鲁梅蒂特许区北部边缘的20多个村庄之一：这是一个私人管理的野生生物区，毗邻标志性的塞伦盖蒂国家公园的西北边界。在这里，高密度的人类居住区、农业和牲畜与植物茂密的荒野地区仅隔干燥的河床，大象、狮子和其他野生动物就可以穿过。

尽管冲突升级的主要原因是不断增加的人类和牲畜种群数量（仅在过去十年中牛的数量就增加了一倍），但也跟辛吉塔特许区内野生生物数量的恢复有很大关系。现在大约有1500头大象在保护区内，而15年前只有350头。自然，该地区人与野生动物之间的冲突水平一直在稳定增长。面临这种情况，专门的人与野生生物冲突缓解小组，亟待成立。

虽然人们普遍认为塞伦盖蒂一直满是动物，但在21世纪初的西部走廊系统中，管理不善的狩猎和广泛的偷猎行为使野生种群数量减少。由于

子吉塔格鲁梅蒂尘土飞扬的草原在20年前
几乎没有大型哺乳动物。如今这里面积350000
英亩（1416平方千米）的西部走廊是大量野生
动物的家园。

◎ 辛吉塔

在辛吉塔格鲁梅蒂，由18名出色的反偷猎侦察兵组成的精英特种作战小组正在接受持续的高级培训。

辛吉塔保护模型

辛吉塔是一家活跃在五个非洲国家的环境保护公司。它采用高价值、小批量的摄影旅游模式，为近一百万英亩（4047平方千米）荒野的保护管理工作提供部分资金。

辛吉塔格鲁梅蒂基金会是坦桑尼亚的一个非营利组织，致力于保护塞伦盖蒂生态系统的西部走廊。它负责管理约141640公顷的土地，包括格鲁梅蒂和伊科隆戈禁猎区、伊科纳野生动物管理区、萨萨克瓦特许区和相关的公共土地，合称辛吉塔格鲁梅蒂。

无法控制的野火和广泛的外来植物侵扰使问题更加复杂，塞伦盖蒂－马拉系统的这一关键区域正处于生态崩溃的边缘。

这种绝望的局势引起了美国慈善家和保护主义者保罗·都铎·琼斯的注意。与坦桑尼亚政府达成协议后，他建立了一个非营利性的国内组织，负责恢复严重退化的栖息地和野生动物种群。他与自然保护旅游公司辛吉塔的首席执行官卢克·贝勒斯进行了一次会面，形成了长期的合作伙伴关系，并建立了辛吉塔格鲁梅蒂基金会。

基金会任务的复杂性反映在其部门的结构中：保护、反偷猎和执法、社区外联、研究和监测、公关和特别项目。每个团队都扮演着明确定义的角色，但是在他们试图解决眼前的问题时，他们之间的密切合作至关重要。

该基金会的首要任务是减少因非法偷猎和管理不善的“许可”狩猎而导致的动物损失。但是，研究小组认识到，对于居住在该地区的许多人来说，非法野生动物贸易是他们唯一的生计。当时进行的一项独立研究发现，该地区超过三分之一的商人收入完全依赖丛林肉。被捕的偷猎者中超过75%计划出售或交易其狩猎的战利品，只有四分之一的人将肉留给个人或家庭食用。基金会认识到，法律执行重要，但必须要考虑到人情。

辛吉塔格鲁梅蒂基金会认识到需要其他收入来源，因此向这些人（主要是贫困和绝望的当地社区成员）提供了侦察员的培训和就业机会。他们对这一地区及其野生动物以及偷猎者的习惯和策略都十分了解，可以很快就有效地保护那些曾狩猎的动物。当前共有100多名前偷猎者金盆洗手，经过训练后被招募到保护区的反偷猎部门，以确保他们及其家人的稳定收入。

同时，基金启动了社区外展计划，以支持保护区附近的村民，并分享基于野生动物的可持续经济的利益。多年来，该计划一直在发展，团队希望能让项目对社区产生正面、可持续的影响，因此项目监控和评估越来越重要。2016年，对21个邻近村庄的需求进行评估后，该计划提出了一项新战略：UPLIFT，解锁明天的繁荣生机（Unlocking Prosperous Livelihoods for Tomorrow）项目的字母缩写。

UPLIFT 的三大支柱是教育、企业发展和环境意识。针对这些支柱，可以让野生生物的存在给社区带来好处，并使他们拥有可持续地管理其自身环境中自然资源的知识。每个支柱中的计划都包括中学奖学金和高等教育奖学金，为员工和厨房提供食材的社区农业合作社、企业发展培训和环境教育中心。

自该基金成立以来，已有700多名来自当地社区的学生获得了助学金，总额超过45万美元。为解决员工餐和游客食品需求，辛吉塔格鲁梅蒂每年从农业合作社购买价值约25万美元的新鲜农产品。近2000名学生和250多名教师参加了环境教育中心的课程。该基金还雇用了163名员工，而辛吉塔的旅游业雇用了近四倍的员工（640名）。从业人员中约60%来自邻国，另外31%来自坦桑尼亚其他地方。该国以及该地区的贫困程度和失业率都很高，这些员工的工资保证了家庭和当地经济的存活。

辛吉塔格鲁梅蒂基金会还帮助社区了解这些好处与野生动物丰富的环境之间的关联。由此，他们成了大使和保护者，在社区中发出少有人知的呼吁。

虽然社区外展团队大部分时间都忙于在保护区之外工作，但有一个专门的保护管理团队在其边界内工作，以恢复和维护系统的生态功能。控制火灾和打击外来入侵植物这样的工作需要不间断的关注。

火是塞伦盖蒂生态系统的自然组成部分和重要组成部分，还被当作管理工具，改善栖息地。恰当时间烧起来的火灾可以消灭过高的草，使植株的能量集中于根部。这样草就会更符合野生动物的口味。火还能使土壤中的养分循环利用，使长出的草料更富营养。但是，如果管理不当，次数过多或火势过大的火灾则会阻碍生态功能。环境保护小组的消防管理规定已使保护区野生动物可利用的草的质量和数量得到了可观的改善。

外来植物物种对动物和本地植物来说都是有害的，应对它们威胁的战斗永不停息。辛吉塔的外来植物控制计划实施区域包括特许区内以及被该生态系统的主要入侵物种飞机草属、仙人掌属、银胶菊属和肿柄菊属植物入侵占领的邻近村庄。

防治外来植物的主要手段是机械和化学清除，但是，当前园区正与国际农业和生物科学中心合作，开发新型飞机草属植物防治方法。这类与保护性非政府组织和学术机构的合作通常是为了解决特定的管理挑战或问题而发起的。此后会评估项目的产出，并相应地调整管理策略。除重点研究项目外，园区还通过每两年一次的空中野生生物普查和储备区范围的远程摄像头阵列，对哺乳动物种群进行持续监控，确保研究团队能够及时

辛吉塔格鲁梅蒂的十二个永久性反偷猎侦察员巡逻营和一个高空观察哨网里，每天都有人24小时值守。

掌握情况。卫星遥感和植被调查提供了更多数据，更全面地描述了生态系统的健康状况。

辛吉塔格鲁梅蒂基金会保护方式的成果便是大型哺乳动物种群的增长。从2003年基金成立到2016年，常驻大型食草动物的生物量几乎翻了两番。尽管几乎所有被调查物种（总共12个）都显示出正增长，但生物量增长的主要原因是水牛和大象。在此期间，水牛城的数量从大约600头增加到了6000头。大象的数量增加了四倍，从2003年的355头增加到2016年的1499头。空中调查显示，狮子的数量也显著增加。而且，2003年，斑马和牛羚每年迁徙的时候只在西部走廊逗留3周的时间，现在，它们停留时间可高达六个月，而且密度很高。

辛吉塔生态系统的恢复令人难以置信，格鲁梅蒂特许区变为地球上最热门的摄影游猎目的地之一，同时当地社区的就业稳定性也增加了。

尽管取得了长足进步，偷猎和其他非法活动仍然持续威胁着野生动物。因此，基金工作人员约70%都是反偷猎和执法团队。12个侦察营地位于战略位置，每个营地都有专门的观察哨，以及一百名侦察员，他们与坦桑尼亚野生动物管理局的同僚一起对100个猎物侦察员进行日常巡逻和24小时监视。统计数据显示，他们的工作十分重要。在园区运作的15年中，反偷猎团队已处理了近5500次非法活动。其中，近一半涉及偷猎，约1600人是非法放牧牲畜；已回收了超过1.2万个陷阱，并收集了近2.5万件用于偷猎的非法传统武器。没有这项执法工作，西部走廊野生动物不可能大规模重现。

辛吉塔格鲁梅蒂的大部分偷猎活动是针对本地和更远地区的丛林肉市场。但是，整个非洲大陆逐渐升级的偷猎行为仍在威胁着西部走廊。根据大象普查，尽管坦桑尼亚其他地区的大象数量暴跌，但塞伦盖蒂地区是为数不多的正增长幅度超过前10年的5%的几个地区之一。尽管取得了这一特别的胜利，但装备精良、组织良好的犯罪集团进入该地区的威胁是非常真实的。

为了提高应对这种威胁的能力，在开发高科技数字解决方案的同时，园区还部署了低技术检测和跟踪狗部队。一个美国非政府组织"保护区工作犬"组织了一支由四只狗及其饲养者组成的团队。团队里的两只拉布拉多混血犬和两只比利时玛利诺犬（都是来自美国的救援犬）现在非常熟练地嗅出象牙和弹药，以及犀牛角、穿山甲鳞片、钢丝陷阱和丛林肉。在当地执法部门的配合下，该犬队部署在路障处，并参与对可疑偷猎者的突袭。

在高科技方面，总部位于西雅图的火神公司（Vulcan Inc.）与基金会紧密合作，共同安装和部署域感知系统（DAS）。这个基于网络的工具汇总了无线电、车辆、飞机和动物传感器的位置，为用户提供实时仪表板，显示受保护的野生动物、保护它们的人员和资源，以及可能威胁到它们的非法活动。将这些数据实时整合在一个屏幕上，并使用系统的分析功能，基金组织可以有效地识别威胁并部署执法资源以进行有效干预。

域感知系统的重点是开发专门用于检测非法野生动物活动的无人机。这一领域的成功经验将彻底改变反偷猎行动。进一步的数据源，例如卫星、相机陷阱、动物感应器和天气监控器，都可以集成到域感知系统里。

但最终，决定成败的还是响应速度和有效性。这就是该基金反偷猎部门内的特别行动小组派上用场的地方。该小组由16名侦察员组成。侦察员的选拔标准是考察其正直和坚强的职业道德。他们接受了持续的高级培训，可以使用最新的设备。有了这些系统，基金会致力于在潜在偷猎者能够杀死任何野生动物之前逮捕他们。

辛吉塔格鲁梅蒂基金会的保护方法是否奏效？

在大象看来，答案似乎是肯定的。众所周知，这些聪明的动物偏爱有安全感、资源丰富的地区。空中调查表明，仅占被调查面积的5%的格鲁梅蒂特许区内，可以找到塞伦盖蒂-马拉生态系统里20%以上的大象。

然而，成功也是有代价的。大象偷猎集团的威胁不断增加，增加了安全成本。大象数量的增加则意味着人象冲突不断加剧。基金会委托进行的一项研究发现，从2012年到2014年，附近村庄每年与大象相关的农作物伤害事件的数量增加了400%。与特许区相邻的村庄受到的影响更大（80%~85%的事件），但距离较远的村庄也无法高枕无忧。令人惊讶的是，大象导致的家养牛受伤或被杀事件要比豹子和鬣狗多。与其他野生生物物种相比，与大象有关的牲畜事件在地理上分布最分散，在受影响的动物数量方面最为严重，涉及更多的高价值牲畜类型。尽管大象不以牛或羊为目标，但受到惊吓的村民将其赶离农作物时，在一片混乱中，大象会踩踏牲畜。

现实情况是，尽管该基金为邻近社区的积极发展作出了重大贡献，但由于人口稠密，许多人看不到在保护区附近生活的任何价值。大象对农作物和牲畜造成的损害，使得人们对它们的容忍度下降了。

由于没有栅栏或物理障碍将人和牲畜高密度区域与特许区中的野生动物高密度区域隔开来，两者之间的冲突很可能会继续升级。辛吉塔格鲁梅蒂的人与野生生物冲突缓解小组未来可能会更加繁忙。

因此，塞伦盖蒂西部走廊的长期生态可持续性以及居住在那里的大象的安全将取决于辛吉塔格鲁梅蒂基金会在社区、政府和其他合作伙伴的支持下进行适应、创新的能力，并在对其生存和威胁不断演变的环境中为其成功的保护模式提供资金。

辛吉塔格鲁梅蒂的成功 _ 297

非洲最大的大象—提姆和非洲最高的山——乞力马扎罗山。

约翰·马雷摄

31

乞力马扎罗山脚下：
肯尼亚的大象保护

国家、私营部门和民间社会组织共同努力的最重要成就是，
大象不再是肯尼亚的边缘议题。

保拉·卡胡姆布博士

2014年6月，肯尼亚最大的大象萨陶被偷猎者杀害。此消息一出，肯尼亚和全世界为之震惊。它是最后一批"巨牙象"之一：它带有让雄性后代长出长及地面的象牙的基因。在肯尼亚山森林深处另一头传说中的山公象被屠杀之后，这一消息显得尤为沉痛。

对于肯尼亚的大象捍卫者来说，这也许是至暗时刻。肯尼亚正在遭受偷猎狂潮的侵袭，而当局似乎无能为力。官方记录的数据，即偷猎者在2012年杀害了384头以及在2013年[1]杀害了302头，显然大大缩水了。

到2016年，重要的转折出现了。监测数据显示，2012年~2015年，肯尼亚全国范围内的大象

偷猎行为下降了80%，而桑布鲁－拉基皮亚的非法杀害大象比例从2012年的72%下降到2015年第一季度的37%。[2]最新数据显示从2014年到2016年，察沃保护区的偷猎行为下降了84%。《濒危野生动植物种国际贸易公约》在2017年3月发布的报告显示，东非的非法杀害大象比例从2015年的42%下降到2016年的30%，主要是察沃地区的尸体数量减少的缘故。[3]

本章的第一部分探讨了肯尼亚能够在相对较短的时间内克服偷猎危机的原因。但是，肯尼亚的大象种群仍承受着比偷猎和非法野生动物犯罪更为棘手和复杂的威胁所带来的压力。本章的最后部分分析了这些挑战以及应对方法。

自然保护联盟非洲大象数据库显示，2017年

"与大象长时间共处之后，我知道它们不只是普通的动物。它们有自己的个性，有家人和感情。放任它们被屠杀真的是太可怕了……想想吧，要是你到一个人类家庭那里当着孩子的面射杀父母是个什么情形？"

——
保拉·卡胡姆布
直面野生动物组织

肯尼亚的大象种群数量在2.5万头~3.5万头之间。与许多其他非洲国家相比，象群数量当前稳中向好。然而，这些数字与1970年代末期相差甚远，当时该国的大象数量估计约为27.5万头。在1970年~1977年之间，一半以上的肯尼亚大象死去了，到1989年，只剩下不到两万头大象。它们被系统地筛杀，满足国际象牙市场的需求。由于负责保护该国野生动物的各级机构坍塌性腐败，偷猎者可以自由活动，无惧惩罚。

1989年4月，莫伊总统任命理查德·利基为肯尼亚野生动物服务局负责人。数月之内，利基就扫除了肯尼亚野生动物服务局的腐败行为，并建立了装备精良的反偷猎部队，他们有开火击杀偷猎者的权力。当年7月，莫伊和利基组织烧毁了堆成18英尺（约5.5米）高的象牙金字塔，这是肯尼亚的全部象牙储备，价值几百万美元。他们以令人信服的姿态说服世界停止象牙贸易。这无疑导致了《濒危物种国际贸易公约》（《濒危野生动植物种国际贸易公约》）在第二年宣布全球范围内禁止商业象牙贸易的决定。象牙业迅速萎缩到原来的一小部分。盗猎现象逐渐消失，非法大象死亡减少到微不足道的水平。肯尼亚和整个非洲的大象数量稳定下来，开始增长。

2008年，《濒危野生动植物种国际贸易公约》授权四个南部非洲国家一次性向中国和日本出售象牙。这一决定引发了需求激增，偷猎行为再次出现在整个非洲大陆，肯尼亚在第二波大象杀戮中被压垮了。在许多方面，2012、2013年的偷猎危机使人们回想起将近25年前的情况。但是这次贸易规模更大，象牙的价格是空前的，而且主要来自中国的需求欲壑难填。涉及走私象牙的犯罪集团更加复杂，大量中国人探访非洲或在非洲工作，大大推动偷猎者与市场之间供应链的发展。

非洲所有拥有大象种群的国家都遭受了象牙偷猎的影响，并且不同国家采取了一系列策略来控制这一祸害，获得了不同程度的胜利。在肯尼亚，尽管2013年的形势很严峻，但我们仍可以保持乐观：

·有大量非洲生态学家和大胆活动家拥护大象保护事业；
·肯尼亚充满活力的公民社会和新闻自由；
·2013年4月上任的新总统乌胡鲁·肯雅塔的政治支持；
·1990年代以前的成功，激发了人们重现成功的信心。

这些条件使得肯尼亚可以在全国范围内对偷猎危机作出有效的反应。肯尼亚的成功是基于一系列相互促进的因素：肯尼亚自主、整体执法方法、有效信息和情报收集以及全国范围的跨部门合作。

肯尼亚自主反偷窃

2012年，随着盗猎活动失控地螺旋式上升，肯尼亚野生动物服务局和其他政府机构最初似乎拒绝承认这一事实。甚至于一位环境保护主义者公开发表揭露危机严重性的数据后，因破坏国家权威而被捕。

转折点发生在2013年2月，当时"2030年愿景"负责人姆果·吉巴提说服政府召集国家经济及社会理事会特别会议，讨论野生动物保护问题。该机构负责处理影响经济的紧急新问题，之前的议题包括恐怖主义、咖啡生产和旅游业下降。这次具有里程碑意义的偷猎相关会议吸引了许多部委、执法机构、私营部门、学术界和民间社会的代表参与。

肯尼亚主要的环境保护主义者警告政府，每年有数千头大象被猎杀，并强调这对旅游业和经济构成威胁。他们质疑肯尼亚野生动物服务局和边境机构控制偷猎和走私的能力和承诺，并提出了14点应对方针，其中包括增派一线人员、改善刑事司法系统以及销毁肯尼亚的象牙库存等。

国家经济及社会理事会通过了大部分建议，并指示当局紧急采取政府全体参与应对危机的措施。宪报上公布了一支特遣队，检查肯尼亚的野生动物安全状况。其报告显示，环境保护主义者是对的，而且现实要比预计的严重。特遣队总结说，"要扭转对肯尼亚野生动物的当前围困，就必须进行认真的改革"。[4]

环境保护主义者的前期努力是通过现有的民主机构进行的，这确保了肯尼亚自主打击偷猎和走私，保护大象种群的成功。肯尼亚自主反偷猎工作体现在许多层面：政治领导、公众支持和政府机构的认可。乌胡鲁·肯雅塔总统在2013年的就职演说中宣布：

> 肯尼亚同胞们，我们国家的未来没有包括偷猎和破坏环境的位置。保护环境不仅仅是政府的责任，也是我们每一个人的责任。

自1970年以来，肯尼亚总统就有支持保护大象的传统。当时肯尼亚的第一任总统乔莫·肯雅塔为回应肯尼亚学童的写信运动，宣布巨牙象艾哈迈德为"活着的国家宝藏"，并指派了五名武装巡林员日夜保护他。

在第一个任期内，总统乌胡鲁·肯雅塔不仅支持肯尼亚的大象保护工作，还在打击非法野生动物贸易的行动中发挥领导作用，这是肯尼亚自主反偷猎工作的第一支柱。他是巨兽俱乐部的创始人之一，该论坛汇集了非洲国家元首、全球商业领袖和大象保护专家，"保护非洲剩余的大象种群及其所依赖的景观"。[5]肯雅塔总统奋斗在全球禁止所有象牙贸易的最前沿，2016年4月在内罗毕国家公园发生的历史性烧毁象牙事件中，销毁了肯尼亚全部象牙和犀牛角库存，可见一斑。

第一夫人玛格丽特·肯雅塔引领民间社会倡议，鼓舞人心。环境内阁秘书朱迪·瓦昆古教授的不懈努力，在促成政府和非政府组织之间的合作中发挥了关键作用。这一切都为肯尼亚在全球舞台上的领导作用起到了助力。

公众支持一直是肯尼亚自主反偷猎工作的第二大支柱。由非政府组织直面野生动物组织在2013年发起的"别碰我们的大象"运动作用十分关键。[6]该运动的赞助者是第一夫人，得到了企业和名人的支持。该运动与其他民间社会组织、学校、大学和青年组织结合，让肯尼亚人走上街头，并在社交媒体支持大象保护。"别碰我们的大象"成功地动员了肯尼亚普通公民支持野生动物保护，这在非洲大陆是前所未有的。媒体对这一运动进行了高水平报道，提高了公众对肯尼亚大象面临的惊人威胁的认识。肯尼亚上下都在呼吁采取行动拯救肯尼亚的大象。

肯尼亚自主的第三大支柱是国家机构的积极响应。如下一节所述，在更广泛的偷猎和象牙走私战争中，肯尼亚野生动物服务局和司法机构在发展机构能力方面取得了重要进展，可以更好地履行其特定的组织职责。

整体执法方法

2013年，总统将反偷猎运动列为优先事项，这是一揽子速见成效的提议的一部分，需要全政府的集体配合。执法方面是该方法取得成效的关键领域。

根据国家经济及社会理事会的建议，政府向反偷猎活动分配了额外的资金，肯尼亚野生动物服务局得以招募了超过577名巡林员。政府还在偷猎热点地区建立、训练和部署了一支精英、多机构参与的反偷猎小队。通过培训宪报公布的犯罪现场人员，肯尼亚野生动物服务局大大提高了调查能力，而外交使团和供资组织提供的现金和实物支持进一步提高了巡林员的机动性和快速反应能力。

结果，偷猎者被捕的可能性比以往任何时候都高。但是，逮捕本身不会产生威慑作用，除非偷猎者被捕之后会被判以重刑。2013年之前，偷

安博塞利国家公园的稀树草原上，湖泊不再有植物之后，大象就会前往湖区两侧沼泽取食。

肯尼亚的部落战士们聚集起来，参加活动。肯尼亚自由活动的大象的未来取决于这些与它们生活在一起的部落民。他们的庄稼面临着大象袭击的威胁，还可能会因此丧命。如果大象要在未来十年人口的压力下存活的话，我们必须让这些社区大量参与到野生动物和旅游行业里来。

猎在肯尼亚被视为轻罪。罪犯很少被判最高刑罚，即使判了，跟有组织野生动物犯罪所赚取的巨额利润相比，最高刑罚的力度也是可笑的。在众多组织和公民团体的大力游说之下，《2013年野生动物保护和管理法》于2014年1月生效。新法律将偷猎和象牙走私定为恐怖主义和贩毒同等的重罪。目前，肯尼亚对野生动物犯罪的处罚是世界上最严厉的，某些情况下，可以宣判无期徒刑。

实施新法案之后，检察官和法院开始大力加强对野生动物犯罪案件的处置。由公共检察长办公室设立的专门负责野生动物犯罪的起诉单位接管了全国的野生动物犯罪的起诉。

公共检察长办公室和肯尼亚野生动物服务局与非政府组织直面野生动物组织、巨兽空间和联合国毒品和犯罪问题办公室（UNODC）合作，编制了供检察官和调查人员使用的快速参考指南，列出了标准操作程序并针对不同类别进行了对野生动物犯罪的论证。[7]

此外，《野生动物犯罪案件摘要》还可以作为补充性文件，使检察官获取重要的野生动物犯罪案件摘要和判决全文。还有《野生动物法》指南，这些都能对巡林员和其他前线人员培训进行辅助。[8]当前，这些文件是野生动物犯罪审判最佳实践课程的培训材料，截至目前，已有肯尼亚各地法院的500多名法律官员（检察官和裁判官）受训。

密切关注法院发展的人们认为这些变化将大大改变肯尼亚对偷猎的执法力度。根据新法律的规定，野生动物犯罪审判的定罪率有所提高，刑期也有所增加。被判有罪的偷猎者的入狱率从2008年到2013年的4%上升到2016年的44%。数名偷猎者被判服刑20年，多人被罚款数十万美元。由于有组织犯罪收益的法律现在也适用于野生动物犯罪，涉嫌走私者的资产被没收，银行账户被冻结。

也许最重要的还是，该国历史上首次有象牙走私大鳄在肯尼亚法院受到起诉。肯尼亚于2014年在蒙巴萨缉获了大量象牙。之后，在国际刑警组织的协助下，恶贯满盈的走私嫌犯费萨尔·穆罕默德·阿里被捕。2016年7月，他因非法拥有象牙而被定罪，被判入狱20年，并处以2000万先令（约20万美元）的罚款。

有效的数据和情报收集

执法机构取得的所有进展，以及在一线的改进的基于证据的管理，都取决于有效的数据收集和情报收集。

直面野生动物组织法庭监控计划"眼观审判室"发挥了关键作用。此计划揭露了2013年之前野生动物犯罪起诉方面的系统性失误，并在2013年之后用于监控司法改革，并确保审判中的透明度以及程序正义。经过5年的法庭监控后，该计划于2013年发布了第一份报告，结论是情形十分严峻。[9]大多数野生动物犯罪案件嫌犯都逍遥法外。犯罪嫌疑人可以表示服罪并支付微不足道的罚款，或者，如果嫌犯对案件提出异议，由于程序不当，该案件将有很大几率被驳回。该报告像一声警钟，提供了无可争议的证据，使得人们开始呼吁对法律制度进行改革。

法庭监视计划正在继续进行，记录全国法院对野生动物犯罪审判的过程和结果。目前正在开发安卓系统基于网络的应用程序，该应用程序将为执法人员和其他用户提供访问历史和实时法庭数据的权限。

反盗猎法律的执行还取决于是否能有效跟踪查获的象牙，确保其不会在腐败官员的运作之下重新进入市场。肯尼亚现在建立了一个出色的缉

旱季，肯尼亚平原的食物会变得十分稀少，此时大象会迁至安博塞利沼泽地。该公园保护了该国五个主要沼泽中的两个，还有一个干涸的更新世湖。安博塞利是闻名于世的，让游客可以接近自由放养的大象的最佳地点之一。

获象牙数据库。2015年6月~2015年8月，肯尼亚对象牙库存进行了该国历史上规模最大的一次清点。肯尼亚野生动物服务局使用由 Bityarn Consult 开发的定制软件，在停止象牙交易组织和拯救大象组织的支持下，清点了总计105吨的象牙。到2016年4月，该国已经完成了对国家象牙库存的首次电子追踪，所有105吨象牙都已从全国各地的商店转移到内罗毕国家公园的肯尼亚野生动物服务局总部的安全商店。4月30日，志愿人员将这些象牙转移到公园焚毁。

肯尼亚野生动物服务局与包括拯救大象组织、马拉大象计划和安博塞利大象信托基金会在内的许多保护组织的科学家合作，获取了高质量的数据，一线反偷猎行动大获裨益。死亡率数据来自《濒危野生动植物种国际贸易公约》的"监测非法捕杀大象"系统在桑布鲁－拉基皮亚、察沃、梅鲁和埃尔金山区域的数据。由 STE 协调的桑布鲁－拉基皮亚非法杀害大象监控点是非洲大陆上数据最丰富的地点。[10] 保护组织也参与到国家大象数量统计中来，通过无线电跟踪计划提供有关大象活动的独特数据。所有这些信息为基于证据的决策提供了重要的输入。

在尖端技术的加持下，一线调查能力逐步改善。国际动物福利基金会（IFAW）联合肯尼亚野生动物服务局以及其他合作伙伴，在肯尼亚国内战略位置实施了创新的野生动物安全框架 tenboma。该项目支持使用智能手机、地理空间分析软件和移动设备取证工具包（用于从电话和其他设备快速提取数据）来增强对现场数据的收集和分析，压缩野生动物犯罪网络的活动空间。尽管2015年前的几年中，同一地区的偷猎活动非常集中，但2016年初以来，在 tenboma 重点地区没有发生偷猎事件。

肯尼亚野生动物服务局于2015年成立法医实验室，并对快速反应人员进行法医培训，使得检察人员识别被查获象牙来源，以及跟踪实地偷猎者到中间商和走私者的供应链环节的能力大大提升。2014年实施的安全法修正案允许对所有上报的缉获物进行起诉性调查，并确定电子证据（照片和移动记录）、警犬发现的证据和 DNA 证据在野生动物犯罪试验中的可采性。

肯尼亚执法机构及其合作伙伴组织日益复杂的数据收集和情报能力既保护了肯尼亚的大象，也使得偷猎者和走私者更难逃脱法律制裁。

共同保护大象

2013年的国家经济及社会理事会会议规定了跨部门解决偷猎危机问题的方针，这一策略一直持续到今天，并得到深化。肯尼亚拥有众多专门保护大象的组织，专注于从研究与管理到社会正义、执法、情报搜集、调查和起诉等议题。肯尼亚保护联盟，囊括了数十个保护组织，为保护部门发出统一的声音游说政府提供了机会。

政府也利用非政府组织的专业知识，吸收政策建议，促进目标实现。自2013年以来，非政府组织非洲动物福利网络（ANAW）定期发起对话会议，促使民间社会和政府机构对话，有助于促进机构间在执法领域等的合作。私人以及国家行为主体之间的伙伴关系为民间社会的专家与政府机构合作提供了框架。其中最典型的例子是直面野生动物组织和司法培训学院在野生动物犯罪审判监控以及法官、治安法官培训上的合作；肯尼亚野生动物服务局和"停止象牙交易"之间组织的象牙清查和焚烧行动；肯尼亚野生动物服务局在 tenboma 倡议下与各个非政府组织的伙伴关系。

同样重要的是，政府领导层支持提高民众意识的运动，例如"别碰我们的大象"，以及最近由国家媒体集团、直面野生动物组织和肯尼亚野生动物服务局共同创立的 NTV Wild，这是非洲第一次在黄金时段电视上定期播放野生动物节目。

在野外，通过土地所有者和社区的合作，将大片私有和社区拥有的土地划为保护地管理，大象的生活空间和栖息地情况得到了改善。在最近成立的肯尼亚野生生物保护学会的支持下，这一迅速发展的运动目前已有200多个保护区，总面积几乎等于肯尼亚国家公园以及其他国家保护区总面积的10%，国家公园和其他国家保护区对该区域进行了保护。

保护地在肯尼亚野生动物服务局处注册登记。除了有助于保护和恢复野生动物栖息地外，保护地还会为社区带来收益。这些保护地得到了国际金主和大生命、非洲野生动物基金会（AWF）、非洲保护中心（ACC）、巨兽空间和北方牧场信托（NRT）以及私营部门组织等肯尼亚非政府组织的支持。

私人实体和保护组织为巡林员提供空中和其他后勤支持，并雇用和培训数百名当地人作为巡林员或侦察员，增强了政府的反偷猎工作。以社区为基础的野生动物保护举措包括安博塞利的大生命、非洲野生动物基金会和国际爱护动物基金会，察沃的察沃信托基金会和大卫·舍尔德里克信托基金会（David Sheldrick Wildlife Trust），莱基皮亚的私人勒瓦野生动物保护区和奥尔佩杰塔（Ol Pejeta）保护区，桑布鲁的北部牧场保护基金会，以及马赛马拉（Marasai Mara）的马拉三角（Mara Triangle）和马拉大象计划（Mara Elephant Project）。这些组织雇用当地社区人为侦察员，在培养善意和支持当地人保护大象方面发挥了至关重要的作用。

挑战

尽管肯尼亚在控制盗猎方面取得了重大成就，但肯尼亚大象的未来仍然不安全。正如理查德·利基经常说的那样，战胜偷猎本身并不是一个困难的问题：只要有政治意愿和足够的资源就行。像非洲其他地方的同类一样，肯尼亚的大象也面临着其他一系列更加棘手的威胁，这些威胁与整个非洲大陆历史趋势以及更广泛的社会经济、文化和道德问题交织在一起，繁杂难解。其中包括人类入侵大象活动区域和人象冲突。大象一夜之间

就可以糟蹋掉一户人家一年的口粮，农民要保护自家农作物，是理所当然的。

通过肯尼亚港口走私象牙

肯尼亚——特别是蒙巴萨港口——仍然是非法象牙从非洲运往亚洲市场的最重要中转站。由于肯尼亚在供应链上的战略地位，该国在全球打击控制象牙贸易的跨国犯罪集团行动中有着特殊作用和责任。停止走私象牙不仅是我们作为该地区受野生生物犯罪困扰的其他国家的"好邻国"的责任。我们知道，只要走私者在我们的土地上站稳脚跟，他们就会千方百计恢复盗猎活动。

由于打击象牙走私涉及多个机构，而且犯罪分子通常会将象牙隐藏在其他货物中间，难以在密闭的集装箱中检测出来，工作难度越来越大。犯罪集团隐藏象牙的手段越来越高超。近期缉获行动中，我们在装有蔬菜、咖啡、木材运输品的集装箱中发现了象牙，犯罪分子把象牙和废料混在一起，泡在油桶里，但这些还是扫描仪可以发现的。不幸的是，由于扫描仪故障以及贪腐行为，我们无法扫描所有集装箱。我们最大的缴获是在茶叶集装箱中发现的，由于产品的易腐性，茶叶集装箱被免于扫描和搜索。肯尼亚已通过引进侦察犬在内的举措，加强了港口执法能力。这些举措由蒙巴萨新成立的多机构联合港口管制单位牵头负责，该单位是毒品和犯罪问题办公室世界海关组织集装箱控制方案的一部分。该单位联合肯尼亚野生动物服务局、肯尼亚森林服务局（KFS）、肯尼亚警察局（KPS）、肯尼亚税务局（KRA）和肯尼亚港口局（KPA），让各部门官员互相协作，实时交换信息。

然而，尽管政府做出了这些努力，2016年蒙巴萨仅有一次大型缴获，而东南亚当局在抵达时查获了其他几批已通过该港口检测的大宗货物。我们只能猜测有多少象牙在未被察觉的情况下，继续流出蒙巴萨。即使当走私者被逮捕收监，法

院似乎也无法执行法律。尽管已广为宣告成功将目前在蒙巴萨服刑20年的象牙走私者费萨尔·阿里·穆罕默德（Feisal Ali Mohammed）定罪，但其他与重大缉获有关的案件仍滞留在庭审阶段，2012年以来只宣判了一个案件。

腐败

由于港口官员和执法机构的腐败等原因，侦查过境象牙并将已知的象牙走私者绳之以法的成果有限。肯尼亚正在不断努力，以减少负责执行野生动物法律的机构中的腐败风气。肯尼亚野生动物服务局成立了防止腐败委员会，确定了腐败风险区域并实施风险缓解措施。

如今，法庭内的永久监控器使得在重大案件的审判中避免暗中篡改证据、错放文件等腐败行为。然而，与许多其他非洲国家和象牙消费国一样，肯尼亚的各级腐败仍然普遍存在。并且是在打击世界范围内大象偷猎和象牙走私的一大障碍。

人象冲突

即使我们消灭了偷猎行为，肯尼亚和整个非洲的大象也会面临许多其他威胁。这些与人口增加和社会经济发展的迅速步伐有关。大象尤其受到以下因素的影响：

·城市和农业发展，侵占传统大象活动区域；
·在国家公园和保护区非法放牧牲畜；
·牲畜过度放牧（保护区内外）；
·跨越国家公园和其他大象栖息地的大型基础设施建设。

这些压力使得大象栖息地减少、破碎和退化。由于社会发展，大象被各方包围，与周围地区的人们接触日趋紧密。结果，人象冲突成为肯尼亚

许多地区大象种群的最大威胁。大象不仅破坏庄稼和财产，而且有时会杀死妨碍道路的人，从而导致致命的报复袭击。仅在安博塞利地区的生态系统中，2016年就有十多人死于大象袭击，尽管没有公开数据，预计被愤怒的社区居民杀死的大象要更多。根据世界自然基金会的报告，肯尼亚每年约有30人被大象杀害，其结果是，当局每年杀死50~120头大象。[11]

肯尼亚正在采取一系列举措减轻人象冲突，包括在大象身上安装追踪颈圈，大象接近人类定居点时提供预警，以及一些威慑性的方法，例如广播蜜蜂的声音驱离大象。[12]但是，只有人类采用可持续的发展方式和资源利用方式，为大象留出继续生活的空间，才能长期解决人象冲突。大象跟踪和监测方面的进展为确定大象分布区域和走廊提供了重要的投入，因此可以将它们纳入空间规划和区域发展计划中。

同时，肯尼亚迫切需要进行创新，有效地奖励居住在大象分布地区的社区和人们。目前，大象是一种国家（全球）资源，但是大象保护费用却由当地人承受着。

通过为保护大象的当地人创造就业机会，通过社区巡林员计划来纠正这种不平衡。位于肯尼亚北部的北部牧场信托基金会贸易公司是一家营利性社会企业，正在探索创新方法，将野生动物保护与提升北部牧场信托保护区牧场质量、更高的收入以及可持续的企业增长联系起来。该公司的目标是从摆脱对援助的依赖，资金自给自足，形成可用于管理33个自然保护区的可持续模式。目前在北部牧场信托框架下的保护区总面积超过3.2万平方公里。[13]

展望未来

肯尼亚在大象保护方面有创新之处。在某种程度上，肯尼亚的邻国都在参照它进行焚毁象牙、开展运动动员公众、监督法庭和执法人员能力建

设等活动。

　　国家、私营部门和民间社会组织共同努力的最重要成就是，大象不再是肯尼亚边缘议题。大象保护成为主流政治问题后，打击偷猎取得了成功。

　　尽管如此，肯尼亚仍然会是不自觉的非洲大象屠杀同谋，除非它能够守住国境，将象牙走私者绳之以法，阻止非法象牙通过其港口和机场过境。

　　此外，在为人类与大象的冲突问题找到可持续的解决方案，从而为大象和人类带来利益之前，大象永远不会真正安全。我们需要设计出为我们的人民创造财富的方式，为大象留下生存空间，让它们成为我们子孙后代不竭的奇迹和灵感源泉。

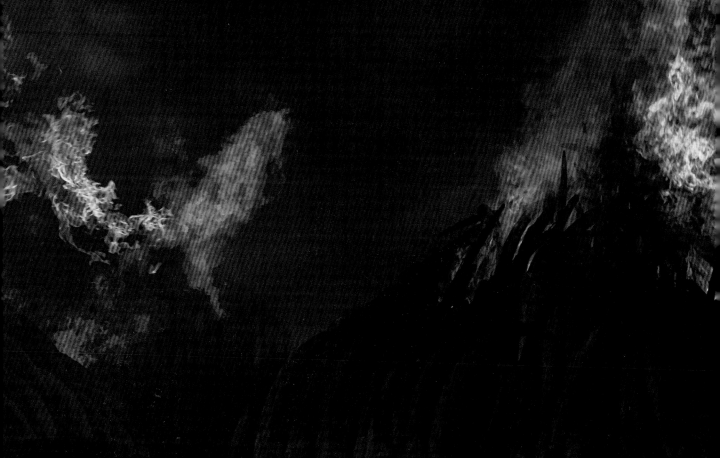

"当一个国家开始焚烧象牙的时候，就意味着他们不会再接受任何幕后交易。这不是假装宣布禁令然后在台面下继续贩卖象牙。我觉得这是十分大胆的举措。我建议人们买光象牙，然后交给政府。把它们全部烧掉。"

———————————

伊恩·道格拉斯-汉密尔顿

肯尼亚山山脚，博拉那
保护区。

右侧竖排文字：◎ 艾尔森·卡尔斯塔德摄

32

北方的大象

这是关于数千只动物如何引发和催动变革的故事。现在，此前曾与大象冲突的社区，现在正聚集在一起，商讨人民和大象的未来。

伊恩·克雷格

一百年前，肯尼亚北部的大象是一个相互联系的庞大种群，成千上万的大象分布在今天的埃塞俄比亚、南苏丹、乌干达、肯尼亚和索马里。它们随季节变化自由迁徙，不受人类限制，还可以安度晚年。

辽阔的山区森林、广阔的沼泽、草原和沙漠之间的生态联系是无缝的，大象可以享用肯尼亚北部得天独厚的栖息地。它们是无国界的丰富多样的生态系统的一部分。

肯尼亚/乌干达边境的波克特社区的一位长老最近告诉我们一个故事，那里仍然残留着600头大象，很好地说明了大象活动的影响："大象带来雨水和草，随着季节的变化，它们会从苏丹运来草种子，确保我们养的牛有草料，使它们长膘。大象被猎杀之后，我们的放牧地就消失了。"他的故事完美地体现了肯尼亚北部大象面临的威胁：象牙价值、人口过多、气候变化、牲畜的挑战和牧场的减少。

对于过去三代人类或大象来说，这种宁静的季节性迁徙改变了。过去，阿拉伯、非洲和欧洲的象牙商人都在为了象牙猎杀大象。因此，大象学会了避开人类。伊尔·恩格威西族狩猎采集者为了象牙或肉而杀死的大象数量很少，对于整个区域的大象数量来说，这种程度完全在可持续范围之内。

在1950年代和1960年代，由于象牙价值低下以及强大的殖民地执法机构的打击，偷猎行为不成气候，大象得以在肯尼亚北部蓬勃发展。这个区域的巨牙象闻名于世。大型猎物猎人追寻那些长着重量超过100磅（45公斤）的象牙的公象，这里正是他们关注之地。他们的狩猎活动正是"游猎"概念最纯粹的展示。

罗斯福、伊士曼和约翰逊等著名人士蜂拥而至肯尼亚北部，他们的行径以电影和书面形式记录下来，证明人和动物曾在此处共存。有一个专业猎人，安德鲁·霍尔姆伯格在15年间杀死了34头公象，它们都长有超过100磅重的象牙。

"如果我们真的要执行保护措施，救助野生动物，就得让非洲领导层来推进。"

保拉·卡胡姆布博士
直面野生动物组织

一座被平原包围的天空岛，这是肯尼亚北部马修斯山脉的一部分。这里叫作冷基伊奥丘陵，桑布鲁人的家园。

以西奥罗县供瓦索尼伊洛河顺着肯尼亚
山的山坡向低处流淌，注入干燥的平原。这
片平原往东延伸到肯尼亚大裂谷。

"肯尼亚以前有100000头大象，也没有造成什么大问题。我们今天面临的问题不是大象过多。"

———————

理查德·利基博士

那时，克鲁格国家公园正以园内的七头100磅重象牙的公象为荣。肯尼亚的马修斯山脉藏有相近的大公象群，其中包括一生横穿高山的老大象。此处大象长出大牙的几率很高，这里的栖息地也完美地支持了这些游荡的巨人。

破坏开始

1964年肯尼亚独立后，索马里与肯尼亚之间爆发了残酷的战争。索马里占领了肯尼亚北部的部分地区，但新生的肯尼亚政府认为其领土神圣不可侵犯，以雷霆之势捍卫领土。肯尼亚最终获得了胜利。但是，索马里武装匪徒为了商业利益，将枪口调向了大象。随之而来的破坏几乎是无法理解的，大象数量直线下降。受政治庇护的犯罪集团公开大肆活动，他们在警察的护送下，将象牙从全国各地运往国际机场。

肯尼亚北部的大象从祖居的乐土逃到梅鲁、桑布鲁、水牛泉等国家公园以及莱基皮亚境内的私人牧场内寻求庇护。这些地区过去很少有大象踏足，如今却挤满了大象，它们试图在居民之中寻求庇护。大部分大型公象被杀死，大象家庭分离崩析。流离失所、骨肉分离的大象聚在一起，组成一个个数量众多，充满戒备，但组织结构混乱的群体。

作者罗伯特·鲁阿克曾说，他在马修斯山脉一天之内看到过2000头大象，如今，这里象去山空。大象的主要栖息地，过去曾饮食充盈，满是大象欢欣满足的叫声，如今却一片死寂，难觅动物踪迹。到了1980年，马修斯山脉的森林和山谷几乎已无生命，没有了大象的"修剪"，这里植被疯长，编织成层层叠叠、无法穿越的屏障。

位于北部海岸，肯尼亚最偏远、完好无损的原始森林——博尼森林也未能幸免。这里毗邻索马里，曾有超过2万头大象栖息于此。在短时间内，这里大象数量锐减到不足200头。残存的大象躲藏在森林的最深处，只敢在夜深人静时冒险出来进食。

偷猎者都曾经是士兵，他们凶悍无比，是丛林战争的残兵败将。在消灭大象时，他们毫不留情。但是，刚开始的时候，他们可以肆意猎杀大象，获取数以吨计的象牙，如今，他们要花上很多天来搜索幸存的大象，只能获取数公斤的象牙。然而他们的决心分毫不减。

到1989年，肯尼亚北部的大象种群可怜、分散，遭受了偷猎行为的极大打击，挤在小小的区域里，通过当地人类的存在来保障自己一丝安全。大幅缩水的栖息地，使得它们被摧毁了。由于它们破坏毗邻保护区的农田，当地人成了它们的敌人。大象种群受到了越来越重的打击，未来希望渺茫。

从未遇到过栅栏的大象现在遇到了障碍。无数世代以来，它们都在这广阔的天地自由行走，现在却被限制在小小一隅。在发现自己的牙不导电之后，大象决定以破坏限制它们的电围栏作为回应。

新开始

正是这个只余数千成员的种群引发和催动了变革。1989年，肯尼亚焚毁象牙，这是第一个转折点，一种新型社区主导模式塑造了肯尼亚北部大象的未来，以及整个地区的保护原则。

焚毁象牙后，世界开始意识到非洲大象的困境，并停止购买象牙。盗猎者及其经纪人通过杀害大象获得的经济回报从每公斤150美元降至每公斤20美元，不再值得大费周章、冒着危险进行偷猎。象牙价格触底了。慢慢地，在过去的二十年中，这里恢复了千百年来的常态，大象们开始像过去那样迁徙。在这些象群中，有一些领头母象还记得它们的祖先所走过的路线。它们知道干旱季节结束时剩下的最后水源，也知道开始降雨时，最有营养的植被在哪里，还知道先辈们挖掘的水坑的位置。

被武装匪徒猎杀的先辈，如今骨已零落为尘，随风逝去。大象爱吃高大的纽墩豆木。数个世纪以来，大象一直在损坏、剥下纽墩豆木的树皮。大象消失20年之后，这些树的树皮开始恢复。数个世纪以来树皮都被大象损坏、剥下，在大象消失20年后，它们的树皮开始恢复。慢慢地，大象在马修斯山脉那些无法穿越的山谷里，开辟了等高线一般的大象小径——穿林而过、相互连接的高速公路——而这里已经多年未有大象经过了。

这些大象的谨慎是可以理解的。它们的家庭遭到破坏，社会纽带破裂。毫无联系的大象们开始建立连接，形成家庭。在这些新组建的群体里，领头母象成为领导者。没有40岁和50岁公象的智慧或指导，无法从它们那里学习到代代相传的传统，公象群体像厚脸皮、富有脾气的年轻人结合在一起。

肯尼亚北部的大象逐渐成为殖民者和机会主义者。它们不断试探自己活动的边缘，通过扩大活动区域来寻觅安全，逐渐进入自1970年代初以来未记录过大象活动的区域。那些从未见过大象的人类社区发现，他们多了一些灰皮肤的大邻居。

到1990年，技术开始发挥作用，最初只是科学家的研究工具，用来了解大象迁移的目的地和原因。通过空中监测的甚高频无线电颈圈，人们开始了解到之前只有领头母象和公象才知道的秘密。随着时间的流逝，象群继承的知识不断发展，保证象群的安全和饱腹。

随着技术的进步和卫星的应用，人们发现了大象是什么时候洗澡的，大象会通过什么手段、在什么时候、出于什么原因从一个安全区域"潜逃"到另一个安全区域。科学家们可以看到大象在雨水丰沛时是如何聚成庞大的群体。科学家们发现大象的小径与它们活动轨迹十分一致，适于这些动物每年迁徙数千公里寻求最佳栖息地和社交聚会的运动。数年之内，了解到这些秘密的保护主义者和当地社区得以为整个范围内的大象提供更多的安全保障。

新思路

肯尼亚自诞生之初便是一个资本主义国家。到2002年，通过社区进行的保护资本主义逐渐从概念变成一种工具，为肯尼亚北部的社区和和平提供了机会。它在该地区的畜牧社区里扎根。大象将成为这种进化思想的最大受益者。

在肯尼亚，保护工作一直以来都是政府的自留地，但少数参与的私营部门都十分高效。肯尼亚70%的野生动物都位于保护区之外，各社区拥有野生动物赖以生存的土地，它们是大象未来的关键。因此，肯尼亚北部大象的生存现在取决于当地社区。

在2004年，这些社区共同成立了北部牧场保护基金会（NRT）。该基金会由当地社区所有，并受社区领导，基金会成员来自多个种族，目标是为了未来发展。它直接将保护工作与社区的日常生活联系起来。基金会运作透明，并按照世界一流的标准进行管理。

这是东非历史上第一次将保护工作与社区发展融合，并获得成功。它表明，可以通过保护大象生命安全来改善生活，刺激传统上没有大象的地区的就业。事实证明，保护工作可以为牲畜创造新的经济增长点，促进旅游业的收入进一步上涨，为当地人民带来洁净饮水，并为渴望从传统的以牧民为生的生活方式转变为现代生活方式的社区提供更多的教育机会。它打开了通往职业道路的大门。

肯尼亚饱受民族冲突之扰。而且，肯尼亚北部地区还有大量来自南苏丹和索马里的非法枪支。这些情况交织在一起，给当地野生动物、人民和发展带来恶劣的影响。但是，出乎意料的是，在种种不利条件下，北部牧场保护基金会借机建立了强大的力量。

训练有素且资源丰富的社区警务团队目前负责保护人类和野生动物。先前陷入冲突的社区，现在通过会议来规划社区人民和当地大象的未来。

照片里展示的是西门保护区的勒穆格特仪式。这
是桑布鲁社区的传统仪式，他们通过它来滋养传统文
化。西门保护区得名于这里是桑布鲁国家保护区的西
部入口。这是2004年成立的北部牧场保护基金会的初
创保护区之一，这里的保护措施十分成功：大象偷猎
几乎下降到了零水平，消失了三十年之后，狮子和长
颈鹿又回到了这里。

© 大卫·钱斯勒摄

他们与国家和县政府机构发展伙伴关系，产生了持久影响。以野生生物为基础的新型经济正在发展，为年轻的牧民提供了新的就业机会。

以前曾骚扰和射杀大象的地区，现在把它们接受为景观的一部分。大象趁机离开拥挤的公园和莱基皮亚的私人牧场，向东和向北出发，回到了祖先曾经世代生息的山脉和沙漠中。

随着肯尼亚人口的增长，土地压力将继续增加，水资源将日渐稀缺。不可避免地，大象将被赶往没有农业潜力的边缘之地。尽管国家公园神圣不可侵犯，但私人土地上的大象正受到严重威胁。肯尼亚北部仍然有大片的大象栖息地。那里有充足的水源，并且没有被牧民用标记自己土地的栅栏分割。

带状开发、输油管道、道路和高速铁路可能会破坏景观，但我相信，以现有的保护力度，保护区和社区之间仍将有足够的连通栖息地，确保未来50年间，增长的大象种群有稳定的居所。

连接肯尼亚山国家公园，勒瓦野生动物保护区和桑布鲁/布法罗温泉/沙巴建筑群的12公里长的走廊展示了大象的适应性。通过仔细计划，可以保持连接性。就肯尼亚山而言，这条走廊将肯尼亚山国家公园内被农业隔离40年的2000头大象重新连接到桑布鲁/布法罗温泉/沙巴综合体中的7000头大象。

艾哈迈德、穆罕默德等肯尼亚北部著名巨牙象的基因流传了下来，它们的象牙曾被运送到富裕和信息不灵通的市场用于生产小饰品。马修斯森林出现了象牙超过100磅的公象——研究肯尼亚北部大象的科学家和研究人员完全不认识这些个体。

马尔萨比特地区曾经拥有多达500头大象，现在剩下的150头大象正在蓬勃发展。象牙偷猎活动处于历史最低水平，只有少量大象死于埃塞俄比

亚的婚礼习俗。马修斯山脉、马尔萨比特和肯尼亚山之间的连通性和迁徙现已恢复。大象再次出现在南霍尔河谷和恩多托山这样大象数量曾经降到了零的地方。

肯尼亚北部的大象进入新的扩张阶段时，会减轻保护区和私人保护区内的植被承受的压力。尽管保护区仍将是其核心活动范围和在旱季和动荡时期避难的地方，但大部分大象将适应充斥着大象栖息地的肯尼亚东北部区域。毫无疑问，有些区域，尤其是在莱基皮亚及其山脉西南边缘，人类与野生动物之间会发生高度冲突，但是那里的牧民和大象将学会共存、共享水源和草场。

繁殖群很可能会重新建立其社会和迁徙模式，知道在哪个季节去哪里，在雨季聚在一起，形成上千头的群落，集中在面积狭小资源丰富的区域，加强彼此的社交，增加种群的多样性。在旱季，它们就会散开，并回到公园或现已安全的森林山区里的旱季活动区域。

成群的老年公象正在重建家园，生活在很小的区域，直到它们进入发情期，需要寻找繁殖群体时才会迁徙。随着大象种群的成长，这些公象群体的数量也在增加。二十头以上的成年公象群越来越常见，而这是肯尼亚北部大部分地区数十年来从未观察到的。

但是，这种稳定性的一个重要前提是，象牙必须变得毫无价值。重要的是要确保大量的枪支和犯罪集团的贪婪不会再次集中于肯尼亚北部的大象身上。希望还是有的：中美两国已禁止象牙贸易，并且通过"大象保护倡议"，位于大象活动范围内的非洲国家越来越认识到，非洲大陆在象牙销售方面需要凝聚在一起，产生共识——一个国家的销售会刺激象牙销售需求并促进整个大陆的偷猎活动。目前，在牧区的保管和照顾下，肯尼亚北部大象的前途一片光明。

"我自工作起就投身于大象。但是我不得不在政治、社区事项和人类福祉上投入精力。毕竟，人类才是决定大象未来的因素。"

———————————
伊恩·道格拉斯-汉密尔顿

在瑟拉保护区的考罗河，大象年均目击数量从3000头上升到了1.1万头。细纹斑马的目击数量从250头上升到了超过2000头。

© 安东尼·恩朱古纳摄

上世纪六七十年代的常态：坦桑尼亚塞卢斯禁猎区里合法
狩猎的142磅（6公斤）长牙象。这头大象的象牙长度是有记录
的第八长象牙，一根3.1米，另一根2.98。卢卡·贝尔皮耶特
罗对自然的兴趣萌发于小时候跟父亲（图中人物）一起在树丛间
狩猎。但是今天世界已经大变样了，卢卡现在致力于在肯尼亚
进行非消费、无猎杀的保护区计划。

© 卢卡·贝尔皮耶特罗 档案馆

33

大象和孩子

在丘尤鲁丘陵地区，人们和野生动物已经学会了合作。部落成员意识到大象活着要比死了有价值。

卢卡·贝尔皮耶特罗

"可奇，停下来！"爸爸向我最爱的黑白指针犬下令。我怕极了，外面黑蒙蒙的。我可以透过帐篷窗户的蚊帐看到星星。我准备要一个人待着了，我开始觉得这不是个好主意。

我仍然记得夜晚的气味。清新的空气。
我仍然记得蟋蟀奏响的小夜曲……
这是我一个人住帐篷里的第一个晚上。我父亲跟我说了晚安。我爬到可奇附近，兴奋，又很害怕……最终我还是睡着了。中途我醒来了一次，听到远处的吠叫声。不是斑马，而是狗。我不在非洲，而是意大利乡间别墅的葡萄园里。那时是1968年，我4岁大的时候。

这是我的第一次冒险。直到七年之后，爸爸才带我一起去去非洲游猎。他在1960年代和1970年代参加的游猎，是真的狩猎动物的。那个年代就是这样的。没有小小的旅游营地和旅馆，只有几家大旅馆。游猎里可没有孩子的位置。

终于在1975年，我父亲带我去察沃和安博塞利参加了一次摄影游猎。我记忆犹新。我还记得，

因为司机没能在河沟刹车，我惹了麻烦。虽然被提醒过很多次了，但我还是爬上了路虎的车顶，热切地看着周围的一切：斑马、长颈鹿、猴面包树。所以，司机刹车时，我突然从车顶上弹了下来。多年后，机缘巧合之下，我又住到了这件事情发生的地方。今天，和游猎游客一起穿过同一个河沟时，我向他们讲述了一个顽皮鬼被父亲斥责的故事。

我记得第一次到马赛村时的样子，而现在我会和旅客一起来。我还有那时候的照片：我的妈妈、我的兄弟和我。背景是隆吉多山和丘尤鲁丘陵，从22年前开始，我就把这里当成家了。

跟爸爸一起狩猎的日子使我对非洲萌发了热情。没有这段经历，我就不会和马赛人一起生活和工作，也不会放弃意大利国籍而自豪地成为肯尼亚人。这与我父亲1970年10月在塞卢斯拍摄的传奇大象有关。他的狩猎构成了我对非洲的梦。

第348页的照片中的那头巨型大象已到暮年，大概有六十多，甚至有七十岁了。他的象牙异常巨大，有一根超过3米长，另一个则短一些：这

丘尤鲁丘陵是由岩浆流凝固形成的，最近一次岩浆流爆发是在1856年。这是世界上最年轻的山。丘尤鲁丘陵从稀树草原拔地而起，云雾缭绕的顶峰高达2188米。

是史上第八长的象牙。这不是关于我父亲的战利品的故事，而是关于那头大象和那些象牙对我的意义。

通过父亲的狩猎，我了解了非洲保护工作的复杂情况。在非洲，事情从来都不简单，也不容易理解。例如，与库库（我住的马赛群落牧场）接壤的国家公园曾经有3万多头大象[1]和8000头犀牛。1960年代和1970年代，随着全球象牙需求增长，偷猎活动有所增加。结果，在1977年的一天，狩猎突然被禁止了。

然而未实现对野生动物的预期保护。相反的事情发生了。狩猎区里的专业猎人提供的安全网络并没有被类似有效的警务和反偷猎所取代。非法狩猎猛增。十年来，大象数量猛跌至六千头，犀牛几乎灭绝。

这是否意味着我们应该重新在肯尼亚恢复狩猎活动？绝对不是！今天的肯尼亚不是40年前的肯尼亚，世界也不一样了。1970年代末，肯尼亚人不到2000万，现在这个数字接近5000万。人和野生动物在同一土地争夺非洲稀树草原的稀缺资源（草和水），越来越激烈。

我们如何让当地人接受，拥有狩猎许可证的外国人到这里来花上几周时间，猎杀羚羊、水牛、狮子甚至大象，而与野生动物共存的人则被禁止猎杀动物，还会因此被捕。

可持续旅游业是我们拥有的最佳保护手段。尤其是在我居住的马赛地，这里位于标志性的察沃国家公园和安博塞利国家公园之间，长牙象仍可以在此自由漫步。

它们受到与它们共享一片土地的人民保护，这是一个值得讲述的故事。对我而言，这个故事始于我父亲的狩猎，到了故事的结尾，则是与库库群落牧场的15000名马赛族人进行旅游和保护合作，在28000英亩（113平方千米）的原始非洲旷野上保护野生动物。

在我二十出头的时候，我开始在肯尼亚度过整个夏天。看着这里生机勃勃的原野，美好的人

民，我知道自己不可能在其他地方生活了。我确信这一点。完成关于肯尼亚的可持续发展和环境保护的论文后，我接触了库库的马赛社区，提议建立旅游和保护伙伴关系。该地区的马赛地主们可以从他们的旷野和野生动物中直接赚钱，这还是头一遭。在欧内斯特·海明威盛赞的"非洲的青山"（Green Hills of Africa）里，我建造了自己的房屋：社区精品生态旅馆雅坎兹营地（Campi ya Kanzi）。

那时这里连一条路都没有。我们（我和我的女友安东内拉）从头开始建立一切。我们在一个小帐篷里住了两年，经过艰苦的努力，旅馆建成了，我们的梦想成真了。我们在这里举办一场婚礼，生了三个孩子，开始愉快地称这个天堂为家。

非洲会不断考验你。但是我们很固执，到目前为止，还没有放弃。我们经历过非常困难的时刻，例如大火烧毁了小屋，而我们女儿卢克雷齐娅刚刚出生。

在丘尤鲁丘陵，我们证明了充满野生动物的荒野值得保护，它以可持续的方式为马赛地主带来了经济红利。为了增强社区旅馆的影响力，我们创建了非营利性的马赛野生动物保护基金会。它有265名肯尼亚人雇员，为当地社区提供教育、保健和保护服务。

我们怀着改变的愿望，走到了今天。现在，基于丘尤鲁丘陵云雾森林的保护，我们开发了一个碳项目，我们要继续前行。为生态系统服务付款很简单，可以确保自然资源为周围居民带来经济效益。游客每人每天支付116美元（在撰写本文时）保护费，以补偿马赛族因野生动物造成的牲畜损失，我们正在努力收取类似的水费。我们还为生态系统服务支付了碳信用额（丘尤鲁山是重要的集水区。丘尤鲁山麓的一条管道将数百万公升汽油运往肯尼亚第二大城市蒙巴萨）。

在二十年间，通过旅游业和动物保护方面的合作，我们向马赛人证明了野生动物值得保护。保护工作可以让孩子有学可上（我们雇用56名老

师，支援了22所学校）、让该地区可以支付医生和医疗服务的费用、创造就业机会、赔偿被掠食动物杀死的牲畜。

大象、狮子、猎豹、豹子、长颈鹿、斑马、羚羊已成为马赛人的资产。我们不必再花钱购买无人机，也不必去追捕偷猎者——社区自己就会巡逻土地，捍卫他们的野生动物，将偷猎者拒之门外。

我们转而把资金投入到教师、护士和其他服务提供商上。而且我们发现一项倡议会导致另一项倡议。三年前，雅坎兹营地的一位客人问她如何帮助支持马赛族女孩。我们建议了中学奖学金。我们认识一个出色的学生，并希望帮助她上高中。客人同意了。我们发现，这个女孩的父亲刚刚卖出50只山羊，只为把女儿送到我们附近的寄宿学校。我们为她提供了奖学金，他感到很高兴：他的女儿将接受教育，他也可以把山羊要回来。那个客人现在已经同意支付女孩的大学学费。

一个月后，一个马赛人晚上在博马营地外面被一头大象杀死了。社区要求报复，要杀了那头大象。我们所帮助的那个女孩的父亲立即去了村庄，向情绪激昂的人群讲话。他说了一些我不能说的话："要是你喝醉了还大晚上在野地里乱晃，就很可能丢掉一条命。这件事不关大象什么事，这是喝酒然后晚上乱跑的原因。我的女儿因为大象而在学校读书，你无权杀死其中的任何一头。"

最近，一个年轻人被一头大象杀死，尸体四分五裂。他只是在错误的时间出现在错误的地方。耕地附近的一个水坑引来了大象，这些大象随后破坏了附近的农作物，而牧民被社区所包围。当大象试图逃脱时，年轻人发现自己正走在大象逃跑的路上，遭袭身亡，身后留下两个小孩。

社区要求杀死大象。我们的社区巡林员以及肯尼亚野生动物保护区巡林员、警察和我们的集团牧场主席设法安抚了愤怒的人群，并让他们同意不应该杀死任何大象。尽管社区陷入困境，但他们仍然能够理解，大象并不仅仅是向年轻人冲来，而是动物本身受到了攻击。只有知道大象是他们的最大财富，他们才能以这种方式看待悲剧。

这样的故事很多，这两件事只是社区做出的诸多痛苦决策的缩影，它们表明社区做决定的时候愿意考虑野生动物的价值，并支持生态可持续性。

在肯尼亚南部的库库，我们相信人类和野生生物可以而且应该共存，并且我们正在尽最大努力确保野生生物仍然是当地房东的一种生产资源。没有必要在少数几个农业用水水坑附近设立围栏来阻止大象，这里水资源紧缺，野生动物和人类一样需要这些水坑。水之类的资源稀缺，野生生物与人类一样需要它们。在出现利益冲突的地方，可以寻求替代方案。

丘尤鲁丘陵地区的人们意识到人类和野生生物是相互依存的，大象和其他标志性的非洲物种活着要比死掉来得更有价值，在非洲这个神奇的角落里，共存以及通力协作对所有生灵都是一件好事。

我的故事始于意大利的一个小帐篷里的男孩和狗，如今我经历了抚育和实现保护非洲多样化野生动物的梦想。儿童本能地知道地球上的生物——大象、狮子、长颈鹿——的重要性，并且地球是共享的。在丘尤鲁丘陵，我们找到了一条路。

"我不得不测量每一根象牙，这可以提供很多与大象性别和年龄有关的信息。我们从近3000根象牙上收集了数据，根据每根象牙上标注的缴获时间和地点划出了时间线。结果令人担忧。象牙的尺寸越来越小了。这表明偷猎者开始向年轻的大象伸出魔爪，而受害的大部分都是幼象。"

—————

保拉·卡胡姆布博士
直面野生动物组织

@ 雅茨普地摄，肯尼亚丘尤鲁丘陵

34

需要紧急干预来拯救森林象

加蓬也许是世界上唯一可以同时看到大猩猩、大象和鲸鱼的地方。我们需要保护这一宝藏。

温南·维尔乔恩

当保护主义者迈克尔·费伊发现明凯贝群岛时，他认为自己已经找到了非洲终极的原始荒野。1999年的一天晚上，在进行万千样带实况考察*时，他离开了自己团队的营地，爬上一座孤零零的花岗岩岛山的山顶，那里可以360度观察周围的景致。当他到达山顶时，夕阳的金色光芒投射到雾气升腾的雨林中。"我觉得很幸福，"他在日记中写道，"我就像独自一人待在未开垦的星球上一样。"

费伊的生态普查和信息收集考察持续了455天，在此期间，他步行了3200多公里，穿过了中非最荒凉和勘探程度最低的热带雨林。在这过程中他患上了疟疾、热带病并多次遭到大象袭击，但世界第一次意识到该地区野生动物的多样性。

加蓬地处赤道，比英国大近10%，但人口只有200万左右，其中大多数居住在主要城镇。茂密

的热带雨林覆盖了其土地面积的80%以上，其中生活着600多种鸟类和200多种哺乳动物，包括例如大象、林羚、黑猩猩、西部低地大猩猩和山魈等标志性物种。

费伊进行万千样带考察后，政府据此建立了13个国家公园，保护该地区非凡的自然遗产。加蓬的国家公园令人叹为观止，种类繁多，地貌有主要和次要森林、沼泽森林和沿海森林到红树林，每一个都有丰富的生物多样性。有50%的非洲森林象生活在这里。

在费伊的帮助下创建的明凯贝国家公园，在本世纪初是中非地区森林象密度最高的地区，由于这里象群相对较大的规模和孤立性，人们认为是它们的重要庇护所。这些行踪不定的动物曾经被认为是草原象的一个亚种，但是最近的遗传分析发现它们是一个独立的物种，学名为 Loxodonta Cyclotis。

费伊的天堂并没有持续多久。约翰·浦尔森、费伊和其他人进行的一项调查对比了公园和周围地区2004年~2014年间的大象数量，结果表明美

---

* 万千样带实况考察（Mega Transect）是迈克尔·费伊在1999年在刚果盆地进行的调查，目前尚未找到通用的中文译名。——译者注

加蓬也许是世界上唯一可以同时看到大猩猩、大象和鲸鱼的地方。我们需要保护这一宝藏。

□ 保罗·奥古斯丁绘，油画，61 x 122厘米

梦正在变成一场噩梦。在10年中，明凯贝的偷猎行为导致大象数量减少了78%到80%，超过25000头大象。[1]据统计，2004年的大象数量为32851头。到2014年，这一数字降到了7370头。"公园损失的大象，"研究人员写道，"是大象保护的重大挫折。森林大象数量显著减少并不是什么新鲜事，但是在十年之内，中非最大、最偏远的保护区之一的大象损失了78%~81%，给我们拉响了警报，在偷猎面前，没有一个地方是安全的。"

公园南部的大象似乎是加蓬国内的偷猎者猎杀的，而来自喀麦隆的偷猎者则清空了北部和中部地区的大象。喀麦隆的国道距明凯贝最近的地方只有6公里，这使得进入公园相对容易。喀麦隆在象牙贸易中起着重要作用，杜阿拉是象牙的重要出口。2011年，国家公园管理局从明凯贝内的一个非法采金营地驱逐了6000多名非法移民，其中大多数是喀麦隆人。该地点是包括偷猎在内的犯罪活动的中心，犯罪分子大多源自喀麦隆德约姆。

保护优先

高发的大象偷猎活动并不能说明政府的漠视，而是向我们展示了偷猎活动规模的巨大。加蓬是一个重视环境保护的国家。最初，国家公园管理局的资源和人手不足。但是，偷猎报道增多之后，政府将森林象的地位提高到"全面保护"级别，将国家公园管理局的预算增加了一倍，并成立了国家公园警察局。2012年，加蓬成为第一个焚烧象牙存货的中非国家。

2002年，已故总统奥马尔·邦戈·翁丁巴设立了13个新的国家公园，面积达2.5万平方公里，约占全国面积的10%。当时，这被视为具有政治风险的举动。但是，他的大胆决定得到了美国政府

5300万美元的资助，用于建立刚果盆地森林伙伴关系，这是一个由政府、保护组织和业界组成的区域联盟。

2017年，奥马尔的儿子和继任总统阿里·邦戈·翁迪巴宣布建立20个新的海洋保护区，覆盖该国26%的领海。大约20种鲸鱼和海豚活跃在加蓬水域。这一海洋公告确保了世界上最大的棱皮龟和丽龟繁殖地之一的保护工作。

大多数保护主义者认为，该国公园地处偏远地区，农村地区人口稀少，足以保护加蓬的野生动物，尤其是森林象。但是浦尔森的调查显示，加蓬偏远难以通行的区域并不能阻止坚定的商业偷猎集团，特别是在与喀麦隆和刚果接壤的边境地区。

当局在旺加旺格国家公园等地取得了一些显著成就。政府逮捕了该地区的偷猎大亨，保护区内的偷猎大象行为在一年之内就停止了。

一个大问题是食用丛林肉的商业和文化需求。加蓬的地理和气候不适合养牛，因此丛林肉在城市以及偏远地区的伐木、石油和采矿特许权周边是天然蛋白质替代品。这些特许区开辟了通往森林的道路，吸引人们建立聚集地，猎人和偷猎者随之而来。

对于森林动物，特别是大象来说，与人类的冲突发生在另一个方面。由于石油价格下跌，当地公司正在裁员。员工回到祖居的村庄，进行自给自足的农业生产。这些农场和小村庄通常聚集在森林边缘，大象经常会袭击他们的作物。在随后的冲突中，大象总是不幸的一方。村庄拉响警报，呼唤村民解救被困大象的情形越来越多。在许多情况下，人们可以轻松地放走大象，不会留下太多副作用，有时候，他们只能杀死大象。

加蓬尝试了各种解决冲突的方法，包括使用辣椒霰弹、树立辣椒篱笆、养殖蜜蜂和使用嘈杂的铃铛。不过，看起来唯一可靠的解决方案是电围栏。目前一些地方正在测试推广。虽然电围栏有效，但围栏的架设速度慢、劳动强度大，需要不停维护且安装成本很高。政府已经启动了一项全国范围的卫星跟踪和项圈安装计划，记录大象在公园和保护区之间使用的走廊。有了这些信息，加蓬的公园当局和科学家们希望为大象提供更好的保护，甚至建立新的保护区。

卢安果的魔力

与明凯贝不同，该国南部大西洋沿岸的卢安果国家公园没有遭受过大规模偷猎。公园里有开阔的稀树草原、沿海森林、沼泽和海滩，也许是世界上唯一可以同时看到大猩猩、大象和鲸鱼的地方。游客可以在海滩上观看和拍摄大象、水牛和林羚，而河马则在水中嬉戏，这在非洲是不多见的。这里被称为非洲最后的伊甸园，可不是浪得虚名。

卢安果每年仅接待几百名游客，他们有些经验丰富、希望来观赏低地大猩猩，另一些则以捕捞海鲢鱼为乐，捕后即放。该公园还是鸟类的避风港，在这里可以看到刚果盆地发现的大多数鸟类。

但是，卢安果并非没有偷猎事件。2017年6月，偷猎者在阿卡卡河河岸杀死了两头大公象。作为回应，卢安果加强了巡逻，树立了有人值守的路障，并在河流和潟湖沿线进行随机检查。截至2018年年中撰写本文时，在过去9个月内未发现新尸体或偷猎事件。这些成功的部分原因在于多年精心培育的线人，他们帮助我们把偷猎行为控制在可控水平。只有他们提供的信息让我们抓到偷猎者时，我们才会提供报酬，并且所支付的金额与他们的信息价值挂钩。

最近的一个成功故事是，有个线人在凌晨两点左右敲我的门。我迷迷糊糊的，问他想要什么。他说："他们明天将在邦特雷附近打猎，会坐独木舟过去。"天微亮的时候，我带着两个巡林员登上巡逻艇，搜寻伊克拉潟湖的两岸，正如我的线人说的那样，我们在红树林中发现了一艘外接发动机的独木舟。沿着他们的踪迹，我们发现了四个偷猎者，其中两个有枪。由于我们没带枪，打不赢他们，所以我们折返到船上，准备伏击他们。

他们回到船边，把货物装上船，驶入潟湖。当他们开到中途时，我们驾船撞上了他们的独木舟，他们四个人以及战利品和武器都落入了水中。我们把偷猎者拖到船上戴上手铐，然后潜入水里打捞武器作为证据。这四人全部入狱。

并非所有信息都能让我们逮捕偷猎者。被附近一家中国伐木公司开除的司机找到我们，说该公司把象牙和依波加木材（依波加是一种稀有且濒临灭绝的树木，其根部有致幻作用，市场需求很高）藏在运输合法切木托盘的卡车里。司机告诉我们伐木工人如何在托盘上安装隐藏式隔间。我们搜索了他们的伐木车，但没有找到任何秘密隔间。但是，我们希望在彻底检查之后，伐木者再试图走私森林违禁品会三思。

展望未来

加蓬具有蓬勃发展旅游业的潜力。从大多数欧洲中心城市出发，只要飞行7个小时就可到达，这里有只有热带雨林才能展现的魔力。我们现在需要做的是吸引投资者和经验丰富的野生动物园专业人士，瞄准国际野生动物和游猎旅游业的高端／高价，小批量／低影响领域。旅游业将意味着一线有更多耳目，并可以帮助我们阻止偷猎者。

为了做到这一点，有必要以紧急有效的措施保护最后的森林大象根据地。浦尔森的报告呼吁将森林象列入附录一，并在《自然保护联盟红色名录》中将它们列为极危：

"国际社会必须将它们列入名录，各国应通力合作，防止森林象灭绝"，报告中说道，"为了拯救大象，各国应当协力规划跨国保护区、协调执法部门、起诉在他国犯罪或唆使野生动物犯罪的公民。"

为了森林象，现在是采取有力和果断行动的时候了。我们不应浪费任何时间。

© 温南德·威乔恩摄

扣留在国家公园沿岸非法捕鱼的拖网渔船（他们有时候会参与象牙走私）可不是普通巡林员工作。

背面上方照片

洛佩国家公园位于加蓬中部，于1946年成立，是该国第一个保护区。公园面积为4000平方公里，主要是热带雨林气候，北部过渡到热带稀树草原。这里灵长类动物很多，有黑猩猩、低地大猩猩和山魈。公园是联合国教科文组织认定的世界遗产。

背面下方照片

朗格耶巴伊位于伊文多国家公园，是加蓬最大的林间空地。森林象大量聚集在这里，尤以干旱时节为甚。它们踩踏这里的环境，使林羚和低地大猩猩等动物可以进入该区域。

需要紧急干预来拯救森林象 _ 345

黄金冲突

2011 年，加蓬国家公园机构与精锐空降部队合作，关停了一个非法淘金营地。该营地从数百人规模增长到有近七千名非法移民。犯罪分子在此进行大规模淘金活动，离明凯贝国家公园只有 2 公里远。这里的犯罪组织从事走私黄金、象牙、丛林肉、毒品、武器以及贩卖妇女儿童活动。

加蓬当局并没有把偷猎和走私当成仅对野生动物有危害的活动，他们认为这是对国家安全的威胁。得益于此，加蓬正在获胜。

"除非西方政府把非法野生动物贸易当作恐怖主义和贩毒一样严重的罪行采取措施，否则大象和其他的濒危物种就会灭绝。我们无法独自获得胜利……"

加蓬总统阿里·邦戈·翁迪巴
呼吁各国建立跨国情报和执法机制，打倒控制着象牙贸易的国际犯罪集团

加蓬的伊文多国家公园是总统奥马尔·邦戈于2002年设立的12个新国家公园之一。位于该国中部偏西北的伊文多国家公园的亮点是朗格耶巴伊和库恩古、明古力和吉吉瀑布。图中瀑布为吉吉瀑布，高度为60米，是赤道非洲最高的瀑布，也是当地人民重要的精神寄托。

加兰巴国家公园的
一线巡林员。

35

加兰巴国家公园：大陆分水岭上的保护区

在北部饱受战争摧残的部落土地中，如何使大象存活？

纳夫塔利·洪尼格

刚果民主共和国东北部的加兰巴大草原从与南苏丹接壤的边界开始海拔逐渐降低。在人们在地图上画线确定势力范围之前，它只是两个非洲大河流域之间的边界。公园的北部边缘是一个大陆分水岭：水从北部的丘陵流入非洲最长的河流尼罗河。水从这里穿过大草原和林地向南延伸到非洲最大河流刚果河的源头。

从外太空看来，广阔的保护区中心加兰巴国家公园，在赤道非洲一片深绿之中是一个耀眼的浅色区域。这里的自然环境，是通过季节性丛林大火以及大象等大型哺乳动物采食草木嫩叶来维护的。大象如同水和火一样，是公园的自然元素之一。

大象从未认识到人为施加的边界，在这一地区制造动荡的人也未曾承认过这些边界。丘陵边界界定了溪流和河流，但对其居民来说不是强制的界限。这片山脊将部落土地一分为二，例如卡瓦和赞德的土地。有人说加兰巴原本是野生动物的避难所，因为它本身就是不同社会之间的边界，

这是个无人区，殖民者设想的地图在这里不管用。无论原因为何，大象在加兰巴大量繁殖，帮助塑造了这片土地。

1976年，公园首次进行了系统的空中勘测，记录了2万多头大象。时至今日，大象仍然聚成规模庞大的象群，它们发出的声音令人叹为观止。人们只能通过想象来猜测在这些盛大的聚会上它们在想什么、交流着什么。它们的细胞内的东西也令人着迷：遗传证据表明，加兰巴大象是草原象及其森林表亲的杂交体。

加兰巴是生态和文化的十字路口，狮群与黑猩猩的社区在这里交叠。在刚果民主共和国最后一批长颈鹿出没的灌木丛中，一位研究人员最近为该地区拍摄了第一张水䴙鹿的照片。东部的尼罗河人与森林里的班图人部落融合。在过去的几十年中，来自更北部的法拉塔牧民向南扩张，现在在远至刚果民主共和国的乌勒河以南放牧牲畜。来自遥远的达尔富尔的游牧突袭者经常来到该地区。他们在此定期出入已有数百年历史，不过现在他们不再寻找牧场，而只寻求产品和利润。

加兰巴的自然美景使其成为绝
佳的旅游目的地。但是在彻底开发
前，必须要提升保护措施。

AICAN PARKS
A/P
CAN PARKS

© 马库斯·维斯特伯格摄

在园区发现偷猎者后，加兰巴巡林员就会乘上直升机，在尽量不惊动偷猎者的情况下快速打击他们。

"野生动物贸易是个大问题……需要我们采取宏大、创新的举措来确保这一问题不会威胁各个物种，让贫困社区的生机难以为继。"

———
艾伦·克劳福特
国际野生物贸易研究组织

奥斯曼帝国强化过的历史路线使人类可以深入中非。突袭者深入非洲大陆的中心猎取奴隶和象牙。大商人祖拜尔·拉赫玛·曼苏尔自诩他统治着整个国家。他在19世纪中期在赞德兰到达尔富尔的整个范围内向北方输出奴隶、黄金、象牙等商品。

今天，除了撒哈拉大沙漠之外，大陆分水岭区域是非洲最空旷的地区之一。这里的居民很久以前就被抓到喀土穆，卖到中东。年轻妇女被从家庭中带走，作为奴仆或小妾出售。人们被带离自己的社会，在异族社会中充当士兵或看门人。欧洲敷衍地终结了奴隶制，却让象牙市场继续运行。

该区域人口逐渐消失后，对奴隶的需求在20世纪逐渐减少，但对象牙的需求却没有减少。在整个非洲，贸易路线渗透到了非洲大陆资源丰富的内陆地区，随着技术和基础设施的改善，曾漫步在加兰巴河河岸的巨牙象的象牙被带离了刚果民主共和国东北部，刚开始是通过人扛，后来则通过飞机货运。

关于加兰巴大象的另一个平行故事展开了：尝试驯化。皮埃尔·普罗维德曼中尉于1927年成立了甘加拉－纳－伯蒂奥大象培训站。人们期望非洲象在短短几年后就能够像内燃机一样出色。[1]

维持这样一个培训中心面临着极大的挑战，优先事项不停变换，有时还互相冲突。（在20世纪后期曾尝试复兴这一旧举，但这些雄心勃勃的驯化工作与保护公园要面对的挑战并不协调。）但是，这一非同寻常的倡议确实留下了加兰巴的第一批黑白照片。甘加拉－纳－伯蒂奥培训中心，以及北部的白犀牛和科尔多凡长颈鹿成为公园的独特遗产。这推动了加兰巴保护事业的发展，1938年3月17日，加兰巴被列为第二个国家公园。

杀戮场

加兰巴国家公园距首都金沙萨约1800公里，紧贴刚果民主共和国的东北边缘。它与北部其他

许多保护区一样，位于苏丹的势力范围之内。几个世纪以来，苏丹骑兵向南移动的次数越来越多，范围越来越深入，而大象则逐渐消失了。在过去，人类使用长矛猎杀大象。但是，苏丹正在进行的内战导致武器弹药扩散开来。现在，猎手们的武器更加致命。虽然他们的骆驼到不了加兰巴地区，但是他们骑乘的坚韧马匹却可以。

苏丹历届政权一直在其长臂触及范围内破坏稳定，在大陆内部深处造成大量生命损失和权力真空。在混乱中，出现了有组织、装备精良的偷猎者，他们夺走了无数的象牙，极大地减少了在象牙贸易中幸存到20世纪下半叶的大象种群数量，并消灭了许多北部白犀牛的苏丹根据地。

由于此处权力的真空，恶贯满盈的"圣主抵抗军"等武装组织在冲突中扮演着多种角色。"圣主抵抗军"最初是来自乌干达的反叛组织，在南苏丹，它的重点变了。"圣主抵抗军"是希望破坏乌干达和当时尚未独立的南苏丹的人的可行代理。他们持有武器、装备齐备并毗邻公园，他们被加兰巴丰富的自然资源吸引而来，并一点一点地摧毁着保护区数十年的成果。他们的恶行之一便是象牙走私，这比掠夺农村社区更有利可图。

2008年，乌干达部队发动了"闪电雷行动"，进攻国家公园的稀树草原和附近森林保护区的"圣主抵抗军"营地。大多数"圣主抵抗军"战士逃跑了，然后开始大开杀戒。他们在法拉杰杀死了150人，并于2009年1月2日袭击了位于纳盖罗的加兰巴国家公园总部。"圣主抵抗军"的领导人约瑟夫·科尼在附近的卡菲亚·金吉扎根，这里是苏丹、南苏丹和中非共和国三国交汇地区。他在这里交易象牙，并寻求与苏丹的武装部队结盟。

在2011年独立前后，南苏丹持续的动荡造成了对人类和野生动物来说复杂和危险的局势。2016年年底，在朱巴和赤道省（南苏丹南部的一个地区）的激战后，前副总统和数百名叛乱分子躲藏在加兰巴国家公园内。当局采取了一项复杂的行动，很快将他们赶出了园区，这一事件没有造成

大象损失。尽管新世纪以来内战对刚果民主共和国本身的影响有所减少，但由于其地理位置，加兰巴仍然要继续保持警惕。威胁的来源可能在数百公里之外，因此要在公园内建立稳定感是一项艰巨的挑战。在加兰巴的稀树草原上，大象知道它们处在摇摇欲坠的安全岛上。

巡林员尽职尽责地保护着公园里的野生动物，但他们常常被子弹夺去性命。随着非洲基础设施的增长，非法象牙流动的分布产生了变化。但是，象牙的源头依然是偷猎者射出的一连串子弹，或是从恰当角度射穿大象厚皮的子弹。毫无疑问，加兰巴稀树草原属于地球上最无政府状态的角落之一。

寻求解决方案

在加兰巴成为保护区的早期，保护工作是自然主义者的工作。法律保护的力度通常是由物种的商业价值决定的，但是从20世纪初开始，动物自然历史就成为考虑因素。在新千年里，在这一历史背景下，在保护区管理方面提出了一项新的倡议。

2005年，保护区机构刚果自然保护协会（ICCN）开始与非营利性的非洲公园的保护区管理专家合作，以公私合营的方式管理加兰巴及其附近的保护区。对于刚果民主共和国而言，伙伴关系是改善治理、激发信心和建设地方能力的开创性行为。

数十年来，人们相信只有亚洲象才是可驯服的。但是在位于刚果民主共和国加兰巴南部的小城市甘加拉－纳－伯蒂奥的非洲象培训中心里的大象例外。在这些1947年拍摄的照片里，大多数大象都是1930年左右在培训中心里的。

© H·戈德斯坦摄，刚果报业及非洲公园档案馆

"尽管人类正在这个星球上大肆毁灭，自然秩序还是存在的，我们需要尽一切努力保护它。"

———— 凯特·布鲁克斯

◎ 乌姆斯·维斯特伯格摄，刚果民主共和国扒兰巴国家公园

对保护区的全面管理可以确保保护主义者不至于地位下降，只能关心生态之类的问题。非洲公园管理部门知道我们可以按照他们的指令行事，所以他们可以调查最严峻的挑战并寻求解决方案。这包括着重能力建设。当地社区也具备了多种技能。对他们而言，加兰巴及其大象保护不仅仅为了保护，它还使当地人民有能力成为东北刚果民主共和国稳定进程的一部分。加兰巴的问题和解决方案是人们的问题和解决方案。

一些人指责这种保护为"军事化"，这是一种不幸的误解。巡林员专业化是他们以及地区的未来。他们并不想开展反恐或反叛乱运动；但是，为了自己的社区和大象，他们常常发现自己无意间陷入了这种运动。争论不停的时候，偷猎也没有闲着：北部白犀牛已经消失，非法矿物贸易仍然是大陆上许多武装团体的重要资金来源，而大象仍在他们的视线范围内。加兰巴人员专业化从道德角度来说是当务之急。

在成功所需的武器中，理解无疑是最强大的。与其将我们边界上的偷猎者视为无脸的敌人，不如认识他们并了解他们的生活。事实证明，对话在面对来自未来的挑战中至关重要。通过掌理解加兰巴以及被其吸引的各种力量，更加成熟的人类将能够恢复与大象的关系，保持应有的平衡，并为加兰巴赢得世界遗产的荣誉。

研究表明，森林象和草原象之间有巨大的基因和外表差异。但是刚果民主共和国的加兰巴国家公园里的大象同时有两个物种的特性，而且还能繁育后代，这在非洲是少见的。科学家认为，这种罕见的混种行为是偷猎和栖息地变化导致的压力引发的。

◎ 马库斯·维斯特伯格摄

"我为了寻找未被染指的自然，在热带地区待了一辈子。我看到的东西扫除了自以为是，只留下恐惧。我看到了落后的公园、动荡的社会和失效的体制。面对这些缺陷，自然无法存续。它们合在一起，便会带来灭绝。"

约翰·特伯
《大自然的安魂曲》

马库斯·维斯特伯格摄

一位非洲公园巡林员正在展示一对70磅（32公斤）重的象牙。这些象牙是从被偷猎者在刚果民主共和国加兰巴国家公园猎杀的大公象尸体上取下的。

36

奥扎拉-可可亚
国家公园

奥扎拉-可可亚是非洲公园的又一成功范例，它取得了可喜的成绩。奥扎拉国家公园位于刚果共和国西北部，于1925年建立，是非洲大陆最古老的国家公园之一。该公园是仅次于亚马孙的第二大雨林盆地刚果雨林盆地的重要组成部分，也是森林象的重要避难所。

此页和接下来的四页是奥扎拉的写真集，由《镜头下的生活》摄影师马库斯·维斯特伯格拍摄。

第384-385页

奥扎拉-可可亚的大象种群遭受了有针对性的盗猎，其数量从2000年的1.8万头下降到2014年的不足1万头。在公园的管理下，这一趋势得到了逆转。目前，森林象和园区内的近2.2万只西部低地大猩猩一起，吸引着游客到来。

第386-387页

奥扎拉-可可亚占地1.35万平方公里，是非洲大陆最大、最多样化的保护区之一，也是最难管理的地区之一。周围社区丛林肉食用量很高，而且公园内巡逻很困难。公园的许多地方只能乘船或步行进入。在园区总部，没收的武器、弹药和动物器官（包括象牙）都被保存在这个安全的禁区里。

地球上最后的地方：
努瓦巴勒·恩多基国家公园

凯尔·德·诺布雷加

今天，地球上仍有许多地方与古代世界有着不曾中断的联系，我们仍然可以利用它们来获取纯净的原始能量。自然，要前往如此近乎不可能存在的地方，最坚韧的旅行者需要经历漫长的旅途，穿越崎岖地形，辗转于多种运输方式——飞机、轮船、牢靠的兰德酷路泽，最终，最重要的是，通过我们的腿、脚和背包到达那里。

令人难以置信的是，确实存在这样一个地方，极其聪明的大型类人猿生活在这里，不受外界污染，也未受外界伤害。在这个地方，中非黑猩猩在面对人类时表现出真挚的好奇心和敬畏之情，引出了"幼稚的黑猩猩"这个名词。它们对稀客人类探险家的镇定反应恰好说明了这片地区有多遥远。

在这里，森林按照古老的韵律和谐生长，从地球诞生开始便是如此，很可能大陆还是一整块的时候便是这样了。这个地方被称为努瓦巴勒·恩多基，这是位于刚果共和国内陆深处的世界遗产，地处巨型刚果盆地的中心。没有什么词能够形容努瓦巴勒·恩多基：这是灰蒙蒙天空下古老世界的努瓦巴勒·恩多基的鳞峋微光，被黑河所分割，被最深的绿色森林覆盖，森林象、灵长类动物、寄生虫和隧蜂栖息于此。

这个独特的地方之所以可以存在，在很大程度上要归功于刚果政府管理下与野生生物保护学会合作的敬业耐心的团队的工作。25年来，这些保护自然的勇士有远见和决心在非洲艰难而最具挑战性的地区开展工作，保护所谓"地球上最后一片净土"。

邦戈羚羊和森林象在中非共和国的占嘎巴伊。

37

其他非洲象

探索刚果盆地难以捉摸的森林大象的秘密世界。

安德里亚·K. 图尔卡洛

森林象（Loxodonta cyclotis）的历史活动区域是从西非的塞内加尔森林到中非的刚果盆地。自15世纪的象牙贸易开始，森林象和草原象的数量便开始下降，并因西非和中非奴隶贸易而加剧。奴隶将数吨的象牙从内部运到海岸，人类和象牙都从那里被运往欧洲和美洲。这次背井离乡，草原和森林象都是同样地被剥削着。

废除奴隶制之后，随着人口的增长，人类开始向荒野地区扩张，森林象的活动区域继续缩小。曾经，人类居住区是被大象包围的岛屿。这种情况一直在逆转。在中部非洲，造成这一现象的部分原因是诸如商业采伐和采矿之类的采掘业，为这一高失业地区的人们提供经济发展可能性的企业驱动着人类进行扩张。

人类扩张给所有野生动物物种带来了巨大压力，当地牲口养殖和畜牧业很少，近似不存在，这些物种不仅提供了蛋白质来源，而且还为当地居民提供了出售丛林肉和象牙的收入。再加上广泛的内乱，导致武器供应增加，使得整个森林象活动区域内的偷猎活动变多了。

在西非，森林象的活动区域内现在只有少数几个种群，它们最后一个堡垒是刚果盆地的森林。加蓬的大象数量最多。大象普查数据确定，在2000年~2011年期间，大象数量在大部分活动区域内下降了62%以上。目前大象的数量仅为可承载数量的10%，仅仅活动在25%的预期范围内。

据估计，森林象的总数为非洲象总数的四分之一到三分之一，目前估计约为10万头。截至2011年，在对所有非洲象的数据进行分析时，加蓬占大象总数的50%以上，刚果民主共和国占19%，刚果共和国占20%，喀麦隆和中非共和国分别占7%和2%。偷猎仍在继续，大象数量还在下降。

朱哈巴伊可能是最令人惊叹和有趣的非洲森林空地了。在这里，象在高高的隐藏处里，一整天都可以看到神奇的事情。你可以看到大象、森林水牛、巨林猪、林羚以及罕见的邦戈羚羊交替着出现在这里

中非共和国占噶巴伊林间空地

我个人与森林象的相识始于大约三十年前，在一个独特的地点，即中非共和国西南部的占噶巴伊林间空地。占噶是该地区为数不多的可以长时间观察该物种的地方之一。它位于占噶恩多基国家公园内，是自然形成的林间空地，它吸引了数百头大象以及其他种类的哺乳动物。这里因可以露天观察森林象而闻名，但是由于该地区偏远且在此工作要克服巨大的困难，还没有人尝试在此进行专职研究。通过这扇进入森林大象世界的窗口，我的研究得出了关于这个先前未研究物种的第一个长期数据。

从基本画图开始，我的团队制作了身份证——一种用于研究草原象的技术——使我们能够追踪大象个体的生活。这片地区与我曾经工作过的任何地方都不相同：这是一小片原始森林，森林象和其他哺乳动物的密度很高。这里的巴亚卡俾格米人更是一个加分项，他们不仅了解森林，而且喜欢在偏远地区度过较长的时光。每年，他们都会在森林中用传统方法狩猎数月，而其余时间，他们住在路边的永久村庄中。

我们住在距离空地2公里的野外森林露营地里，以免打扰动物，每天进行观察。尽管我们试图将影响降到最低，但大象却从未远离，有几位知名的个体还闯进了我们的营地。

在占噶进行研究之初，我们对森林大象的数量或行为一无所知。总体研究旨在尽我们所能找到尽可能多的个体，并追踪它们的生活史。最大的障碍是研究背景。在稀树草原上做研究的时候，我们可以开车到各个区域寻找大象，但是林间空地是固定的。尽管我们每天观察到40到100头大象，但无法预测特定个体何时出现，我们只能等待。我们识别出的4000头大象有80%左右出现了两次或以上，而且许多大象将占噶周边地区定为活动范围，但是无法保证同一头大象会再次回到空地上，有些大象与其他大象相比季节性更强。

当我们强化大象的身份信息时，我们每天都要翻看身份证，直到能够不靠身份证就能识别个体位置。在卡片上，我们记录了一些突出的特征，例如耳朵上的独特孔洞和裂口，以及其他特征，例如尾巴的样式、身体疤痕和性别。确定它们的年龄很困难，但是随着时间的流逝，我们开始识别它们的相对体型，也能够使用这些信息。一旦我们发现了新生大象，我们就能够追踪它们的身体发育和行为，从而确定它们的确切年龄。

对大象个体的了解使我们与这一大象种群产生了联结。几十年来观察这些惊人的动物，我们看到了它们与人类的共性。它们是野生动物，但也有家庭羁绊、深刻的关系、丰富的情感生活，这给它们带来欢乐，还有痛苦。阅读那些嘲笑动物拥有情感生活观念的文学作品让我皱眉。当然，作者肯定没有像我们这样做过长期观察吧？我觉得他们的观点很可笑，因为像大象这样，具有复杂的神经系统、强大的记忆力和情感依恋的动物，不可能对自己的同类毫无感情。

我们的坚持得到了回报。经过五年的深入观察，我们识别了数千只大象，比我预期的要多得多。我们开始发现一些行为模式。大象有每日活动周期：清晨，空地里的大象数量减少了，但是到了下午和整个晚上，林地里的大象有时会超过150头。因此，我们在光线充足的下午进行观察。

我们看到了如此多的大象，还有新个体不断涌入这里，我们认为该地区所有大象都会来这片空地。但是，在探寻了占噶附近的其他地区之后，我们开始意识到事实并非如此。在1990年代中期，根据占噶方法在刚果民主共和国北部进行的另一项研究表明，有很多大象从未在占噶出现过。但是，我们确实记录有80头大象在中非共和国的占噶和刚果（金）相邻的努瓦巴勒·恩多基国家公园之间行动，距离超过80公里。一头大象巴塞尔，是在占噶见到的一位著名成年母象的儿子，它定期来回于两个地点之间。

占噶巴伊的研究不仅是首次针对森林象的研

究，而且也提供了其他森林物种（如邦戈羚和巨林猪）的数据。对空地的监视对于公园管理来说是无价的，因为这些地点为周围森林中难以进行徒步监视和观察的区域提供了一个窗口。

该研究的一个发现是，森林象是地球上繁殖最慢的动物之一。它推翻了其繁殖与热带草原物种一致的假设。根据对已知个体的长期观察，我们发现森林雌象不仅受孕的频率更低，而且开始繁殖的时间比草原象要晚得多。草原象的代际繁殖时间为20年，而森林象为60年。这种繁殖速度，再加上不断的偷猎，对它们的生存极其不利。

天刚亮的时候，占噶巴伊森林的树冠就被大量非洲灰鹦鹉震耳欲聋的叫声吵醒了。这些生灵随后一齐飞到地上，匆匆喝水，然后飞回森林里。

科林·贝尔摄

森林象与草原象对比

　　草原象的森林表亲和它们一样，社会性很强，并且在母系制的基础上形成了密切的家庭纽带。在占噶的大象还有延伸家庭群落，虽然偷猎行为破坏了社会结构，但是我们仍然发现有多达24头大象的群体。但更典型的群体组成是成年雌性和两头后代。

　　成年雄性独自生活，从来不会出现在单身公象群中。在空地上，它们互相竞争最好的矿场，最大的公象通常占主导地位。年轻的雄性最早在5岁时离开母亲的群体，这可能是因为森林中没有大型捕食者。即使在永久离开家人之后，它们也会向母亲致意问好。

　　森林象比大草原的亲戚要小，成年雌性平均肩高2米，雄性平均高2.4米，雄性最高达2.8米。象牙的质量也有所不同：森林象牙较硬，被工匠喜欢。

对面

　　中非共和国占噶巴伊的空中俯拍图。这里被密林围绕。照片右上方可以看到矗立着的木制观察藏身处。照片中的灰色小点是大象。

森林象的未来

　　森林象的生存将取决于训练有素的人员对保护区的管理。但是，许多地区人手不足、技能不足、公园资金不足。中非许多国家公园只存在于纸面上，几乎没有管理或保护。

　　尽管该地区拥有丰富的自然资源和人力资源，但内乱不断、治理不善导致数十年的动荡。在腐败官员的推动下，自然资源的开发速度空前。

　　采矿业和伐木业等采掘业是短期活动，只有少数人能从中获利，大多数人经济状况没有变化，甚至会更加贫穷。这种经济的周期是繁荣与萧条。完善的资源管理将确保即使是最贫穷的人也拥有可持续的未来，并有野生生物生存的机会。

　　随着森林大象数量的急剧下降，它们的前途看起来并不美好。在当地居民的经济状况没有得到很大改善以及该地区尚未恢复和平的情况下，保护森林象和其他野生动物物种对国家政府和非政府组织都构成了巨大挑战。

右侧

　　照片中的森林象活动范围十分广泛，但是它们都会聚集到占噶巴伊来。它们广阔的取食活动范围囊括了多种地貌，让它们身上沾染上了黄色、红色和灰色的泥土。

©安德里亚·K.图尔卡洛摄

38

象牙与极端组织

布伦特·斯特顿

多哥海关在2014年1月从新建的深水港洛美没收了装有4吨非法象牙的集装箱。通过DNA证据发现，这批象牙与2013年在中非共和国占噶巴伊发生的大象大屠杀直接相关。

大屠杀的元凶是"塞雷卡"叛军，他们爬上占噶巴伊著名的森林大象集会地点的瞭望塔，用自动武器击杀大象。这是安德里亚·K.图尔卡洛花了数十年的时间观察和了解占噶巴伊大象的同一座观察塔（请参阅第372~379页）。

"塞雷卡"叛军本来会使用这次象牙出售的收益来资助在2013年和2014年大部分时间里困扰中非共和国的一些暴力事件。多哥及其新的深水港被象牙走私者当成了走私的新机遇。

但是，采用新的集装箱扫描技术的海关人员使这些走私者越来越难成功。

占噶巴伊再次安宁了，大象又回来了。桑噶酒店获得了新投资，游客可以再次前往刚果盆地的这个神话般的地方。这里应该是每个冒险家一生必去的地方。

这是扬卡里巡林员缴获的枪支中
的一小部分。这些当地制造的前膛枪
叫丹麦枪。它们足以致命。很多大象
都是被这种枪射杀的。

39

扬卡里的大象

借助地面上的靴子和智能追踪功能，公园的守护
天使使尼日利亚幸存的最大大象种群得以存活。

纳沙玛达·杰弗里、安德鲁·邓恩

大象是尼日利亚警察部队以及该国最古老银行的骄傲象征，但它们的数量在整个尼日利亚范围内已经急剧下降，未来充满不确定性。大象曾经在尼日利亚全国各地广泛分布，在不到20年的时间里它们的数量下降了50%以上，如今在尼日利亚各地生存的大象可能不足300只。

尽管传统上认为西非有草原象和森林象，但最近的遗传研究表明，这里的大象形态单一，而且分类学地位尚待确定。这表明，西非的草原象与东部和南部非洲的草原象大不相同，需要我们特别关注。它们现在只生活在几个小区域里面，最著名的是克罗斯河国家公园、奥莫森林保护区和奥科姆国家公园。以前在整个阿达玛瓦和博尔诺州游荡的大型象群现已消失。这种趋势最近被逆转的亮点是包奇州的扬卡里禁猎区。

扬卡里

扬卡里禁猎区（Yankari Game Reserve）位于

尼日利亚东北部，是该国野生动物最丰富的绿洲。它拥有该国最大的大象种群，估计有100~150头，也是西非最大的大象聚集地之一。除了大象之外，扬卡里还生活着许多其他濒危物种，例如西非狮、狭吻鳄、河马、水牛、豹和数种秃鹰。常年河加济河将该保护区一分为二，为公园内数量庞大的各种羚羊提供了重要的旱季避难所。

扬卡里最初是作为禁猎区创建的，1991年升级为国家公园，并由国家公园管理局负责管理，直到2006年，责任才交还给包奇州政府。长期以来，它一直是一个受欢迎的旅游目的地，尽管最近尼日利亚北部的不安全状况影响了旅游收入，但有迹象表明情况正在逐步改善。

该公园占苏丹南部大草原区的2244平方公里。这里的植被特征是伯克苏木（Burkea africana）和风车子（Combretum glutinosum）及热带疏林，具有开放的冠层和连续的一年生和多年生草层。乔木和灌木密度高，而在雨季，草丛会长密长高。沿着加济河谷，有一片沼泽洪泛区，周围是一片沼泽森林、长廊林和河岸林地。地形起伏，多丘陵，

有了国际野生生物保护学会赞助的车辆，巡林员的巡逻面积变大了，但是正经活还是得步行来做。

海拔在200~640米之间。

扬卡里形成一个大盆地，该地区几乎所有溪流都流向其底部的加济河。在旱季（12月下旬~4月），河流及其支流形成了唯一的分水界和永久水源。每年的这个时候，大型食草动物集中在山谷中，这是对野生动物和旅游业而言至关重要的地区。

沿保护区的边缘生活着50多个小社区，有10万~15万人，来自15个不同民族。当地大多数人口是穆斯林。扫盲水平很低，而且他们通常非常贫穷，每天的生活费不足1美元。农业是这里的主要经济支柱，主要种植高粱、小米、玉米、水稻、花生和木薯。畜牧业也很重要，每逢旱季，游牧的富拉尼牧民就将大量牛群转移到该地区。

对扬卡里的威胁

从2006年开始，包奇州政府接管了该保护区的管理，该保护区不受重视，资金也很匮乏。到2014年为止，盗猎活动有所增加，很可能有大量大象被杀害，以满足尼日利亚的象牙贸易（尼日利亚国内象牙贸易是合法的）。此外，由于大象对保护区边界的农场造成的农作物损害，社区对保护的支持也减少了。

保护区的主要威胁是狩猎大型羚羊和疣猪以获取丛林肉、为象牙偷猎大象、非法放牧牲畜等行为，以及人类与野生动物的冲突。丛林肉主要用于商业目的，出售给中间商，中间商将其运输到较大的城市，城里人很喜欢丛林肉。过去，特别是从2006年到2014年，由于忽略了扬卡里的管理和保护，该地区以外的专业猎人进行象牙偷猎一直是一个问题。

国际野生生物保护学会

野生生物保护学会旨在保护16个优先区域中面积广大的野生地，有超过50%的物种生活在这些区域。自1996年以来，学会一直为尼日利亚的保护及相关研究提供援助。[1]学会的工作重点最初侧重于对极度濒危的克罗斯河大猩猩的调查以及关键分类群的生物多样性调查。后来学会扩大了项目范围，目前在尼日利亚的五个不同地区开展工作：克罗斯河国家公园的奥本和奥克旺沃地区、阿菲山野生动物保护区和姆贝山脉（都在克罗斯河州内）以及包奇州的扬卡里禁猎区。学会支持创建了阿菲山野生动物保护区（2000）和姆贝山社区野生动物保护区（2007），并完成了对克罗斯河大猩猩的首次生态级调查（2006~2008），以及尼日利亚的首次全国狮子调查（2009）。

学会在尼日利亚的工作集中在六个物种上：克罗斯河大猩猩、尼日利亚－喀麦隆黑猩猩、大象、狮子、鬼狒和普氏红疣猴。学会在尼日利亚

历史最悠久、规模最大的项目是克罗斯河大猩猩景观，与喀麦隆的塔卡曼达－莫讷（Takamanda-Mone）景观相邻。尼日利亚项目的重点是：

·在现有保护区内加强执法和监测；
·提供应对非法野生动物贸易的支持措施；
·在当地社区中普及保护教育以及保护意识；
·为当地猎人的替代生计提供支持；
·促进社区保护，包括建立社区管理的保护区；
·鼓励当地参与保护区的管理；
·监视大象、狮子和大猩猩；
·促进尼日利亚和喀麦隆之间的跨界保护。

国际野生生物保护学会在扬卡里

野生生物保护学会借助美国鱼类和野生动物服务局、大象危机基金会等机构的资金，自2009年以来一直在扬卡里工作，并与当地社区建立了良好的工作关系。学会与主要的政府机构建立了重要的伙伴关系，并对当地的生态以及政治和法律环境有透彻的了解。

学会在扬卡里的工作重点是通过支持反偷猎巡逻来保护幸存的大象。2014年，野生生物保护学会与包奇州政府签署了共同管理协议，此后，保护水平得到了极大的提高。2014年之前，每年平均发现10具大象尸体，估计其中大多数是因其象牙而被非法杀害的。自2015年5月以来，没有任何尸体记录。没有野生生物保护学会的干预，扬卡里的大象可能会灭绝。

执法和巡林员计划

包奇州政府认识到它缺乏有效管理支持人员的能力和资源，并于2014年与野生生物保护学会签署了共同管理协议，在扬卡里雇用约100名巡林员。野生生物保护学会提供培训、设备、野外配给、野营津贴和逮捕奖金。每周有四支长途徒步

上图

在扬卡里巡逻的巡林员。

右图

扬卡里保护的重点之一是大象。国际野生生物保护学会地形主管（本章作者）纳沙玛达·杰弗里正在使用电波接收器定位戴上颈圈的扬卡里大象。

巡逻队从威基中央营地派出，并伴有紧密的车辆支援。所有的巡林员都装备有霰弹枪。

巡林员计划成功的关键因素是确保向巡林员支付每晚用于巡逻的少量野营津贴，并向其提供足够在巡逻期间食用的野外口粮。这些津贴是给巡林员微薄薪水的补贴，增加了他们的能动性和忠诚度，同时降低了腐败程度。

野生生物保护学会建立了一个举报人网络，自2014年以来，该网络提供了宝贵的信息，导致许多人被捕。在2015年和2017年，在"保护成果"的协助下，学会还为巡林员提供了必要的反偷猎者培训，从根本上提高了队伍的效率。在培训之前，巡林员士气低落，有些人卷入腐败行径，将保护区的土地租出去用来放牧。巡林员的士气现已得到了极大的改善，而且由于训练有素，逮捕的人数有所增加：2014年逮捕了71名偷猎者，2015年逮捕了141名，2016年逮捕了97名。大象尸体的数量急剧下降：2014年为5具，2015年为2具，2016年和2017年为零。

野生生物保护学会提供了新的制服、靴子、帆布背包以及帐篷和睡垫等基本野外用品。学会树立榜样，让巡林员学习，组织纪律性差的人会被调走。每位巡逻队员都有一支功能齐全的枪支和足够的弹药。如此一来，他们不再害怕偷猎者，自2012、2013年以来没有人被杀。通过奖励制度，巡林员每次成功逮捕偷猎者可获得现金奖励（每逮捕一个猎人约25美元，大象偷猎者约100美元）。这是改善该地区其他保护区保护计划的一种经济有效的手段，于2010年引进到扬卡里。园区工作重点在于逮捕大象偷猎者和查获象牙。

与军队联合巡逻也是一种有效的策略，有助于维持公园的领土完整。距扬卡里仅300公里的桑比萨禁猎区变成了激进组织"博科圣地"的避风港。本地安全措施对武装团伙和偷牛贼的早期侦测使他们无法接近扬卡里。

技术的重要性

在北卡罗来纳州动物园的援助下，扬卡里于2009年引进了电子追踪监控系统。它使管理人员能够监视和绘制反偷猎巡逻的覆盖范围，并绘制保护区中人类非法活动的频率图表，从而大大改善了局势。该信息用于规划更有针对性的巡逻，并为保护区巡逻策略的审查和修订提供指导。该系统还通过追踪巡林员与大象的接触或大象的死亡迹象，提高了对大象地理分布和季节性运动的了解。

2016年，在北卡罗来纳州动物园的不间断技术支持下，电子追踪技术被功能更强大的系统SMART（空间监控和报告工具）所取代，但仍使用相同的硬件设备。[2]该技术可生成每月的巡逻覆盖图用于执法监视。这对野生生物保护学会在保护区的工作产生了重大影响。

放牧牲口

随着尼日利亚北部人口的迅速增长和传统牲畜放牧避难所的消失，保护区内非法放牧牲畜问题日益严重，致使大象和其他野生动物流离失所。更糟的是，随着牲畜数量的增加，传统的放牧保护区已转变为农业用地，进一步减少了可用的草场。每逢旱季，游牧的富拉尼人都会带着牲畜到达扬卡里边缘，经常将牲畜赶进保护区。由于猎物减少，狮子现在更可能跟随牲畜群，导致人与狮子的冲突。结果是可以预见的，狮子通常被毒杀，原因可能是为了报复牲畜的损失。

消除人象冲突

尽管当地农民通常会尊重保护区的边界，但扬卡里的大象群经常会损坏周围农场的农作物，导致愤怒的农民枪杀部分大象。在象牙信托基金会的支持下，野生生物保护学会于2015年启动了大象卫士计划，这个计划向村长认可的当地人提供培训和支持。野生生物保护学会还协助当地社区减轻了大象对庄稼的伤害。目前，十二个大象卫士正在六个常被大象糟蹋作物的村庄中积极工作。卫士每月都会收到电话经费，在发现村庄附近有大象时立即通知野生生物保护学会办公室或扬卡里巡林员。卫士们充当第一道防线，在大象对作物造成任何损害之前将它们引开。

野生生物保护学会每月与所有大象卫士举行会议，分享信息并讨论可能的解决方案。卫士的进一步责任是协助学会向当地社区解释保护大象的重要性，并报告偷猎案件。在6个月内，他们打了147通警报电话，涉及30例非法狩猎案件，有一些偷猎者因此落网。随着更多资金的注入，我们可以通过采取蜂巢、辣椒篱笆、强光等措施来阻止大象夜间损坏作物，辅以加强与其他作物受损社区的协作等措施来确保这个项目的成功。

教育和学校宣传

资金限制导致对社区进行宣传教育，让他们支持保护的工作被忽视了。一些人象冲突问题仍未解决，并且当地人普遍缺乏环境意识，导致当地社区支持来自外地的偷猎者。2014年，一头戴卫星颈圈的大象被枪杀了，这可能是大象袭击农作物后未补偿当地人而引发的报复行为。

野生生物保护学会在2017年启动了一项计划，以使当地学童团体能够参观保护区并提高对大象保护的认识。该计划很受欢迎，使学生掌握了有关大象保护的知识。

旅游潜力

扬卡里的雇员来自周围所有社区，具有巨大的旅游收入潜力。通过创收，它可以间接使本州超过400万人受益。当地人可能会通过酒店就业以及向游客出售手工艺品和农产品受益。扬卡里执法机构的加强也改善了周边地区的安全局势，确保了公园的完整性，并使"博科圣地"无法接近这一地区。

结论

扬卡里大象对尼日利亚和包奇州均具有不可估量的价值。没有它们，这里的旅游业潜力将大大降低。过去一段时期的疏忽使大象数量骤减，但现在它们正在恢复。但是，保护区的资金仍然严重不足，巡林员的薪酬仍然很低。从长远来看，扬卡里需要更多的国际资金，并且必须与周围社区建立更牢固的关系。同时，必须禁止尼日利亚的国内象牙贸易，以保护该国剩余的大象。

土地是关键问题。牧民和农民经常在有争议的土地上发生暴力冲突，一些州因此设立了严厉的新法规来禁止放牧。放牧地的短缺意味着扬卡里等地区承受着巨大的压力，而且这种压力预计还会增加。未来可能需要通过建立放牧保护区来长期解决该问题。

气候是另一个问题。乍得湖盆地长期干旱造成的不安定是该地区博科圣地组织崛起的原因，日益极端和不可预测的气候变化模式对每个人来说都是风险。人和大象都需要适应不断变化的条件。

背面

扬卡里大象的象牙都很小，很可能是长着大牙的大象都被偷猎者捕杀了。

下方

大象正在扬卡里的一个深水坑里饮水。

© 娜塔莉·英格尔摄

乍得湖的大象

凯特·布鲁克斯

　　2014年，非洲公园通过陆地和空中搜索，试图统计乍得剩下的所有大象的数量。在该国与中非共和国、喀麦隆和尼日利亚的遥远边界之间，研究人员只在扎库玛国家公园外发现了规模不大的群体和种群，在2005年~2010年之间，偷猎者在这片区域杀死了90％的大象。

　　居住在该国与尼日利亚东部边界附近的乍得湖周围的大象是萨赫勒地区独有的：它们生活在沙漠中，在水源之间移动。第一次听说它们的时候，我就想亲眼看到这些大象。我知道对这里来说是十分特殊的，也知道由于气候变化，湖面正在缩小，而博科圣地在不远的地方活动。在与瑞安·拉布沙涅一起飞越沙漠和湖泊沿岸两天之后，我透过飞机窗发现了象群，拍下了这张照片。

　　大象无国界组织在两年后通知我，说大象调查得出的结论是，乍得只剩下不到650头大象，其中近500头生活在扎库玛。我哭了，回想起我在走遍全国的那场辛苦旅行中记录下来的治疗枪伤的大象，以及边境上那些我们称为难民群体的小象群。乍得的大象为生存而战，躲藏在乍得各个角落的它们基因越来越孤立。

扎库玛的一名巡逻员
和其适应力极强的卡奈姆 –
博尔努马。

© 凯尔·德·诺布雷加摄

40

扎库玛：大象成功的故事

非洲的每个大象地区都不一样，但是在扎库玛，在一个危险地区进行了长时间的战斗之后，救援方案奏效了。

洛娜、瑞安·拉布沙涅

在2011年1月我们从坦桑尼亚搬到乍得东南部的扎库玛国家公园之前的十年中，那里偷猎大象的行为令人震惊。该公园占地3054平方公里，是苏丹－萨赫勒生态区中最后的完整野生动物根据地之一，该地区横跨北非，位于南部的热带森林和北部的干燥萨赫勒地区之间。

武装偷猎者来自遥远的苏丹达尔富尔地区，骑马狩猎者的作案手法在100年内变化不大。过去，这些猎人会孤立一头大象，用长矛捅它的腹股沟，骚扰并刺伤它，直到它内脏受伤猎人才停下来。如今，他们使用自动步枪，不分青红皂白地射击一个紧紧凑在一起、恐慌的象群，一次性杀死高达60头不同年龄的大象。

扎库玛档案中收集的历史调查信息显示，在2000年，大象大量涌入公园，使大象数量增加了2000多只。它们来自哪里，为什么来这里？它们有可能因为象牙盗猎而逃离与乍得接壤的中非共和国冈达／圣弗洛里斯和巴明吉－班戈兰国家公园。当时，扎库玛更加安全。2002年，扎库玛大象种群达到顶峰，估计有4350只。在接下来的十年中，大象数量持续下降，在2006年~2008年期间损失最大，约有2000头大象被杀死。

尽管非洲草原象是大型食草动物，是保护工作的重点，但公园和周围的保护区对于保护中非北部许多其他稀有或受威胁的物种至关重要，其中许多物种极为罕见或在大象活动范围之外已灭绝。这些动物包括非洲野狗、猎豹、狮子、赤额瞪羚、科尔多凡长颈鹿和红颈鸵鸟。

非洲公园网络与乍得环境部合作接管公园管理两个月后，我们到达了扎库玛。一年以前，公园西侧又发生了一次大象大屠杀，至少有27头各个年龄段的大象被杀。当年已知有39头大象被偷猎者杀害，情况十分严峻。以这种速度持续下去，扎库玛大象可能在几年内就会灭绝。

乍得政府与非洲公园之间签署的公私合作伙伴关系是朝新方向迈出的第一步。自1989年以来，它授权我们对公园进行全面管理，欧盟提供了关键的核心资金。但是，在实现零象牙偷猎这一目标的漫长道路上，还有更多的步骤要做。

整个扎库玛象群曾有5000名成员，但是十年前，这一数字降到了400。为了逃避骑马的苏丹偷猎者，它们学会聚在一起，集群行动。在近15年的时间里，由于压力，所有幼象都死了，这个象群少了整整一代象。今天，偷猎行为被遏制之后，象群开始分开，形成较小的群落，幼象也遍地都是。

瑞安·拉布沙涅在指挥通信中心。
公园的反偷猎活动就是在这里协调的。

这里大象运动模式的基本信息是：每逢雨季开始，象群都会离开公园迁移到北部和西部，然后在旱季返回。园区告诉我们，由于洪水泛滥，在雨季不可能在公园里工作，公园工作人员通常在5月底之前搬出，直到11月初才返回。

阅读了调查报告，特别是迈克·费伊在2000年代中期进行的旱季调查——他统计到2006年的大象数量比2005年少了865头，而且看到了很多尸体——之后，我们确定，偷猎者是在雨季对大象下手的。那时，大象几乎得不到保护，而且还散布在大片地区。安妮是一头母象，在2006年被迈克·费伊和他的团队戴上颈圈，从它悲剧般的活动轨迹中，我们猜测偷猎者一定是在不停地追踪和猎杀象群。[1]否则一头带着小象的母象不可能会移动那么远的距离，除非它是被死死地追杀着。虽然有了园区的忠告，我们意识到我们必须全年运营。

我们在降雨开始前四个月才到达这里，而象群已经开始离开公园了。我们需要快速确定事项的优先级。首先，我们需要给一些大象戴上颈圈，跟随它们的运动轨迹；第二步是确保公园总部全年可用。

在2011年4月，我们在几个象群的大象身上安装了卫星GPS颈圈。扎库玛大象因其在旱季集中成群的行为而闻名，所以我们挑选上颈圈的个体时只能撞运气，希望象群分散的时候，至少每个象群都会有一头大象戴有颈圈。我们开始将总部简易机场升级为全天候设施，并另外新建了四个简易机场：两个在西部迁徙区，两个在北部迁

396 _ 最后的大象

科林·贝尔摄

非洲公园档案馆

左

　　非洲公园的军械库表明，偷猎就是一场战争。

左下

　　2014年2月，乍得在扎库玛国家公园入口附近的小镇格兹·贾拉特焚烧了超过一吨的象牙库存。总统代比·伊特诺和乍得内阁部长代表团见证了这场大火。这一焚烧行为向国际市场表明，象牙毫无价值。

徙区。

　　我们升级了甚高频无线电系统，以覆盖更大的区域，并购买了让公园护林员能够在雨季工作的设备。我们引进了另外一架飞机，建立了一个无线电控制室，对操作员进行了24/7全天候工作的培训。我们在这个控制室里监控大象颈圈，一旦它们开始迁徙，我们便在附近部署巡逻队。

　　那年，大象散布的范围很广，与旱季活动范围相比，向西和向北延伸了170公里，覆盖面积约9000平方公里。

　　通过与当地执法机构合作，并使用总部附近的飞机跑道和新近改良的全天候跑道，我们能够

在雨季监控和保护大象，没有发现偷猎的迹象。可惜的是，偷猎者在10月返回公园时跟踪了一些大象，杀死了7头，除去了其中5头的象牙（后来被追回）。

　　第二年，这种雨季迁徙模式继续存在，大象再次向北和向西迁徙。然而，第三年发生了变化。它们开始向北行走，然后转身回到公园，此后一直没有迁移。具体原因我们只能推测。当然，这里较少的大象数量意味着大象密度不再是迁徙的驱动力。它们了解到公园内有安全保障，因此此前的迁移可能是由于害怕被猎杀导致的，而不是为了减轻环境压力。通过土地利用计划，我们现在还确保了西部和北部迁徙走廊的安全，以防大象随着数量的增加而再次使用这些地区。

　　扎库玛象群的早期照片显示，它们的年龄结构均衡。但是，我们从2011年开始工作时，发现有缺失的年龄段：这里没有4岁或5岁以下的幼象。那年下半年，一只小象出生了，我们十分兴奋。但是，由于增长率接近于零，即使偷猎已大大减

非洲其他地方可能都
不会有比这里更鼓舞人心的
形势逆转了。这头公象曾见
过至少5000头大象被屠杀。
如今，它信任保护它的人，
这证明了它的智慧，也说明
了扎库玛计划的成功。

对面下方图

骑马巡逻队对于穿越
扎库玛来说是必不可少的。
特别是在暴雨后，那时水
位升高，车辆活动受限。

诺玛德营地，扎库玛内的观赏游猎营地。

少，大象数量仍是继续缓慢下降。又过了两年，我们才开始看到新生小象的数量增加。到2016年底，我们统计到至少有125头三岁半以下的幼象。

是什么引起了这种行为变化，导致数百头大象同时停止繁殖？可以很肯定地说，一定是持续不断的偷猎行为。屠杀行为对这种聪明的动物所造成的创伤是无法想象的，我们只能推测这就是它们停止繁殖的原因。在扎库玛偷猎大象的高峰期，狮子食谱的24%都是幼象，这是小象在象群狂奔的时候被孤立或与象群分离并随后被狮子杀死的结果。

自2013年大象重新生育以来，这是我们在三起偷猎大象事件中目睹到的情况。每次偷猎事件之后，我们都会发现一些独自游荡的幼象。我们试图抚养一头小孤儿象，但是失败了，因此我们将幼象"领回"了主要象群，它们在那里的存活概率更高。

非洲公园接管管理之后的6年间，大象的行为发生了变化，这简直令人震惊。除了这里所说的转变之外，它们每天的时间分配也发生了变化。

2011年的时候，象群会紧紧凑在一起，表现出明显的焦虑，甚至在白天也很少饮水。连单身公象都组成了紧密的象群，从来不会远离彼此。如今，繁殖象群通常仍会是有500头之多的单个象群，但现在它们散布在数公里的范围内，幼象在玩耍，成年象之间互动频繁。现在，单身象分为许多群体，可以随意合并和分离。

至暗时刻即将结束，今天扎库玛象群数量正在增加。积极进取的员工、良好的公园管理团队，以及区域和中央政府的良好信誉加上当地村民的重要支持，将确保大象的生存。我们还不能沾沾自喜，威胁始终存在。但是现在已经采取了干预措施，检测潜在偷猎事件，并预防偷猎事件发生。发生偷猎事件后还会有快速的反应措施。

虽然在过去的6年中发生了几次偷猎事件，但几乎没有象牙离开公园，我们觉得，这就说明我们成功了。非洲的每个大象地区都不同，但是扎库玛方案是有效的。我们希望正在经历扎库玛几年前那种衰落过程的非洲其他地区可以复制这一举措。

扎库玛大变样

　　扎库玛的保护行动大获成功。这片非洲大陆上最大的庇护所得以从90年代末和00年代初偷猎肆虐的绝境中走出，变成今天这样生机勃勃的样子，非洲公园组织和乍得政府居功至伟。这场浩劫留下的印记之一，便是整整一代的当地大象在偷猎肆虐的时代逝去了，在席卷园区以及当地的偷猎潮中，没有一头小象幸存下来。

　　今天，事态已经稳定，偷猎行为得到很好的控制。大象数量开始回升，犀牛也成功地引回了这里。从照片中可以看到，在消失了近五十年之后，2018年5月，六头黑犀牛回到了这里。照片里，第一头被放进畜栏的犀牛扬起尘土，在放归荒野之前，它们要暂住在这里。

@ 凯尔·德·诺布雷加摄

教育对于保护工作来说至关重要，但是要对游牧群体提供教育十分困难。非洲公园通过建立名为赛科学校的低成本建筑来解决这一问题，每个社区都会分配一名教师。

© 马库斯·维斯特伯格摄

"泪之牙，信任之牙，这张照片是扎库玛成功的象征。我站在这头巨型野生公象面前，手持软管，给它喂水。我知道它以前见识过屠杀的可怕景象。这一瞬间，它对我完全信任，但是我知道，它回想起屠杀的时候，一定是既悲伤又害怕。但是它决定将那些抛到脑后，在离我近在咫尺的地方定定站着，让我十分欢欣，因为扎库玛现在又是它们的庇护所了。"

———————

凯尔·德·诺布雷加

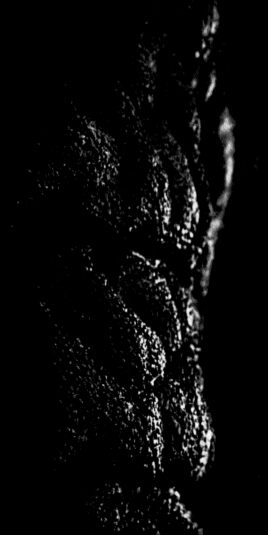

41

马里的沙漠象

这些大象面对着千辛万险，在新式保护措施的庇护下，
在这片人们认为不适合它们生存的地方挣扎求生。

万斯·G.马丁、苏珊·卡内伊博士

第一次听说古代沙漠城镇廷巴克图和迪延附近生活的马里大象时，很多人都会大吃一惊。即使对于最资深的保护主义者来说，这些特别的象群依然是个未解之谜。它们在这个极度干旱国度的存在让人惊讶，它们的生存之道也是迷雾重重。

当马里突然成为反恐战争的第一线时，这些大象的消息开始散布开来。正如我们所写的那样，在2018年初，马里的沙漠象分布在"圣战分子"、土匪和犯罪集团煽动的持续的政治不稳定和武装冲突的地理中心。

但是，我们不能操之过急。我们要讲述这些大象的生存故事，以及它们可能独一无二的基因库的来龙去脉。这是人类文化与野生动物交织联结的故事。

马里中部古尔马地区的大象是非洲最北端的大象种群，是适应沙漠化的两个大象种群之一。可能是由于该地区的偏僻、象牙小而劣质以及它们对当地人存在的容忍，这里的大象在很大程度上逃避了1980年代整个地区的偷猎行为。

这里的大象一直在迁移。它们具有独特的迁徙路线——各物种中记录最长的迁徙路线——以应对该地区广泛分布且各处不同的粮食和水资源。古尔马是一个干旱地区，南部每年约有450毫米的降雨，而最北部则只有150毫米。这里每年只有一次雨季，有时甚至全年无雨，降雨主要在6月下旬至8月下旬之间，随后是持续约8个月的旱季。随着旱季的来临，大象被迫进入班泽纳湖一小片永久性水域，这让大象更容易受到侵害，也增加了与当地村民和季节性移动放牧的牧民发生冲突的可能性。它们是怎么幸存下来的？

大象曾经在萨赫勒地区分布广泛。当人类对它们的栖息地进行改造、清理和分区时，会对其进行狩猎和骚扰，其余的大象被迫学会在寻找资源的时候躲避人类。这不是遥远的过去：我们知道，在1970年代，大象仍在使用古尔马地区以西尼日尔河内三角洲的湖泊。偶尔仍然可以看到大象的"侦察兵"正在对该地区进行调查。这些家庭的记忆很长远。

这一数量庞大的种群现在只剩下了古尔马大

辰戈塔野生动物组织收到请求，要他们在马里成立一支反偷猎部队。自2014年以来，极端势力在区域内出现，他们要对付的不只是土匪和走私犯，还有"伊斯兰国"和基地组织。2016年，他们的军队/巡林员/反偷猎混合旅团开始接受训练，并于2017年开始行动。正是他们带来了马里东南部从2017年一整年到2018年的一连串反偷猎反走私胜利。

从高空俯瞰村落、大象时常造访的绿洲以及撒哈拉沙漠黄沙漫漫的边缘。黑白兀鹫在这里的岩壁上筑巢。长久以来，人们都认为萨赫勒地区的黑白兀鹫已经灭绝了。

©奈杰尔·库恩戳

412 _ 最后的大象

象。虽然与它们共享马里中部的人类文化可以被视为潜在冲突的根源，但它们也代表了基于当地生态知识和文化容忍度的理解模式。在古尔马地区，不同种族和文化社区所实行的土地利用类型非常多样，包括：

> ·图阿雷格人的畜牧（游牧）系统。
> ·富拉尼人、桑海人、贝拉人和多贡人的农牧系统。在旱季，动物被留在村庄周围，而在雨季，人们把动物赶到离村庄很远的地方或往北赶到非耕地沙丘中的放牧地带。他们在农作物收成结束和旱季开始时把动物赶回村庄。除了管理牲畜外，这些人通常还在村庄周围的小土地上以及在低地的灌木丛中种植农作物。
> ·多贡人、桑海人和富拉尼人的利马伊贝人主要从事农业，种植大片谷物。他们将收获物储存在田间或村庄附近的谷物储藏箱中，并在马里的波尼和霍姆博立市场以及布基纳法索的吉博市场出售谷物。
> ·定居人群（主要是贝拉人和桑海人）在常年水坑（例如戈西、迪马穆、阿迪奥拉和阿纳达塔芬）附近进行园地栽培。在雨季种植小米、高粱、玉米和西瓜，其余时间则种植蔬菜和香料。[1]

除了这些原地不动的行为外，季节性移动放牧（主要是富拉尼人）牧民还会沿着古尔马河的传统路线前进，但越来越多的大型牧群属于内陆（尼日尔）三角洲的城市人口。来自邻国（尼日尔和布基纳法索）的牧民也把古尔马用作雨季牧场。这些"外来"牧民不仅给大象造成压力，而且有时当他们的牲畜进入田间时，也会与农业人口发生冲突。这些不同的文化与野生动物彼此交织在一起，使得该地区对大象构成了非常特殊的挑战。这里正是"适者生存"的最佳体现之地。

古尔马大象的分布范围比瑞士稍小，包含在廷巴克图以南的尼日尔河弯道中，并向南延伸至布基纳法索的边界地区。这个炎热地区的北部是开阔的沙质草原和稀树草原，这里有稀疏的树木、植被稀疏的沙丘和低地灌木丛森林。

南部主要是低矮且茂密的"虎丛"带：这是一个斑驳的植被群落和景观，由树木、灌木或草丛交替形成，被裸露的地面或低矮的草皮覆盖物隔开。它大致平行于等高线，交替间杂着开放的草原和沙丘。在整个区域中，树木很小，密度和高度从北向南递增。灌木丛森林通常围绕水坑和排水渠生长，是大象的主要栖息地，在旱季尤为重要。

这里的大象规模估计为250到350头，我们估计这些年来，数量大概在300到800头之间，具体取决于外部死亡因素，例如干旱、食物和最近的偷猎行为。[2]2004年和2005年的标志重捕法研究表明，该种群约有550头大象。与非洲其他地区相比，该地区大象老龄化严重，有超过50%的大象是成年大象。恶劣的环境和长期寻找食物和水的迁移导致新生象和幼象的高死亡率。迁移是大象用来寻找充足食物和水的策略。在这种恶劣多变的环境中，迁徙和适应的能力对于大象的生存至关重要。

大象的迁徙早已为人所知并有传闻。然而，尽管它们具有生态和保护意义，但它们仍未被研究并且在科学界鲜为人知。大象总量的估计数出自对当地人的采访、不完整的空中侦察、从短期粪便计数中推算和标志重捕法研究。[3]一名法语学校老师布鲁诺·拉·马尔舍在1970年代对它们进行了全面研究，并记录了它们的活动，但他从未发表过结果。

对面、顶部和底部

> 在马里，适应沙漠的大象必须应对许多挑战，与当地多种文化打交道，包括游牧民族、农民和牧民。在这个缺水地区，必须共享水坑。适应环境或直接消亡是每天要面对的。

两种文化传统在此相遇，代表传统传承的塔马舍克贵族与现代化的战士一齐为了他们共同的生活方式以及马里最后的大象战斗。

在古尔马大象保护的早期阶段，科学家对拯救大象组织的卫星颈圈收集的数据进行了分析，以了解它们的迁徙情况。[4]它们的迁徙路线引人注目。大象在仅有的几个明确界定的集中区度过了大约95%的时间，它们会在那里的某个区域聚集一段时间，然后沿着"走廊"迅速移动到下一个区域。这为它们如何在这种环境中生存提供了线索。

集中区显然具有大象所感兴趣的特征，而走廊则是大象不愿流连的区域，要么是因为没有兴趣，要么是因为它们觉得会受到骚扰或威胁。检查和对比集中区和走廊区域后，我们了解了这些资源的类型和位置以及它们在每年的什么时候最重要。我们开始了解大象的世界以及它们如何适应这个恶劣的地区。

各地区的好处各不相同。南方有更多质量更好的食物，但是只有下雨的时候才会有地表水，因此可用水很快就会在雨季结束时变干。但是北部有一系列小湖，小型湖泊由当地降雨提供的地表水维持，这些降雨聚集在洼地或"低地"。大象从一个湖到另一个湖。一旦湖水干涸，它们便迁移到下一个，直到最后它们会合在班泽纳湖。该湖常年有水，并且是旱季结束时唯一的水源。因

奈杰尔·库恩摄

巡林员在观察点处观察这片区域，侦测可疑活动，随时准备呼叫地面安全小组进行突然干涉。

此，它也是当地牛群的选择目标，而且是数量庞大且影响深远的，由遥远的富裕城市居民拥有并由季节性移动放牧牧民管理的大群牛群的目标。

大象既需要可获取的水资源，也需要足够的食物才能在这段长期干燥的时间生存。它们严重依赖长着灌木的排水道和低地的木本植被，将大部分时间都花在这些灌木丛上。这些灌木丛提供水、食物、阴影和庇护所，对大象的生存至关重要。但是，这里还是农业和生产卖往城市地区的木炭的重要场所，这些保护问题必须由当地人民一起解决。

令人难以置信的是，大象可以通过嗅觉察觉到南方下雨。发生这种情况时，它们会顺着常用的通道，穿越草丛沙丘，开始向南方的丰盛牧场移动，避开村庄和其他人类居住地。它们会在某些地方停留，利用可用的食物。在一个地方，当地酋长（一位受人尊敬的牧民和有势力的人）制止了把一片区域开辟为农业用地的行为，在大象需要补充脂肪储备的时候为其提供了一个和平的避风港。这对母象也很重要，许多母象此时正在分娩，需要额外的营养。

最终，大象越过边界进入布基纳法索，在那里停留一段时间，向东蜿蜒而行，与国际边界平行。我们发现这不是巧合。在1980年代，马里和

奈杰尔·库恩摄

让当地社区觉得自己是重要的，这一点对获取他们的信任和协助，收集关键信息十分重要。来自美国的辰戈塔小组在这个塔马舍克村庄逗留，太阳快下山时，这个老人躺在垫子上，被驴子驮到了小队医生这里。在医生施展现代魔法的时候，他叫自己的老婆和家人围过来观看。

布基纳法索在这片边界上处于战争状态，战后，布基纳法索将边界沿线指定为野生动物保护区，是一种缓冲区。大象把这里当成了避难所。

在这个区域，它们在小水体之间移动，直到雨水减少。这时通常是9月，它们在其活动范围的东南方。随着地表水池枯竭，它们再次向东北转向永久性水域，最终迁移路线大致呈圆形。

整个复杂而有趣的全景为基于社区的协作性保护的马里大象计划（Mali Elephant Project，MEP）提供了基础，该计划自2006年以来在马里开始运作。马里大象计划在古尔马、首都巴马科和世界上其他关键保护区工作，建立、改造并坚持推进独特的保护模式，使人类和大象能够在很大程度上和平共处、互惠互利。事实证明，该模型对于偏远地区的安全具有重要的积极意义。

马里大象计划与马里政府合作，从伊恩·道格拉斯-汉密尔顿领导的拯救大象组织在2003、2006年进行的科学工作开始，绘制了移民路线图。拯救大象组织、野生基金会和美国国务院为这项早期工作提供了资金，当马里大象计划从安装颈圈和科学研究过渡到以大象为中心的基于社区的应用型自然资源管理时，野生基金会承担了责任。

对移民路线的研究表明，大象需要全面的保护。[5]因此，在没有太多资金的情况下，马里大象计划2006年的首要任务就是与当地人接触，以了解他们的看法。显然，如果大象要生存，这些人将发挥重要作用。马里大象计划的主要任务是在整个马里建立一个共同的愿景，让保护大象成为影响人们日常决策的一部分。

一项社会调查显示了有关当地态度和传统生态知识的宝贵信息。它表明78%的当地人口不希望大象消失。当被问到为什么时，最常见的想法是：如果大象消失了，这意味着环境对人类来说也不好了。此外，许多人表达了这样的观点，即每个物种都有生存权，并且它为生态系统的独特性做出了某种贡献，这个概念被称为"巴拉卡"（baraka），意思是祝福。每个物种都有自己的巴拉卡，如果失去一个物种，生态系统将萎缩，其维持生命的能力也会下降。大象还有其他好处，那就是大象可以从高高的树枝上摘下叶子、果实和种荚，从而使山羊能够四处觅食，而妇女则可以将这些收集起来，在市场上出售。大象粪也被用来治疗结膜炎。[6]

马里大象计划、地方社区和地方政府之间形成了对话机制。这样就可以开展宣传活动、学校计划、生态旅游指南，并支持区域规划为《大象管理计划》做好准备。

马里大象计划社区参与方法最初是在班泽纳湖发展起来的。随着人类和牲畜对湖泊造成的压力的增加，湖过早干涸的风险也增加了。2009年，班泽纳湖在下雨之前就干涸了，这对大象来说是一场潜在的灾难。幸运的是，更南边的少量降雨让大象可以幸存下来，撑到大雨降临的时候，但很明显，目前迫切需要采取一些措施。

来自社会经济研究的信息使湖周围社区对这些问题产生了普遍的认识，有助于他们确定解决方案。这些研究表明，使用湖泊的超过96%的牛群属于遥远的富裕城市居民，这些牛污染水域，使超过50%的当地人口遭受水传播疾病的折磨。我们还发现，如果马里大象计划社区能够改善牲畜的草场、提供淡水并提高当地人的总体健康状况，那么当地人愿意搬迁到大象活动范围之外。[7]

班泽纳流程揭示了与整个大象活动范围相关的其他问题。尽管不同种族都有自己的自然资源管理系统，但没有一个所有人都认可的特定系统。结果是当地人随意使用水、草、嫩叶、盐、薪材和非木材林产品等资源。在过去的几十年中，这种不受管制的开采，再加上城市中心和移民的影响，导致了土地的逐步退化。

为防止这种情况，马里大象计划借鉴了马里权力下放立法的规定，以帮助当地社区制定统一的公约，使居民能够设计社区系统来规范资源使用。这使社区能够与政府林务员密切合作，在班泽纳周围的大象迁移地区巡逻和执法，并被授权向外人收取水、干草或放牧使用权等资源的使用费。

该构架包括人民选出的主要社区团体，包括长者管理委员会和一个年轻人组成的监视小组（向管理委员会报告），对违反当地资源管理规则和国家法律的情况进行监督。小组成员接受了工作要求的各个方面的培训，包括法律、记录保存、如何与罪犯打交道以及如何让他人了解新系统。这个新方法还有其他的辅助措施，其中包括定期广播、学校项目和让牧群主人注意新规则的增强意识活动。

2010年，环境保护部有了一个重要的新伙伴——加拿大国际保护基金会，极大地增强了当地社区的权能和生活水平，同时大象也还是他们共同努力的重要标识。

地方长者管理委员会创建了最初的40万公顷的牧区，其后邻近的公社加入，面积最终达到了92.38万公顷。各民族组成的小队设立了一系列防火道，使这里成为古尔马北部2010年没有失火的少数地区之一。这一消息迅速传播，随着好处开始从班泽纳扩散到社区，许多大象活动范围内的其他社区也要求管理委员会提供保障，获得同样的好处。

此外，在研究社会学影响时，我们一再被告知，由于班泽纳地区不再收集木材，廷巴克图的木炭价格上涨了数倍，人们又对城市林地产生了兴趣。马里大象计划模型奏效了。然后，冲突开始了。

2011年，利比亚的卡扎菲政权倒台，图阿雷格雇佣军从处于无政府状态的利比亚返回马里，满载着大量武器，助长了图阿雷格分裂主义者的复兴。同时，"圣战者"已经在马里北部的"存在"（伊斯兰马格里布基地组织）活动了好几年。2012年3月，马里军队发动政变，导致政府放弃了该国北部和中部地区。这些条件酝酿了一场完美风暴。

几乎一夜之间，大象活动范围内不再有法律管辖，还被效忠不同势力的武装团体占领控制。第一次偷猎事件发生在2012年1月。保护大象似乎是不可能的，我们唯一的选择就是利用我们最大的资产——与当地社区的关系——建立当地反应机制。马里大象计划实地小组（全是马里人）与长者一起召开了为期4天的社区会议，使当地人能够讨论他们的问题，而我们也向他们提及了大象的困境。人们最初担心的是，武装团体劫持了所有交通工具，因此无法获得粮食。他们还担心年轻人加入这些团体。

马里大象计划承诺使用驴车运入并分发谷物。相应地，地方领导人和长者则保证传达一项法令，即任何杀害大象的人都会被烙上小偷烙印，这对当地人来说是极大的羞辱。同时，环境保护部将招募年轻人组成一个警戒网络，以监视大象、该地区的陌生人、记录偷猎大象的事件并发现偷猎者的身份。他们还将为社区开展资源保护活动。尽管520名任命的年轻男子仅获得足够自己与家人食用的食物，但没有一个人加入武装团体。原因是，尽管"圣战组织"每天向当地新兵支付的薪水高达30~50美元每天，但他们现在的角色在当地具有较高的地位，风险也较小。[8]

"圣战分子"毫不留情地朝马里首都巴马科前进。当他们似乎就要取得胜利时，2013年1月的法国空袭使这一梦想告吹了。但是马里政府从未完全返回古尔马，这里依然没有法纪，盗匪横行，"圣战分子"在这里重新集结。马里大象计划开展的社会赋权活动在长达3年时间内控制着偷猎活动水平。然后，在2015年，随着极端主义团体的重新活跃，不安全感再次增加。加上国际走私网络开始将目标转向当地的大象，导致了偷猎的突然升级。在2015年的前6个月，有64头大象被杀，是2012年1月~2015年被杀的20头大象的三倍多。

马里从未有过武装反偷猎部队，目前迫切需要组建一支。环境保护部与政府和其他合作伙伴密切合作，培训和部署了武装反偷猎部队，但是由于缺乏能力，以及国内安全性持续恶化，过程变得十分复杂。在经历了许多挑战之后，2017年2月部署了一支由反偷猎的护林员组成的林务员军队混合部队。此后，再也没有任何大象被盗猎过。

各种合作伙伴的支持使这一点成为可能，其中最引人注目的是马里多层面综合稳定团——联合国马里维持和平部队——以及美国的辰戈塔野生动物组织的坚定不移的高度专业投入，在绑架和袭击的风险很高的情况下，其专门人员坚持进行培训。辰戈塔学说承认社区工作在反偷猎中的作用，将社区保护的原则与情报驱动的逮捕和威慑行动相结合，以最大程度地利用现有技能和资源，同时最大限度地减少负面影响和成本。

武装反偷猎部队使用的理论适合于古尔马特定的不安全条件，可以阻止"圣战组织"、武装匪徒和偷猎者的日常威胁。该方法特别有效，与成功适应马里文化的经营理念相平衡。通过让当地居民参与行动并支持他们的生活，可确保他们直接参与大象保护并从中受益。[9]马里大象计划被评为2017年联合国开发计划署赤道奖15名得主之一时，表明了人们对这些成就的认可。[10]

双管齐下的反盗猎方法也与安全和稳定工作

罗里·杨摄

适应沙漠的马里大象在这片与瑞士面积相仿的区域里迁移时,不得不与大量家畜共享稀缺的水资源。班泽纳湖等水源对它们的生存至关重要,但是随着对稀缺资源的竞争加剧,人象冲突也日益加剧。

有关。它表明了在恰当的安全应对措施投资与针对社会经济冲突核心驱动力应对措施投资之间取得平衡的重要性。这是在地方一级的建设中和平与发展的方法。

挑战仍未停止。逃跑的"圣战分子"和土匪破坏了几个新的井眼,这意味着人们不得不返回班泽纳湖。同时,冲突造成的社会分裂,加上法治的缺失造成了额外的工作。但是,由于10年成功的社区参与经验,我们找到了解决方案。马里大象计划已经制定了可行的计划来克服所有这些挑战,保护大象并改善当地生计。我们将继续工作。虽然我们的工作仍有不确定性,但它可以持续,并产生了解决方案。当然,与往常一样,这些解决方案需要资金。

马里大象保护项目是野生基金会(www.wild.org)与加拿大国际自然保护基金会(http://icfcanada.org)发起的,与马里水体和森林理事会等马里机构以及其他合作伙伴(详情请参见:www.wild.org/mali-elephants/partners)合作推进的基于社区的长期保护计划。

42

适时死去

科林·贝尔

　　我们循着天上盘旋的秃鹫，发现了这具被遗忘在干枯草原上的尸体。我们徒步接近它，发现鬣狗和秃鹰正忙于大快朵颐。重要的是，我们发现它的象牙完好无损，身上也没有弹痕。这头大象是自然死去的。一个月后，奥卡万戈一年一度的洪涝淹没此地，我们发现了这幅清水下骨殖与象牙的安宁画面。大象就应该这样迎来终结：尊天意，知天命，生于斯，死于斯。

　　我们希望本书的故事可以说服组成《濒危野生动植物种国际贸易公约》的当事方听取政府和非政府组织的呼吁，将所有大象列入附录一，进行全面贸易保护。

　　愿我们的孙辈再也不会看到大象被屠杀，只空余一具尸骸，象牙被斩下卖给那些远在非洲之外，不知道自己对象牙的渴望会带来怎样后果的人。

参与进来

这很重要。

伊恩·米切勒

我们的星球正遭受当前人口水平和现代生活方式的严重影响。如今大部分人类都定居在大都市中，与自然世界脱节。人类社会的特征是高消费以及高废物产生率，这一特征严重伤害了地球，使许多同胞物种濒临灭绝。

数十年来的科研证明了这一点，人类活动带来的肉眼可见的影响也可以作为佐证。这些影响与人类生活的方方面面息息相关，比如我们的出行方式。面对这些事实，我们要反思自己所扮演的角色。有些人已经警醒了，其他人只是泛泛地表示关切。无论采取哪种方式，我们都必须出一份力，这很重要。如今，没有任何不作为的理由。

对于非洲来说我只是个旅者，但我也想为它出一份力。我发现保护物种和照顾其栖息地有很大的参与空间。大象极具魅力，深受人们喜爱，它们是动物保护的火炬手。它们也是所有其他物种健康的指标：它们的状态是整个生物多样性和生态系统状况的晴雨表。

通过参与，您将有所作为。

参与到非洲大象保护中

·通过在非洲之旅和游猎过程中支出的园区花销以及其他支出，以及由此带来的岗位，你已经对非洲象保护做出重大贡献了。切记要选择可靠、正派的经营商，并将有大象活动的地区划入行程中。精心设计的游猎既可以让你体验血脉偾张的绝妙旅程，也可以为保护工作提供急需的资金。如此一来，你在享受旅途的同时，也在保护着大象。

·关注偷猎危机、象牙贸易与大象数量急剧下降的联系等有关大象保护的问题，并时刻留意其进展。贸易不是解决物种长期生存的办法。永远不要购买象牙。

·考虑包括政府、其他决策者、科学界、保护机构在内的所有利益相关者以及生态旅游所起的作用。三思而后行，要牢记自己的选择可能带来的后果，以及对你个人之外的其他关联方造成的影响。

·主动为大象发声，听到你的声音。运用你

在非洲的游猎中收获的知识与感悟，来捍卫大象。通过你的所得所知，代表这些不会说话的动物，用写作和申诉等方式来向你的家人、朋友、同事以及政府讲述它们的苦难。

· 为《最后的大象》编撰提供过帮助的，以及书中所列出的人或组织，几乎都参与了大象保护。如果你想通过捐款来出力，请向他们捐款。

· 参加倡导通过设立走廊区域以及跨界倡议等手段保护和扩张大象栖息地，以此保护大象生存权的活动。如果大象得不到所需的生存空间，则一切救助它们的努力都是徒劳之举。这可以通过捐赠来实现，可以向各个州的志愿者，也可以向教育者和倡导者捐赠。无论你选择通过什么方式来出力，请记住，这是一场持久战，做好随时为大象奋斗的准备。

· 如果你想参与到一线，请参加实习或者志愿者计划。这些计划里包含从行政工作到研究助理、教师等林林总总的活动。切记，虽然有很多志愿者组织做出了重大的贡献，还有一些组织——不管它们在网站上说得有多天花乱坠——的目标只是盈利而已。

· 咖啡、木材以及水果等产品的收购生产过程可能对大象有害，请在购买前确认。

· 当一个科学普及者。你可以通过 APP，运用各种追踪、下载以及摄影技术，在游猎途中提供关于大象的宝贵信息，为保护工作提供帮助。

你不应该做的

· 反对骑乘大象或者其他利用被圈养大象的动物剥削行为——这些活动不能保护大象。参观它们或者向它们捐赠，对它们的存续毫无裨益。相反，这会加强剥削利用大象的循环。

· 不要参观让大象生活在恶劣环境中的动物园或者所谓的庇护所。

· 在非洲或其他任何地方，请勿购买使用象牙、象毛或者大象身体其他部位制成的产品（例如珠宝、手工艺品或古董），这会带来更多的杀戮。

· 我们恳求猎人：某些国家依然允许射杀大象进行战利品狩猎，我们恳求你，不要射杀长牙象，它们是大象子孙后代的基因库。

请支持下列非政府组织

下面列举的优秀的非政府组织，按字母顺序排列，先后顺序不代表重要程度。
如若遗漏其他优秀非政府组织，我们为疏忽表示歉意。

非洲公园	www.african-parks.org
非洲野生动物	www.awf.org
贝加尼信托基金会	www.bhejanetrust.org
生而自由基金会	www.bornfree.org.uk
大型动物基金会	www.biglife.org
鸟类保护联盟	www.birdlifebotswana.org.bw &
	www. birdlife. org. za
辰戈塔野生动物组织	www.chengetawildlife.org
COMACO 信托基金会	www.itswild.org
以行动保育信托组织	www.conservationaction.co.za
赞比西下游保护区	www.slczambia.org
大卫·舍尔德里克信托基金会	www.sheldrickwildlifetrust.org
EAGLE 执法组织	www.eagle-enforcment.org
从伊甸到阿多	www.edentoaddo.co.za
大象信托	www.elephanttrust.org
大象之声	www.elephantvoices.org
大象生存	www.elephantsalive.org
大象无国界组织	www.elephantswithoutborders.org
濒危野生动物信托	www.EWT.org.za
e'Pap	www.epap.co.za
法兰克福动物学协会	www.fzs.org
非洲狩猎管理员协会	www.gameranger.org
LAGA 野生动物法律执法组织	www.laga-enforcement.org
狮子卫士	www.lionguardians.org
马赛荒野保护信托	www.maasai.com/conservation/the-trust
马拉大象计划	www.maraelephantproject.org
尼亚萨荒野信托基金会	www.niassawilderness.com
北方牧场信托	www.nrt-kenya.org
保护区管理解决方案基金会	www.pamsfoundation.org
和平公园基金会	www.peaceparks.org
博茨瓦纳犀牛保护组织	www.rhinoconservationbotswana.com
拯救大象	www.savetheelephants.org
拯救幸存者	www.savingthesurvivors.org
坦桑尼亚南部人象计划	www.stzelephants.org
大象空间基金会	www.spaceforelephants.com
旅游保护基金	www.tourismconservationfund.org
察沃信托基金会	www.tsavotrust.org
象牙信托基金会	www.tusk.org
维多利亚瀑布反偷猎小组	www.vfapu.com
野生救援	www.wildaid.org
野生基金会	www.wild.org
非洲荒原基金会	www.wildernessfoundation.co.za
野生生物保护学会	www.wcs.org
直面野生动物组织	www.wildlifedirect.org
非洲荒原基金会	www.wwf.org.za
赞比西学会	www.zamsoc.org

韦恩·洛特（Wayne Lotter）

一个了不起的人
2017年8月16日在坦桑尼亚达累斯萨拉姆遇刺

威尔·特拉弗斯

如果他们（无论他们是谁）以为杀害韦恩·洛特就可以让他沉默，或者使他的使命停滞不前，或者恐吓那些效法他的人——他们就大错特错了。效果恰恰相反。但是他们也应该知道这一点：真正的正义和法治将严惩他们的邪恶行径。只要韦恩这样的英雄儿女愿意做对的事情，犯罪就会消亡。我们将效法他的榜样，胜利最终是我们的。

克里斯·巴克斯：

非洲失去了最伟大、奉献最多的自然保护主义者之一。韦恩·洛特被掠夺这片壮美大陆的懦夫杀害了。他前往异国他乡，试图做出改变，付出了巨大的个人牺牲。他和他的同事对抗顽固的强敌，历尽千辛万苦，最终得胜。他打乱了他们的计划，让他们心生恐惧，于是他们派出了杀手行凶。

像他那样的好男儿不多了。他决心坚定，原则和信念高于一切。他绝不害怕挑战权威，争论对错。他思想自由，不拘一格，不在乎肤浅的名声。他想把工作做好。

韦恩的工作效率比其他保护主义者要高，证据就是坦桑尼亚高层象牙走私者的高调逮捕。野生动物犯罪集团对他又恨又怕。他因此丧命。

我和韦恩在克鲁格公园的斯维尼荒野小径一起当过3年巡林员。我们对旷野及其野生动物的共同热情紧紧地联系着我们。我们一起花了几天的时间追踪大象，与狮子对峙，陶醉于我们周围的自然环境中，我们成了朋友。他的古怪行为和独到见解常常令我崩溃。

我们后来分道扬镳，多年未曾联系。在当前的大陆偷猎危机下，我们又见面了。我为他的成功感到骄傲，也想成为他那样的人。我们碰头讨论当前危机。我意识到，昔日无忧无虑的韦恩现在正坚定不移、毫无废话地打击野生动物犯罪分子。在他看来，没有灰色地带，只有对错。

我们的最后一次相遇是2017年在马拉维湖上的一艘木船上。船沿岸驶着，我们看着鱼鹰猛地扎进水里。从当前的危机到对青年时代的回忆，我们无所不谈。这很好。我很高兴能有机会，能在他走之前告诉他，我多么为他感到自豪，我们的友谊坚不可摧。

韦恩·洛特绝对不能白白牺牲。他必须作为我们所有一生致力于野生动物保护的人的榜样。

韦恩，你是我们所有人都希望成为的保护主义者。如果还有其他像你那样的人，我们在这里的麻烦就会变少。我爱你，我的朋友，向你的家人和朋友致哀。安息吧，兄弟。向你致敬。

伊恩·米切勒：

韦恩·洛特是一位了不起的人。在较短的时间内，他获得了非凡的成就。他热情、执着、勇敢，最重要的是，他极其正直。韦恩给我们留下了榜样，永远鼓舞世界各地自然保护主义者和热爱荒野的人。

他被暗杀这一事实明确地提醒我们：既得利益集团和犯罪集团同流合污，正在掠夺自然界。他们仍然是祸害，而且卑怯又无情。这使保护环境和生物多样性充满变数。

韦恩的博物学家和保护主义者的生涯始于研究。他有自然保护硕士学位，他在南非各个政府和私营部门组织中工作。从财务和社区发展到田野生态和野生动物犯罪，他几乎专注于环境管理的各个方面。他的职业道德从一开始就显而易见。

正是这些经历和渴望扮演更有意义的角色，才使他为搬迁到坦桑尼亚提供了充分的条件，并于2006年与他的朋友克里希·克拉克和阿利·那曼噶亚共同创立了保护区管理解决方案基金会（Protected Area Management Solutions Foundation，PAMS）。

在该组织主要基于收集地面情报并提高社区意识的基础上，韦恩开始介绍其独特的经营风格，以制止然后扭转只能被描述为巨大的偷猎危机。尤其是坦桑尼亚和塞卢斯禁猎区，每天损失约20头大象，这场屠杀在10年内占该国整个大象群的60%以上。

他的方法和态度已被同事和支持者以不同的方式描述为战略、精益、创新甚至是开创性的，因此有许多教训需要借鉴。其中，最突出的是他对人的关心和关怀。保护大象和其他野生物种推动了韦恩的成就，但是他对坦桑尼亚农村社区以及与他一起工作的社区的深刻而真诚的考虑成为其成功的关键。他举止朴实，但迷人而坚决，向坦桑尼亚人灌输了照顾他们的民族遗产的紧迫感和自豪感。

韦恩的任期内，PAMS实现了其他保护机构尽其一生难以完成的工作。到他去世时，PAMS已经没收了1100多个非法枪支，并确保逮捕了2300多个偷猎者和走私者。更令人印象深刻的是，定罪率超过80%，其中包括该地区一些最受欢迎的野生动物犯罪头目。在此过程中，PAMS还培训了数百名坦桑尼亚童子军，并向成千上万的学童传播了环保意识。

PAMS成功的最终衡量标准是，到2014年初，坦桑尼亚的大象偷猎危机有所缓解，而到2015年，普查数据表明大象数量略有恢复。韦恩从不怀疑这会发生。

本书作者大多都把韦恩当成热情、重要的朋友或同事，所有人都知道他的工作规模。他致力于确保非洲最具标志性的物种之一的生存，无所畏惧，全神贯注，是我们的领袖和无名英雄。韦恩，你和你的工作永垂不朽。

对面

> 一头年轻的奥卡万戈大象触碰、嗅探并向亲戚致敬，就像我们向韦恩·洛特以及非洲各地在保护野生动物的时候失去性命的许多护林员和反偷猎人员致敬那样。

大象十分机敏，对周遭环境十分警觉。这头老公象试图不去打扰地上栖息的鸽子，反而弄得自己站立不稳。

了解大象的行为

奥德丽·德尔辛克

　　大象是一种智慧、有情感的生物，不喜欢受到惊扰。它们有像人类一样不容侵犯的个人空间。记住，是你在它们的地盘上，它们有优先通行权。大象喜欢安静、耐心和缓慢、一致的动作。必须牢牢记住尊重动物和有关它们的常识。为了自身安全，阅读它们的肢体语言很重要。

大象典型行为

◎ 提姆·德里曼摄

挺直身体（威胁行为）

　　通常，大象站立或者走动的时候，眼睛是朝下看的。大象在摆出许多姿态的时候，都会直勾勾地盯着对手。雌象在面对掠食动物和人类等威胁时，通常会抬头超过肩部，扬起下巴，怒目圆睁，目光越过象牙俯视对手，两只耳朵尽可能地往前伸。这种姿态下，大象看起来更高了，有时候大象还会站在木头或者蚁丘等物体上，让自己显得更高。大象此举是想说：我看到你了，规矩点！

◎ 波比·乔·维亚尔摄

摇头（威胁行为）

　　大象突然猛摇头部，耳朵劈里啪啦地拍打在身上，扬起尘土，这表明它对某个生物或者事情感到厌烦或者不满。摇头行为开始时，大象会先把头歪向一侧，然后快速地来回摇头。此时耳朵会拍打在大象脸部或颈部，发出巨大的噼啪声。大象会用这个动作来佯装愠怒。抖头行为（先抬头，然后慢慢低头的单次动作）以及甩头行为（大象低头，然后快速抬头，象牙划出一道弧线）也是轻度威胁姿态。

◎ 科林·贝尔摄

扩耳（威胁行为）

　　大象还有另一种威胁姿态，此时大象会直面对手或者掠食动物，死死地撑开耳朵直至与身体呈直角，此举可能是为了增大自己的体型。大象兴奋、受惊或者警觉的时候也会扩耳。

前甩鼻（威胁行为）

　　大象向敌人的方向甩鼻子，一般还会伴以大声喷气。大象通过向白鹭、犀鸟、疣猪和人等比它们小的动物甩鼻来吓跑它们，但此举也可能只是为了找乐子。大象还会做出更激烈的前甩鼻，即发情期公象的挑衅啸叫。此时大象会朝着敌人夸张地甩鼻子，同时用鼻子发出巨大的啸叫声。

投掷碎物（威胁行为）

　　大象用鼻子抬起或拔起物体，丢向对手或者掠食动物。大象在玩乐的时候也会使用这种姿态。大象的准头很好，在较远距离也能命中目标。

拍打灌木（威胁行为）

　　大象甩动头部，头部与象牙反复穿过灌木等植被，发出噪声，引发震动，以此展示自己的力量。大象此举可能是要表达"瞧瞧我能对你做出什么来"，但是大象也会在玩乐中表现出这种行为。

象牙触地（威胁行为）

　　大象屈身或者下跪，用象牙刮擦地面，有时还会刮起植被。大象会对人类观察者做出这种行为，可能是要表达"看看我要对你干什么"。这种行为通常会在两头公象，特别是发情期公象互相较劲周旋的时候发生，但大象也会对人做出这个动作。有时候，大象通过象牙触地来向其他目标表示敌意，但大象也会在玩乐中做出这个动作。雌象则会在产仔后剧烈地刨蹭、踩踏或者用象牙刮擦地面。

卷鼻（表示忧虑）

    大象担心或不确定要采取什么措施的时候，会来回扭动鼻尖。

远距离正面姿态（玩耍或表示屈服）

    大象在预计会发生什么或者玩乐的时候，可能会停下来，竖起鼻子，摆出潜望镜或者S型的样子，等待对手发起对决或者期待玩伴的下一步动作。两头大象想要对决，互相靠近的时候，可能会把鼻子抬过头顶，卷起鼻尖指向对手。这个姿态与潜望镜式闻嗅十分相似。

触摸脸部（表示忧虑）

    与另一头大象互动，或者感到不舒服的时候，大象经常会触摸自己，让自己放松。进行该行为的时候大象会触摸自己的嘴、脸、耳朵、躯干、象牙或颞线。

摇脚（表示忧虑）

    当不确定要采取什么措施时，大象会间歇地抬起前脚固定在半空，或暂时摆动前脚。更罕见的情况下，大象也会摆动后脚。

伪装进食（表示忧虑）

　　大象像在觅食一样采摘植被，却不会真的吃下去。这种行为是在监视事态的发展。在这种模式下，即使大象真的吃下采摘的植被，也是断断续续、心不在焉的。大象还可能会用植物拍打脚部或身体其他部位。大象会在有打斗或试探攻击等对抗性情景期间，或大象不知是战还是逃的时候进行这个行为。大象也会用这个动作表示防御或沮丧。通常年轻公象会在发情期的母象附近进行这种行为。它们想通过假装自己在做其他事情，来避免守卫母象的公象的敌意。

假冲锋（威胁行为）

　　冲向敌人或掠食者，挺直身子，张开耳朵，在接触目标之前一小段距离停下来。停下来的时候，大象可能会向前甩鼻子或狠狠地踢起尘土。大象假冲锋的时候通常会发出尖锐的小号声那样的叫声。

真冲锋（攻击性行为）

　　大象张大耳朵，冲向掠食者或其他敌人，大象会抬头或低头，以便冲向对手。大象会把象鼻微微向下弯曲，确保象牙先刺到敌人。大象真冲锋的时候通常不会发出声音。

　　（此照片是从安全的地面照相点拍摄的。）

繁殖期公象发情的迹象

发情期步法和浓烈气味

大象高高抬头，下巴后缩，步态大摇大摆。发情期的公象会散发出浓烈的气味，很容易被人类辨别。

颞线肿胀

公象的颞线在发情期高峰时可以达到橘子大小。发情期公象通常会把象鼻搭在象牙上，减轻腺体的压力。

颞线分泌物

颞线会分泌一种油性液体，从脸颊流到下巴，形成脏兮兮的痕迹。发情期公象经常在树上摩擦腺体。（请注意，只出现颞线分泌物并不代表公象进入发情期——非发情期大象在感受到压力或者激动的时候也会分泌。发现分泌现象时应配合其他特征来判断。）

尿频

发生在公象完全发情的时候，由于阴茎仍然在鞘内，尿液会喷洒到后腿上。阴茎鞘最终被染成黄绿色，腿上会有深深的尿液痕迹。

如何在车里观赏大象

· 看到大象后立即减速。不要急着开过去观赏大象。

· 开始观赏前，评估有关逃生路线、地形和明显的动物行为的情况。

· 确保大象距离车辆50米之外。引擎熄火。如果大象平静，它们会逐渐接近车辆。大象接近时，请不要启动引擎，要安静地坐着观赏大象。

· 如果大象进入车辆20米范围以内，请启动引擎，等待数秒，慢慢倒车。绝对不要让大象接触到车辆。

· 为了防止大象认为自己被围住或困住，建议每次观赏大象的时候最多出动三辆车（最好是两辆），除非主管驾驶员觉得车的数量应该少一些。

· 由于大象是昼行动物（白天活动），因此夜间请勿用聚光灯照射它们的身子。

· 观赏大象时，请勿突然站起来或在车辆中突然移动。这可能会吓到大象，引发威胁或攻击反应。

· 驱车猎游时请勿携带水果。

大象表现出威胁行为时该怎么办

· 开启引擎，等待几秒钟，慢慢倒车，给大象留出空间。

· 如果开启引擎加剧了大象的威胁行为，请立即熄火。等待几分钟，然后在大象平静后尝试再次发动引擎，然后撤离。

· 对于发情期公象，时刻保持警惕，因为它们的行为可能无法预测、不稳定、进攻性强。

作者介绍

　　我们询问科学家、园区守卫、诗人、活动家、学者、记者、住所业主和参与整个非洲大象工作的非政府组织的领导人，是否愿意为本书写一章内容。他们的回应出乎意料，让我们十分振奋。感谢所有拨冗为本书写下千言万语的人们。他们为了所爱护和尊重的大象，不收取一分一文。

　　向你们致敬，感谢你们。

卡尔·安曼是一位独立制片人、摄影师和作家，他在肯尼亚生活了40年，记录动物保护问题，最近他的关注点转向了非法野生动物贸易。

www.karlammann.com

凯茜·琳·奥斯汀是冲突意识项目（CAP）的创始人兼执行董事。她领导 CAP 调查为冲突提供资金的全球走私网络、有组织犯罪以及自然资源和野生动物的开采。她曾在联合国担任过军售专家。在 CAP 网站上有关于她曝光偷猎巨头的纪录片《追枪》的链接。

www.conflictawareness.org

卡莉娜·布鲁尔是开普敦大学犯罪学中心的博士研究生。她研究了对东部非洲周围有组织犯罪的对策，例如肯尼亚、坦桑尼亚和莫桑比克的非法象牙贸易。她拥有南非斯泰伦博斯大学的国际公法法学硕士学位，是一名律师。

从1970年代初至今，**科林·贝尔**一直很幸运地在整个非洲地区工作和提供指导。他承受过愤怒、压力大、被滋扰的大象的怒火，也在盗猎不活跃的黄金年代目睹过平静、放松的大象。

www.africasfinest.co.za

卢卡·贝尔皮耶特罗是一位环境保护主义者，他在肯尼亚南部的马赛生活了超过20年。他建立了独特的精品生态旅馆雅坎兹营地（Campi ya Kanzi），并建立了以社区为基础的先锋组织马赛荒野保护信托（Maasai Wilderness Conservation Trust）。他曾就读经济学专业，发表了《关于野生生物作为肯尼亚可再生资源：可持续发展和环境保护》的论文。

www.maasai.com

苏珊·卡内伊博士是马里大象计划的主任。她在西非拥有丰富的工作经验，曾在非洲、亚洲和欧洲其他地区的众多自然保护项目中任职，并在绿色学院环境政策与理解中心担任研究人员。她是牛津大学动物学系的研究助理，图斯克信托基金会的受托人，撒哈拉保护基金的保护与科学委员会成员以及非洲大象专家小组成员。苏珊与他人合著的《保护》一书由剑桥大学出版社出版，该书提供了全球视野，将保护置于可持续性和环境政策的中心。

www.zoo.ox.ac.uk

迈克·蔡斯博士是设在博茨瓦纳的大象无国界组织的创始人和主管。他是该国首位获得大象生态学博士学位的生态学家，并于2015年获得了享有盛誉的总统功勋奖。他设计了宏大的大象普查计划，也是主要的调查员，该普查首次对非洲草原象进行了系统的大陆范围计数。他出版了许多科学出版物，指导了数十名博士和硕士生，并出现在许多野生动物纪录片中。

www.elephantswithoutborders.org

罗密·谢瓦利尔是南非国际事务研究所非洲资源治理计划（GARP）的高级研究员。她领导GARP在气候变化和适应力方面的工作，并拥有南非威特沃特斯兰德大学的国际关系硕士学位。

www.saiia.org.za

伊恩·克雷格是肯尼亚北部牧场保护基金会（Northern Rangelands Trust）的保护主任。他是肯尼亚的先进私营部门土地管理保护组织勒瓦野生动物保护区（Lewa Wildlife Conservancy）的创始人兼首席执行官。

www.nrt-kenya.org

亚当·克鲁斯是一位国际新闻记者，自然保护评论员和专门从事野生生物的作家。他是南非斯泰伦博斯大学环境哲学博士研究生，特别关注野生动物保护和管理的道德考量。

www.travel-hack.com

詹姆斯·柯里是野生动物电视节目主持人、制片人、作家和保护主义者。他对幸存的长牙象兴趣盎然。除了漫游荒野（Wilderness Safaris）工作以外，詹姆斯还是可持续保护方面的专家，拥有可持续环境管理硕士学位。

www.bigtuskers.com

奥德丽·德尔辛克是国际人道主义协会（非洲）的执行董事，也是南非大象专家咨询小组的成员。她是南非的大象免疫避孕计划的注册生态学家（SACNASP 专业自然科学家）和外办主任。她目前正在与阿玛鲁拉大象研究计划（Amarula Elephant Research Programme）合作研究大象的空间数量统计和社会问题。

www.hsi.org

安德鲁·邓恩是尼日利亚野生生物保护学会（WCS）的国家主任，他通过科学、保护行动和教育，激励人们珍视自然，在该国拯救克罗斯河大猩猩、狮子和大象。他拥有英国爱丁堡大学的理学硕士学位。

www.wcs.org

理查德·费恩博士是博茨瓦纳马翁的奥卡万戈研究所的牧场生态学资深研究学者。他研究畜牧生态系统生态学，他拥有南非夸祖鲁 – 纳塔尔大学的博士学位。

www.ori.ub.bw

玛丽昂·E. 加莱伊博士是南非大象专家咨询小组的主席，拥有人类学博士学位，并且专门研究孤儿行为。她是大象空间基金会和大象再引入基金会的受托人，是欧洲大象集团的科学顾问委员会成员，并且是 IUCN / 非洲大象专家组的长期成员。

www.esag.co.za

纳沙玛达·杰弗里是扬卡里禁猎区野生生物保护学会的景观主管，致力于拯救尼日利亚最后剩下的大象和狮子种群。纳查拥有英国牛津布鲁克斯大学的理学硕士学位。

www.wcs.org

罗斯·哈维是南非国际事务研究所的非洲水与河流域治理（GARP 项目）的高级研究员。他领导 GARP 在采掘业和非法野生动物贸易方面的工作，并持有南非开普敦大学的公共政策硕士学位。他目前正在攻读经济学博士学位。

www.saiia.org.za

米歇尔·亨利博士是大象生存组织的联合创始人、董事兼首席研究员。她研究大象已有 20 多年的时间，并拥有南非威特沃特斯兰德大学的博士学位。她一直在跨南非、莫桑比克和津巴布韦的大林波波跨界公园内监视大象的运动及其社交互动。米歇尔赢得了南非野生动物与环境协会（WESSA）的个人国家奖（2013），并被《文化之旅》选为南非十大最具榜样气息的女性之一。她是自然保护联盟非洲大象专家小组的成员。

www.elephantsalive.org

纳夫塔利·洪尼格在刚果民主共和国加兰巴国家公园的非洲公园网络工作。在整个非洲大陆，他从事打击偷猎和走私野生生物的工作已有 10 年之久。他拥有美国康奈尔大学的学位。

www.garamba.org

　　保拉·卡胡姆布博士是直面野生动物组织的首席执行官，对保护肯尼亚及其他地区受威胁的野生动物和栖息地怀有持久的热情。自2008年以来，她率先与肯尼亚第一夫人玛格丽特·肯雅塔一起成功开展了"别碰我们的大象"运动，动员司法部门打击偷猎大象和走私象牙的行为。她拥有美国普林斯顿大学生态学和进化生物学博士学位，曾在肯尼亚对大象进行过实地研究。卡胡姆布负责肯尼亚野生动物局的濒危野生动植物种国际贸易公约组织办公室以及拉法基生态系统公司（Lafarge Eco Systems），该公司负责恢复东非的采空地。她是纪录片制片人。她与人合著的书销往全球，这些书籍激发了孩子们有关保护的知识。她在从事保护工作期间获得过普林斯顿奖章（2017）、翠贝卡颠覆性创新奖、惠特利奖（2014）、总统奖、肯尼亚大战士勋章（2014）和国家地理/布菲特非洲保护工作领导奖（2011）。她被任命为肯尼亚品牌大使（2013）和国家地理新兴探险家（2011）。

www.wildlifedirect.org

　　洛娜和瑞安·拉布沙涅是塞伦盖蒂自然保护项目的项目负责人，负责园区工作。在此之前，他们在非洲公园网络担任乍得东南部扎库玛国家公园的经理。在2002年到2008年之间，瑞安担任坦桑尼亚塞伦盖蒂地区格鲁梅蒂保护区的经理主管，而洛娜负责地理信息系统。他们曾经是法兰克福动物园协会指派到恩戈罗恩戈罗火山口和塞伦盖蒂国家公园的犀牛保护项目的技术顾问。瑞安曾在利翁代国家公园和南非国家公园任护林员。两人一起保护动物已有35年之久了。

　　凯利·兰登在海洋上度过长期的职业生涯后于2002年移居博茨瓦纳，因为他的真正爱好是野生动物。她与迈克·蔡斯合作，在博茨瓦纳创立了大象无国界组织，并在美国设有办公室。他们共同建立了组织，扩大了大象监视研究的范围，并对许多大型食草动物进行研究，在大象普查中发挥了领导作用。他们还参与社区教育，人类与野生生物共存的倡议以及野生生物的营救行动。凯利在本书中贡献了许多照片。

www.elephantswithoutborders.org

凯斯·勒格特博士是纳米比亚大象和长颈鹿基金会的创始成员，曾在津巴布韦、博茨瓦纳、埃塞俄比亚、马来西亚和纳米比亚进行大象研究。库内内地区的沙漠象一直是他的主要研究对象，他发表了关于这些独特动物的许多科学和科普文章。他还参与制订过大象保护纲领工作，但现在更喜欢以相对合理的方式来指导博士研究生研究非洲的大型哺乳动物。

www.fowlersgap.unsw.edu.au

万斯·马丁从1975年开始就在全球从事保护工作，并于1983年成为野生动物基金会的总裁，该基金会于非洲初现雏形，并在美国正式成立。野生动物基金会致力于合作、跨文化、政府和国界开展工作，以实现荒野、野生动物和人类的积极变化。马丁从事自然保护项目、政策、传播和文化方面的工作，曾帮助发起了许多自然保护小组，并在其董事会任职，并且是世界荒野大会的召集人。他目前是全球荒野基金会（由他共同创立）的董事，还是世界自然保护联盟和世界自然保护地委员会荒野专家组的主席。

www.wild.org

伊安·麦卡勒姆博士是一位精神科医生、分析师、作家、热情的业余博物学家和专业的荒野向导。他是国际环保作家联盟的创始成员，他的著作《生态智能——在自然中重新发现自己》于2009年获得荒野文学奖。伊安出版了两本荒野文学诗集：《荒野的礼物》（1999）和《不羁之物》（2012）。他是参加迪伦·刘易斯不羁之物展览的作家，该展览在克斯腾伯斯国家植物公园（2010—2012）举行。他是开普猎豹信托基金会的受托人，并且是野外领导力学校的长期合伙人。2016年，伊恩荣获南非野生动物与环境协会终身保护成就奖。

www.ian-mccallum.co.za

伊恩·米切勒在过去的28年中一直在非洲担任游猎计调、专业向导、环境新闻摄影记者和生态旅游顾问，其中包括在博茨瓦纳奥卡万戈三角洲生活的13年。他的著作出现在许多国内和国际出版物中。在15年的时间里，他是《非洲地理》的专题撰稿人和专栏作家，涉及当今的保护、野生动物管理和生态旅游问题。他还是7本自然历史和非洲指南的作者和摄影师。伊恩住在南非的花园大道（Garden Route）上，并被南非斯泰伦博斯大学录取为可持续发展硕士课程的在职学生。

www.inventafrica.com

尼尔·米德兰博士于2014年加入辛吉塔，他负责现有以及规划中的所有辛吉塔保护区的保护工作。他在开普敦大学获得了保护生物学博士学位，并在南非斯泰伦博斯大学获得会计学荣誉学位和环境管理硕士学位。他是非洲狮子工作组、莫桑比克食肉动物工作组和越境保护专家组的成员。

www.singita.com

蒂姆·奥康纳博士是南非环境观察网的科学家，也是约翰内斯堡威特沃特斯兰德大学的名誉教授，在过去的20年中，大象与植物的关系一直是他的研究兴趣。

莎伦·平科特是大象专家、自然保护主义者。她写了5本书，包括《大象黎明》。在长达13年的时间里，她监视并为津巴布韦"总统象"的生命而战，同时记录了它们的社会结构和数量动态。她选择利用大众媒体来传播保护意识，而不只是努力攻读科学学位。她在屡获殊荣的国际纪录片中扮演重要角色，她与野生大象关系是有记录以来最好的。

www.sharonpincott.com

唐·皮诺克博士是专门研究环境问题的犯罪学家和调查记者。他曾在位于南非的罗得斯大学和开普敦大学担任新闻学和犯罪学的讲师，并出版了17本书，内容涵盖政治传记、自然历史、旅行、犯罪、青年团伙、城市历史以及青少年小说。他是《度假天堂》杂志的编辑，在此期间，他探索了非洲的大部分地区。他拥有政治史博士学位。

www.pinnock.co.za

格雷格·里斯通过其保护实体"一个非洲"组织支持了一系列关键的环境倡议，其中之一是莫桑比克北部尼亚萨保护区的尼亚萨荒野项目。在过去的25年中，他一直从事专业行政管理，现在他把这些久经考验的业务原则应用于保护项目。他拥有南非开普敦大学的计算机科学和电气与电子工程学位。

www.oneafrica.net

派翠西亚·史斯汀是一位屡获殊荣的小说家和诗人，作品已被翻译成七种语言。她策划了多本文集，并且是某诗歌季刊的合编者。她有南非开普敦大学的创意写作硕士学位。

www.patriciaschonstein.com

珍妮特·塞里耶博士是一位大象科学家，在大象保护和管理领域拥有20多年的经验。她领导着中央林波波河谷大象研究项目，是世界自然保护联盟非洲大象专家小组成员，并且是南非夸祖鲁－纳塔尔大学生命科学学院的研究员。她拥有夸祖鲁－纳塔尔大学的博士学位。

www.sanbi.org

克莱夫·斯托克尔在津巴布韦东南角奇雷兹地区的一个大型养牛场出生和长大。他精通修纳语和山甘语。在1980年代，他协助马恩耶社区与哥纳瑞州国家公园之间的调解，为第一个土著资源公共区域管理项目铺平了道路。他正努力在津巴布韦建立第一个社区野生动物保护区。他名下拥有瑟努廓牧场，并与附近的牧场主一起于1992年成立了山谷保护协会，并担任第一任主席。2013年，他获得了首届威廉王子非洲自然保护奖。

www.chilogorge.com

在过去的38年中，**加思·汤普森**一直是非洲的专业向导。他在非洲15个国家/地区工作，为游客指路。他的主要爱好和关注点是大象。自1983年以来，他一直在全球范围内发表有关大象的摄影作品。

www.garththompsonsafaris.com

威尔·特拉弗斯与他人共同创立了生而自由基金会（1984），该基金会旨在使野生动物个体免受痛苦、保护濒临灭绝的物种，促进富有同情心的保护，以及与世界各地的地方社区互动并赋予他们权力。他是基金会主席、美国生而自由基金会的董事会成员以及物种生存网络的总裁兼董事会主席。他住在肯尼亚，而他的母亲弗吉尼亚·麦肯纳（大英帝国官佐勋章获得者）和已故的父亲比尔·特拉弗斯（大英帝国员佐勋章获得者）则拍摄了电影《生而自由》（1966），成年后威尔一直致力于在野外保护野生动物。

www.bornfree.org.uk

直到最近，**安德里亚·K.图尔卡洛**还是野生生物保护学会的副保护科学家。她的研究重点是中非共和国占噶林间空地的森林象种群，在那里她花了将近30年的时间来监控和进行有关该物种的首次长期研究。她拥有美国哥伦比亚大学的科学教育硕士学位。

blog.wcs.org/photo/author/aturkalo

自1997年以来，**雨果·范·德·韦斯特赫伊**曾一直是法兰克福动物园协会的项目负责人，他最初是在赞比亚北卢安瓜国家公园工作。2007年，他在津巴布韦启动了哥纳瑞州保护项目。他拥有英国坎特伯雷肯特大学的保护生物学硕士学位。

www.fzs.org

丹·伟利在南非格雷厄姆斯敦的罗德斯大学教授英语。他已经出版了三本有关祖鲁族领袖沙卡的书，其中包括《钢铁神话：历史上的沙卡》。他还出版了回忆录《枯叶：罗得西亚战争中的两年》，反应动物系列的图书《大象和鳄鱼》，和几卷诗。最近，他专注于津巴布韦文学和文学中的生态问题。

www.danwyliecriticaldiaries.blogspot.com

摄影师介绍

感谢为本书贡献了大量图片的摄影师，也要感谢其他摄影师，他们提供了图片，但本书未能收录。每位摄影师（和一位艺术家）免费提供他们的图像，因为他们知道有多少大象面临危机并且希望成为解决方案的一部分。

我们向你们每个人致敬并表示感谢。

达那·艾伦是一位博物学家，作家，向导，教育家，艺术家和野生动物专业摄影师。他来自加利福尼亚，过去25年在非洲南部、中部和东部生活和工作，目前居住在津巴布韦。1991年，他创立了 PhotoSafari，从那时起就一直致力于拍摄野生动物、环境和旅游活动。

www.PhotoSafari-Africa.net

格兰特·阿特金森是位于开普敦的野生动物摄影师和向导。他在博茨瓦纳的奥卡万戈三角洲以及利尼扬蒂和乔贝地区工作了12年。他和他的妻子海伦娜（Helena）目前在非洲和其他大陆领导摄影探险。

www.grantatkinson.com

保罗·奥古斯丁是一位著名的野生动物艺术家，他办有画展，著作远销世界各地。他在肯尼亚长大，在他65年生命的大部分时间里，他都在探索非洲最偏远的地区，以寻找绘画的灵感。

www.paulaugustinus.com

达里尔·巴尔弗曾经是调查记者。他和妻子沙纳是有影响力的国际野生动物保护摄影师。他们希望通过摄影来激发他人，为了子孙后代保护荒野。他们担任向导，将小团体带入地球上最荒凉和最偏远的地区。

www.wildphotossafaris.com /
www.afripics.com

在过去的40年中，**科林·贝尔**作为游猎向导和营地营办商，一直在非洲各地拍摄大象。他的职业优势之一是有幸可以常常在非洲的野外，手持相机度过美好时光。

www.africasfinest.co.za

约尔格·勃特林是德国汉堡的自由摄影师。他曾是一名往返于亚洲和非洲的水手，从1985年开始在航程中拍摄照片。今天，他在世界各地旅行和工作，专注于社会、经济和环境问题。他对印度充满热情，但最近几年也将注意力转向了非洲。

www.visualindia.de

凯特·布鲁克斯是一位由国际摄影记者转型的电影制片人，在将镜头投向自然保护之前，她记录了近20年的冲突和人权问题。她的照片已在《时代》《新闻周刊》《史密森尼》和《纽约客》上广泛发表，并在世界各地展出。布鲁克斯对电影摄制的热情源于2010年在纪录片《喀布尔的拳击女郎》

中担任摄影师的工作。2012—2013年，她担任美国密歇根大学的奈特华莱士研究员。在开始指导《最后的动物》之前，她在那里研究了全球野生动物走私危机。布鲁克斯对保护环境的追求和热情源于以下基本信念：时间不多了，我们正处于自然历史的关键时刻。

www.thelastanimals.com /
www.katebrooks.com

威尔·伯拉尔德－卢卡斯是一位英国野生动物摄影师，以开发带来独特的摄影视角的创新设备而闻名。他是 Camtraptions、原始曝光和 WildlifePhoto.com 的创始人。可以在他的网站或 Instagram 上找到他拍摄的照片。

www.burrard-lucas.com / @willbl

彼得·查特威克是一位屡获殊荣的摄影师，专门从事有关非洲保护和环境问题的摄影和写作。他是国际保护摄影师联盟的会员，也是非洲巡林员协会的主要支持者。

www.peterchadwick.co.za /
www.gameranger.org /
www.conservationphotography.co.za

大卫·钱斯勒是屡获殊荣的纪录片摄影师。他的兴趣是绘制人类和野生生物相遇的锯齿般参差不齐、充满争议的界线，并重点关注野生生物的商品化。他曾在大型美术馆和博物馆展出作品，并在世界范围内出版著作。2012年，他出版了专著《猎人》。

www.davidchancellor.com

舍姆·康皮昂是一位自然主义者和专业的野生动物摄影师。他的作品在全球范围内发表，其照片赢得了国内和国际奖项。他出版了五本书。舍姆经营的网站：www.c4photosafaris.com，是整个非洲首屈一指的摄影旅行网站。

罗斯·库珀独特的生活观通过他的摄影作品得以诠释。作为辛吉塔禁猎区的常驻摄影师和游猎向导，他的现场经验使他能够通过摄影图像来艺术地描绘野生动物的行为。

www.rosscouper.com

凯尔·德·诺布雷加已经当了十多年的自然向导了。他带领客人进行徒步旅行，不仅向他们展现了非洲真实的荒野经历和野生动物，而且着重强调了自然世界的保护和可持续性。

www.naturalistphoto.com

迪翁·德·维利埃负责管理非洲一些最抢手和偏远的豪华游猎营地的活动。在此之前，他从事软件开发，帮助软件开发商进入东南亚市场。他通过在亚太地区以目的导向野生动物探险制定销售策略方面的经验，专注于保护和可持续性的意识和教育。

www.safagraphics.com

提姆·"格诺多"·德里曼从事野生生物保护已超过35年。他的身份有野生动物摄影师、索尼摄影师、野外冷却箱大使以及南部非洲野外向导协会越野向导。他常咧着嘴大笑，扛着一大堆无反光镜的照相机，游历于撒哈拉以南非洲。

www.timdrimanphotography.com

丹尼尔·杜格莫尔出生于英国南安普敦，年轻时在博茨瓦纳探访家人时第一次接触摄影。后来，他移居到那里，以追求自己想成为游猎向导和环保摄影师的理想。他是非洲各地游猎摄影工作室和狩猎之旅的引领者。

www.danieldugmore.com

克里斯·法洛斯的文章、纪录片和屡获殊荣的图像在国际上受到关注。他与妻子莫妮克一起专门展示各种野生动物，并强调保护自然的必要性。他们住在南非的开普敦。

www.apexpredators.com

保罗·芬斯顿博士在潘瑟拉大型猫科动物组织担任狮子项目的高级主管，他主要在纳米比亚的赞比西河地区活动，那里仍然漫游着许多大象。他致力于在整个非洲的主要保护区中拯救狮子及其猎物，并将重点放在卡万戈赞比西跨境保护区。

www.panthera.org

马丁·哈维从事野生动物和旅行摄影已有20多年了，最近他更多的是拍摄影片。他的照片已在世界各地的杂志和图书中发表，并且经常受命拍摄旅行目的地和环境问题。

www.wildimagesonline.com

安德鲁·霍华德出生在约翰内斯堡，那时候每天电视只播放一个小时，有的是时间探索自然世界。随着时间的流逝，他对非洲的荒野产生了深深的情感依恋。他将这种热情投入了设计、品牌建设和摄影。

www.andrewhowardphoto.com

娜塔莉·英格尔是一位狂热的旅行者和保护主义者。在野生生物保护学会工作期间，她帮助记录和应对了当代最严峻的保护挑战，并为一些像扬卡里的保护人员那样的勇士提供了帮助。她的作品发表在《纽约时报》上，她的摄影作品被用于支持各种社会和生态事业。

勒茨·卡莫格罗是博茨瓦纳的专业向导和野生动物摄影师，他利用自己的技能为博茨瓦纳原始荒野的保护做出了积极贡献。为此，他使用了社交媒体的所有平台，并在各种杂志中都有投稿。

www.goo.gl/a5Hyve

艾尔森（麋鹿）·卡尔斯塔德居住在肯尼亚，是一名生态企业家，在肯尼亚山地区从事可持续的木炭生产、种球造林和鱼类养殖。他在加拿大阿尔伯塔大学就读理学硕士期间探究了马拉河中河马的生态学。他从事野生动物摄影已有40多年，并在内罗毕定期举办展览。

seedballskenya@gmail.com

奈杰尔·库恩是一名士兵、游猎向导、摄影师和老师。他于2016年以马里的反偷猎教练身份加入辰戈塔野生动物基金会。他结合摄影、电影、军事经验和丛林知识，及时捕捉到特殊时刻。

www.nigelkuhn.com

自2007年以来，**汉内斯·洛克那**开始专业拍摄野生动物。他出版了5本摄影书，其中3本专门献给了卡拉哈里。为此，他在卡拉哈里住了6年。他的最新著作《奥卡万戈星球》既是美术作品，也是摄影作品。他毕业于南非斯泰伦博斯大学。

www.hanneslochner.com

约翰·马雷博士是一名兽医，也是非营利组织"拯救幸存者"的首席执行官，负责保护濒临灭绝的野生动物，尤其是犀牛。他在非洲南部、东部和中部广泛旅行，以寻找非洲传说中的巨牙公象，并在两本书中对其进行了纪念。

www.facebook.com/johan.marais.55 /
www.savingthesurvivors.org

伊恩·米切勒在过去的28年中一直在非洲担任游猎计调、专业向导、环境新闻摄影记者和生态旅游顾问，其中包括在博茨瓦纳奥卡万戈三角洲生活的13年。他的著作出现在许多本地和国际出版物中。在15年的时间里，他是《非洲地理》的专题撰稿人和专栏作家，涉及当今的保护、野生动物管理和生态旅游问题。他还是7本自然历史和非洲指南的作者和摄影师。

www.inventafrica.com

马丁·米德尔布鲁克受过野生动物艺术家的培训，然后开始从事摄影师和摄影记者的职业。他研究过阿富汗战争对人类的影响、埃塞俄比亚奥莫山谷的部落和非洲大象的保护等各种各样的工作。他住在巴黎。

www.martinmiddlebrook.com

安东尼·恩朱古纳是三位"城市游牧民"之一，他们在探险路线集体的名义下开展活动，通过视觉叙事来记录肯尼亚的文化和自然风光。他们于4年前在两个国家进行450公里的野生动物保护之旅时相遇，提高了人们对非洲野生动物巡林员的认识。

www.routes.co.ke

乌特拉瑞·尼亚提是来自南非林波波市马宾小学的野外摄影外展学生。外展活动通过摄影让当地年轻人参与野生动物和自然保护。乌特拉瑞的照片来自与大象生存组织合作开展的外展课程。

c / o mkmikekendrick@gmail.com

彼得和贝弗利·皮克福德是非洲的专业野生动物和自然历史摄影师以及环境保护主义者。他们的职业生涯始于禁猎区和旅馆管理，后来转向保护和野外摄影新闻，并出版了9本书。他们的最新著作《荒野》是对地球上最后一个荒野地区的致敬。

www.wildlandphoto.com

唐·皮诺克博士是一位摄影记者，专门研究环境问题。他出版了17本书并举办了3次摄影展览。在《度假天堂》杂志担任主笔期间，他探索了非洲的大部分地区。

www.pinnock.co.za

克里斯托夫·皮托在毛里求斯长大，他在14岁时自愿成为环保主义者。2011年，他在南非以野外向导的身份毕业后，继续为纳米比亚的大象与人际关系援助组织工作。他现在是一线行动经理，负责纳米比亚适应沙漠的大象的追踪、移动模式和身份识别研究。

www.sacredworld.co.uk

迈克尔·波利扎是世界自然基金会的大使，在过去的20年中一直在描绘非洲及其他地区的奇观。他的大型休闲图书销往70多个国家/地区。2011年，他创立了迈克尔·波利扎私人旅行，将旅行和自然爱好者带到地球上最僻静和未被触及的地方。

www.michaelpoliza.com

达伦·波吉特生于克鲁格国家公园的南部，在那里他对野生动物产生了浓厚的兴趣。在完成环境科学和生态学研究后，他创办了一家非营利性企业，为保护部门提供航空资源调查和服务，并成功完成了莫桑比克、纳米比亚、博茨瓦纳、赞比亚和南非的项目。他的职业生涯包括担任现场运营经理，建立扎库玛国家公园的大象监测和保护计划，以及担任莫桑比克尼亚萨保护区的部门经理。他现在居住在南非，并将继续支持整个非洲的保护工作。

蒂埃里·普里尔是加拿大蒙特利尔的一名老师，拥有音乐、心理学和教育学的硕士学位。他出版了一份针对学前教师的手册，展示了如何将艺术和文化融入学校课程。摄影和旅行是他最喜欢的爱好。

斯科特·雷姆塞是一位摄影师和作家，主要研究自然保护区和国家公园，并已游览了约75个非洲保护区。他的照片、文章和对保护主义者的访谈已在国际上发表。他的摄影追求非洲荒野的神圣。

www.LoveWildAfrica.com

皮埃特·拉斯是游猎旅馆经理，曾在地球上最偏远的地方旅行和工作。他热爱野生动物，并通过摄影来描绘野生动物。读者可以在他的网站上查看他的更多作品。

www.raisinphoto.com

罗伯特·J.罗斯是纽约人，每年都会花一部分时间生活在非洲。在过去的20年中，他一直在非洲和世界各地捕捉美好的时刻。他出版了《非洲塞卢斯——漫漫长路》，其中展示了坦桑尼亚的塞卢斯禁猎区，这是非洲最后的大荒地之一。

www.rjrossphoto.com

戴夫·索思伍德在博茨瓦纳的一个农场长大，很小的时候就通过父亲接触到了自然和摄影。在他的向导生涯中，他爱上了通过图片诉说故事。他环游世界，寻找与非洲类似的地方，然后意识到那是不存在的。他为导游同事、摄影师和游客提供指导。

基思·斯坦纳德是由一群狂热的野生动物爱好者抚养长大的，他们在周末和假日的大部分时间里都在探索南部非洲的公园和保护区。他骨子里充满野性，他注定要在东部和南部非洲度过一生。他曾担任游猎向导、旅馆经理，现在是生态旅游从业者。

布伦特·斯塔贝尔坎普是一位野生动物摄影师，对狮子充满热情。过去十年左右对这些猫科动物（包括塞西尔）进行的研究，使他对人与野生动物关系的复杂性有了深刻的了解，促使他在照片中讲述这些故事。他与妻子劳里·辛普森共同创立了"软足联盟信托基金会"，他们为此而努力。

www.softfootalliance.org

萨宾和查尔·斯托尔斯是住在博茨瓦纳卡萨内的夫妻摄影游猎向导。德国出生的萨宾和她的南

非籍丈夫查尔，以及戈茨·斯瓦内佩尔一起，在乔贝国家公园、奥卡万戈三角洲和非洲其他野生地区担任穿山甲摄影游猎之旅向导并领导工作室。

www.pangolinphoto.com

布伦特·斯特顿是一位摄影师，一年中有8个月专注于自然保护问题，其余4个月专注于传统的新闻摄影。他的大部分工作是《国家地理》委托的，但也为《纽约时报》、《费加罗报》、德国《明星》周刊等国际媒体工作。他定期在人权观察组织工作，主要兴趣是人与环境之间的关系。

www.brentstirton.com

沃尔多·斯威格斯是南非的一位专业摄影师。他主要在非洲大陆工作，并通过各种国际机构讲述视觉故事。他的作品在世界各地的出版物中都有出现。可在他的网站上找到在线作品集。

www.waldoswiegers.com。

史蒂文·塔克斯顿是住在佐治亚州亚特兰大的摄影师。他的作品主题很多，包括非洲野生动物保护工作。他曾与肯尼亚北部牧场信托基金会的巡林员合作。

www.steventhackston.com

加思·汤普森被许多人视为非洲最佳向导之一。在40年的时间里，他一直在非洲引导游客穿过各个地区，跟随他的挚爱：大象。

www.garththompsonsafaris.com

安德里亚·K.图尔卡洛与中非共和国的巴阿卡人合作了22年，研究并拍摄了经常进入占噶巴伊林间空地的大象。在那期间，她能够识别出3000多头大象。她的研究极大地帮助了我们了解它们的发声和习惯。

https://blog.wcs.org/author/aturkalo

海因里希·凡·登·伯格是一位屡获殊荣的野生动物和自然摄影师，已出版了30多本著名的摄影书籍。他是出版公司 HPH 出版社的创始人。

www.heinrichvandenberg.com/

www.hphpublishing.co.za

波比·乔·维亚尔拍摄野生大象已有10年之久，激发了许多人对野生动物和自然保护的兴趣。她的照片曾在许多国际出版物中刊登过，其中包括《悉尼先驱晨报》《泰晤士报》《纽约邮报》《巴黎竞赛画报》和《非洲地理》。她的最新作品《大象倒影》于2016年与世界大象日同时发行。作为民兵计划的一部分，这本书为保护非洲最后一批巨牙象筹集了资金。

www.dumasafaris.com.au

约翰·沃斯鲁是一位业余摄影师，对野生动物和摄影充满热情。他的图像已在本地和国际上发表。他说，清晨安静地坐在灌木丛中，意识到一头大象在近处路过，听到它走路时皮肤摩擦、肚子发出咕隆声，看着那些睿智、看透一切的眼睛，他就想拿起相机。

www.johnvosloophotography.com

塔米·沃克的摄影作品是她对美丽的祖国津巴布韦的激情、热爱和钦佩的产物。她希望自己的照片能够吸引、启发和鼓励对非洲的真正探索——不仅能体验非洲的宏伟，而且能够了解非洲的脆弱性。

www.tamiwalkerphotography.com

小卡尔顿·沃德是一位国家地理探险家，他为马里大象计划拍照，并继续协助其进行沟通。他利用摄影来激发佛罗里达自然和文化的保护：尤其是将公众与黑豹联系起来，他目前正在寻求支持保护地的项目，以扩大黑豹种群和保持佛罗里达野生动物所需的栖息地保护。

www.carltonward.com

马库斯·维斯特伯格是瑞典的摄影师、作家和向导，主要关注撒哈拉以南非洲的保护问题。马库斯是具有环境科学背景的年度最佳野生动物摄影师决赛入围者，他的大部分时间都在一线与非洲公园等非营利组织合作。

www.lifethroughalens.com/maptia.com/marcuswestberg/store

李·怀特（大英帝国司令勋章获得者）教授在西非和中非的热带雨林国家担任科学家、保护和环境政策制定者已有30多年了。李先生在野生生物保护学会工作了近20年，之后转而为加蓬政府工作，最初是气候变化科学家和联合国气候变化框架公约谈判代表，并从2009年开始担任国家公园管理局局长。

www.wcs.org

注 释

第三章：想象非洲的大象

丹·伟利

1：http://researchspace.csir.co.za/dspace/handle/10204/2091
2：Bleek-Lloyd archive.
3：Chapman（2012）.
4：Le Vaillant（2007 edn）.
5：Stigand（1913）.
6：Gary（1958）.
7：Douglas-Hamilton（1975）.
8：Brettell（1994）.

第六章：两只大象的传说

奥德丽·德尔辛克

1：Hopkinson 等（2008）.
2：Van Aarde 等（2008）.
3：A moratorium on culling and the relocation of orphans was applied in 1994. Slotow 等（2008）.
4：Fayrer-Hosken 等（2000）.
5：Delsink & Kirkpatrick（2012）.
6：In captive individuals and in the KNP trials. In Bertschinger 等（2008）.
7：Cohn & Kirkpatrick（2015）.
8：Delsink 等（2006）.
9：Delsink 等（2013a）.
10：该疫苗针对的是动物个体的免疫系统，因此有一小部分动物可能没有免疫反应。
11：Bertschinger 等（2018）.
12：Department of Environmental Affairs and Tourism（DEAT）（2008）.
13：Slotow 等（2008）.
14：此类活动不受规范和标准或受威胁或受保护物种法规的限制，即使用于重复骚扰动物也是如此。
15：必须有一种按照大象的生物学要求和反应制定的更好方式来管理大象。
16：Poole（1994）.
17：Pinnock, D（2018）The problem of an elephant that just wants to stay home. Daily Maverick https://www.dailymaverick.co.za/article/2018-04-20- the-problem-of-an-elephant-that-just- wants-to-stay-home.

第十二章：忠实的荒野园丁

加思·汤普森

1：Dunham 等（2004）.

第十三章：通过社区利益保证大象的存活

罗密·谢瓦利尔、罗斯·哈维

1：Leithead, A（2016）.
2：Songhurst, A, McCulloch, G & Coulson, T（2015）.
3：Lindsey, PA 等（2013）. 4：Chase, MJ 等（2016）.
5：Wittemyer, G 等（2014）.
6：Massay, GE（2017）.
7：出处同上.：7.
8：Harvey, R, Alden, C & Wu, Y（2017）.
9：Harvey, R（2017）.
10：Harvey, R（2015）.
11：Bennett, EL（2014）.
12：Challender, DWS & Macmillan, DC（2014）.
13：Wu, Y, Rupp S & Alden, C（2016）.
14：这不是在哲学上赞同大象应"自己付出代价"的情况下才能停留的观点。这仅仅是承认以下事实：现今土地使用选项互相冲突，大象和荒野景观的内在价值不一定得到充分认识。有关这些主题的进一步讨论，请参阅 Duffy, R（2014）。
15：Orr, T（2016）.
16：Van der Duim, R 等（2015）.
17：例如，这些研究人员在 2015 年 9 月接受采访的一个 CBO 成员对博茨瓦纳中央强行引发的狩猎收入损失感到沮丧，并断言人们肯定会以偷猎行为来回应。
18：必须指出，关于狩猎的争论在整个地区仍然两极分化，肯尼亚和博茨瓦纳等国家分别在 1977 年和 2014 年禁止狩猎旅游。
19：Crookes, DJ & Blignaut, JN（2016）.
20：Chevallier, R & Harvey, R（2016b）.
21：Bunney, K, Bond, WJ & Henley, M（2017）.
22：Harvey, R（2015）；23.
23：Hiedanpaa, J & Bromley, DW（2014）.
24：Chevallier, R & Harvey, R（2016）.
25：Gujadhur, T（2001）.
26：Chabal, P & Daloz, JP（1999）；Van de Walle, N（2001）.
27：Orr, T（2016）也提出了一个重要观点，即租金截取不仅发生在本地，而且发生在国际一级。西方顾问通过制定管理计划和研究简报而赚取高昂的佣金，这些收入本可以直接流入当地社区成员的腰包，鼓励他们保护野生动植物。显然，选择并不像这样简单，但是重点仍然是，在所有级别上截取效率都低下且不一致。
28：2016 年 8 月 24 日，与肯尼亚北部牧场保护基金会保护主任伊恩·克雷格的电子邮件往来。
29：www.theguardian.com/ environment/2015/aug/03/delta-bans- hunting-trophies-cecil-the-lion
30：一些学者对辣椒是否具有慑作用持怀疑态度。参见 Hedges, S&Gunaryadi, D（2010）。但是，与辣椒精等拒止物一起使用时似乎是有效的。另见 Songhurst, A, McCulloch, G & Coulson, T（2015）。
31：Levy, B（2014）；Acemoglu, D & Robinson, JA（2013）.
32：关于地方历史民主制度的这个问题，请参见 Hillbom, E（2012）："为了让酋长承担责任并防止腐败，他会受到科哥特拉（kgotla），一种基于公开会议的半民主制度的审查。部落可以就酋长的行为发表意见。"：78.
33：关于改善沟通的重要性，请参见 Snyman, S（2014）.
34：Orr, T（2016）.
35：与伊恩·克雷格的电子邮件往来。
36：Ripple, WJ（2015）.
37：有关实用的政策建议，请参阅 Chevallier, R & Harvey, R（2016）.

第十四章：资助大象保护

唐·皮诺克博士

1：Huismann, W（2014）.
2：出处同上.：18.
3：出处同上.：36.
4：https://news.mongabay.com/2016/04/ big-conservation-gone-astray
5：https://news.mongabay.com/2016/05/ big-donors-corporations-shape- conservation-goals
6：Huismann（2014）.
7：出处同上.：78.
8：Peck, J & Tickell, A（2002）；Castree, N（2010）；Foucault, M（2004）.
9：https://cer.org.za/wp-content/uploads/1999/01/Draft-National- Biodiversity-Ofset-Policy.pdf
10：Berry, T（1999）.

第十五章：东非的偷猎网络

卡莉娜·布鲁尔

1：Chaiklin, M（2010）；Naylor, RT（2005）.
2：Naylor, RT（2005）：261.
3：Yufang, G & Clark, SG（2014）；Brennan, AJ & Kalsi, JK（2015）.
4：United Nations Office on Drugs and Crime（UNODC）（2013）Transnational organized crime

in Eastern Africa：A threat assessment：30.

5：Defenders of wildlife（n.d.）Basic facts about elephants：30.

6：Roberts, AM（2014）；Brennan, AJ & Kalsi, JK（2015）：318.

7：Environmental Investigation Agency（EIA）（2014）：2.

8：Naylor, RT（2005）：278.

9：Lemieux, AM & Clarke, RV（2009）；Roberts, AM（2014）.

10：Somerville, K（2017）.

11：Chen, F（2015）.

12：Thouless, CR 等（2016）.

13：International Union for Conservation of Nature（IUCN）（2008）.

14：Thouless, CR 等（2016）andCITES（2016）：23.

15：CITES, IUCN, TRAFFIC（2013）；Carlson, K, Wright, J & Donges, H（2015）.

16：International Fund for Animal Welfare（IFAW）（2013）：9.

17：出处同上.：2-4.

18：Thouless, CR 等（2016）：2, 29.

19：出处同上．6.

20：Wasser, SK 等（2015）：84.

21：Thouless, CR 等（2016）：5.

22：出处同上．90.

23：出处同上．5.

24：United Nations Office on Drugs and Crime（UNODC）（2013）：3; Elephant Action League（EAL）（2015）：2.

25：United Nations Office on Drugs and Crime（UNODC）（2013）：28; Carlson, K, Wright, J & Donges, H（2015）：11.

26：United Nations Office on Drugs and Crime（UNODC）（2013）：5; McLellan, E 等（2014）.

27：Thouless, CR 等（2016）：99.

28：United Nations Office on Drugs and Crime（UNODC）（2013）：32;CITES（2016）：18.

29：Vogt, H（2015）.

30：Elephant Action League（EAL）& Wildleaks（2015）：1.

31：出处同上．10.

32：Communication.

33：Environmental Investigation Agency（EIA）（2014）：15-17.

34：All Africa（2013）；Majani, F（2013）.

35：Forest Resources Management and Conservation Act 10 of 1996; Environmental Investigation Agency（EIA）（2014）：23.

36：http://ec.europa.eu/environment/ archives/docum/pdf/02544_environmental_crime_workshop.pdf

37：Elephant Action League（EAL）（2015）：2-3.

38：Carlson, K, Wright, J & Donges, H（2015）：14; United Nations Office on Drugs and Crime（UNODC）（2013）：31.

39：Tremblay, S（2017）.

40：Carlson, K, Wright, J & Donges, H（2015）：7.

41：Carlson, K, Wright, J & Donges, H（2015）：9-10, 16.

42：McLellan, E 等（2014）：3.

43：United Nations Office on Drugs and Crime（UNODC）（2013）：33; Yufang, G & Clark, SG（2014）：29.

44：Campbell, J（2015）.

45：Elephant Action League（EAL）（2015）：5-6.

46：Carlson, K, Wright, J & Donges, H（2015）：7, 14-17; United Nations Office on Drugs and Crime（UNODC）（2013）：33.

47：Carlson, K, Wright, J & Donges, H（2015）：29, 17.

48：出处同上．29.

49：www.unodc.org/doc/wdr2016/WORLD_DRUG_REPORT_2016_web.pdf

50：McLellan, E 等（2014）：1-2.

51：Norton-Grifths, M（2007）.

52：Brennan, AJ & Kalsi, JK（2015）：326; United Nations Office on Drugs and Crime（UNODC）（2013）：33.

53：Brennan, AJ & Kalsi, JK（2015）：326.

54：CITES（2016）：18; United Nations Office on Drugs and Crime（UNODC）（2013）：5, 33.

55：CITES（2016）：21.

56：Brennan, AJ & Kalsi, JK（2015）；Carlson, K, Wright, J & Donges, H（2015）；Crosta, A, Beckner, M & Sutherland, K（2015）.

57：Brennan, AJ & Kalsi, JK（2015）：326.

58：Crosta, A, Beckner, M & Sutherland, K（2015）：9.

59：Crosta, A, Beckner, M & Sutherland, K（2015）：9; Brennan, AJ & Kalsi, JK（2015）：327.

60：www.unodc.org/doc/wdr2016/WORLD_DRUG_REPORT_2016_web.pdf

61：Elephant Action League（EAL）（2015）：2.

62：出处同上．4.

63：http://ec.europa.eu/environment/ archives/docum/pdf/02544_environmental_crime_workshop.pdf

64：CITES（2014）.

65：United Nations Office on Drugs and Crime（UNODC）（2003）：iii.

66：http://ec.europa.eu/environment/ archives/docum/pdf/02544_environmental_crime_workshop.pdf

67：CITES（2016）：20.

68：Lemieux, AM & Clarke, RV（2009）：458.

69：Environmental Investigation Agency（EIA）（2014）：9; Carlson, K, Wright, J & Donges, H（2015）：20.

70：Mwambingu, R（2017）；Eyewitness News（2016）Kenya seizes nearly 2 tonnes of ivory from shipment bound for Cambodia. 23 December: http://ewn. co.za/2016/12/23/kenya-seizes-nearly- 2-tonnes-of-ivory-from-shipment- bound-for-cambodia; Elephant Action League（EAL）& Wildleaks（2015）：7-8.

71：www.unodc.org/doc/wdr2016/WORLD_DRUG_REPORT_2016_web.pdf

72：Duffy, R（2014b）Waging a war to save biodiversity：the rise of militarized conservation. International Affairs 90（4）：833.

73：Carlson, K, Wright, J & Donges, H（2015）：7, 18, 25.

74：Brennan, AJ & Kalsi, JK（2015）：330.

75：Duffy, R（2015）.

76：Duffy, R（2014）：832-833.

77：Vogt, H（2015）；Elephant Action League（EAL）& Wildleaks（2015）：5-6.

78：Elephant Action League（EAL）& Wildleaks（2015）：5-6.

第十六章：管理跨境大象种群

珍妮特·塞里耶博士

1：Graham 等（2009）；Di Minin 等（2013b）；Packer 等（2013）.

2：Woodrofe & Ginsberg（1998）；Graham 等（2009）；Stokes 等（2010）；Di Minin 等（2013b）.

3：Vasilijevic 等（2015）；Delsink 等（2013）；Fattebert 等（2013）；Trouwborst（2015）.

4：Delsink 等（2013）；Selier 等（2015）；Trouwborst（2015）.

5：Scovronick & Turpie（2009）.

6：Hanks（2003）；Selier 等（2015）.

7：Hanks（2003）；Scovronick & Turpie（2009）.

8：Skarpe 等（2004）；Kerley & Landman（2006）；Makhabu 等（2006）；Guldemond, van Aarde（2008）；Helm & Witkowski（2012）；Naughton 等（1999）；Hoare（2000）；von Gerhardt-Weber（2011）.

9：Plumptre 等（2007）.

10：For other similar areas, see Van Aarde & Jackson（2007）；Chase（2009）.

11：Selier 等（2015）；Hoare（1999）；Sitati 等（2003）；Selier 等（2014）.

12：Evans（2010）；Di Minin 等（2013a）.

13：Evans（2010）.

14：Blignaut 等（2008）；Slotow 等（2008）. 15：Slotow 等（2008）；Di Minin 等（2013a）.

16：Festa-Bianchet（2003）.

17：Selier 等（2015）.

18：Shannon 等（2011）.

19：Cumming 等（2006）.

20：Delsink 等（2013）；Selier 等（2015）.

21：Ciuti 等（2012）.

22：Adams 等（2004）；Burn 等（2011）；De Boer 等（2013）.

23：GDP/人均 GDP（人均国内生产总值）是衡量一个国家总产出的指标，该指标采用国内生产总值（GDP）除以该国人数。

24：Selier 等（2016）.

25：Wittemyer 等（2008）；Burn 等（2011）. 26：Nyhus & Tilson（2004）；Burn 等（2011）.

27：治理得分基于透明国际产生的腐败感知指数（CPI）。该系统通过对商人的独立调查和国家分析人员的评估来比较国家的腐败程度。

28：Selier 等（2015）.

29：Baillie 等（2004）；Foley 等（2005）；Wittemyer 等（2008）；Packer 等（2013）；Selier 等（2016）；Kodandapani 等（2004）.

30：Woodroffe & Ginsberg（1998）；Di Minin 等（2013b）；Selier 等（2015）.

31：Brashares 等（2001）；Woodrofe & Ginsberg（1998）；Brashares 等（2001）；Packer 等（2013）.

32：Selier 等（2016）；Di Minin 等（2013b）；Di Minin & Toivonen（2015）.

33：Bookbinder 等（1998）；Child 等（2012）.

34：Selier & Di Minin（2015）.

35：出处同上.

36：Western 等（2009）.

37：Caro（2011）；Bunnefeld 等（2013）.

38：Selier & Di Minin（2015）；Di Minin 等（2016）.

39：Chapron 等（2014）；Montesino Pouzols 等（2014）；Trouwborst（2015）.

40：Selier 等（2016b）.

41：Chase 等（2016）.

42：CITES 等（2013）.

43：Alden Wily（2011）；Child 等（2012）；Ihwagi 等（2015）；Naidoo 等（2015）.

44：Emslie（2013）.

45：Plumptre 等（2007）.

46：Linnell 等（2008）；Trouwborst（2015）；Chapron 等（2014）；Montesino Pouzols 等（2014）；Van Aarde & Jackson（2007）.

47：Selier & Di Minin（2015）.

第十七章：非法野生动物贸易

唐·皮诺克博士

1：https：//eia-international.org/wp-content/uploads/EIA-Sin-City-FINAL-med-res.pdf

2：www.bornfreeusa.org/a9_out_of_africa.php

3：www.u4.no/publications/wildlife-crime-and-corruption/

第十八章：武器和大象

凯茜·琳·奥斯汀

1：http：//www.aadexpo.co.za/index.php

2：https：//www.pressreader.com/south-africa/pretoria-news/20160822/282076276282014

3："美国—南美南边境监视技术合作研讨会"于2016年9月16日在比勒陀利亚的CSIR ICC 钻石礼堂举行。

4：http：//www.globalaviator.co.za/PARABOT%20AFRICAS%20 LARGEST%20 SUPER%20HER0%20 R0B0T%20J0INS%20 THE%20 RHIN0%20FIGHT.htm

5：Lunstrum, E（2014）.

6：http：//e360.yale.edu/features/ traffics_elephant_expert_tom_milliken_ on_rise_in_africa_ivory_trade；http：//www.nytimes.com/2012/09/04/ world/africa/ africas-elephants-are- being-slaughtered-in-poaching-frenzy.html?pagewanted=all&_r=0

7：https：//theconversation.com/ foreign-conservation-armies-in- africa-may-be-doing-more-harm-than- good-80719?utm_ source=twitter&utm_ medium=twitterbutton；https：//rusi.org/ publication/whitehall-papers/poaching- wildlife-trafficking-and-security-africa- myths-and-realities

8：http：//africanarguments. org/2013/01/14/the-ivory-wars-how- poaching-in-central-africa-fuels-the-lra- and-janjaweed-by-keith-somerville/

9：https：//theconversation.com/ foreign-conservation-armies-in- africa-may-be-doing-more-harm-than- good-80719?utm_ source=twitter&utm_ medium=twitterbutton

10：0ther high-tech monitoring systems include, for example, the use of satellite, aerostat and piloted aircraft imagery.

11：无人机通常在技术上称为无人驾驶飞机（UAV），是一种自行飞行的机载设备，没有机载飞行员，并配备了摄像头或传感器来收集信息。

12：https：//www.usnews.com/news/articles/2012/12/07/google-to- fund-anti-poaching-drones-in-asia- africa；http：//www.bbc.com/news/ business-28132521；http：//voices. nationalgeographic.org/2015/05/23/drones-can-curb-poaching-but-theyre- much-costlier-than-alternatives；http：// e360.yale.edu/features/the_war_on_ african_poaching_is_militarization_ fated_to_fail

13：若想了解一个区域进行试用的示例，请参阅：https：//www.ncbi.nlm.nih.gov/ pmc/articles/PMC3885534/；若想了解一般性概述，请参见：https：//www.ncbi.nlm.nih.gov/pubmed/26508352/。

14：更广泛的讨论请参看：https：// www.savetherhino.org/rhino_info/ thorny_issues/the_use_of_drones_ in_rhino_conservation；有关其他保护方面的法规和道德用途的更多信息，请参见：https：//www.ncbi.nlm. nih.gov/pubmed/26508350；有关其他无人机领域对该主题的更广泛讨论，请参阅：https：//www.theatlantic.com/magazine/archive/2013/09/the-killing-machines-how-to-think-about-drones/309434/。

15：https：//www.washingtonpost. com/opinions/break-the-link- between-terrorism-funding-and- poaching/2014/01/31/6c03780e- 83b5-11e3-bbe5-6a2a3141e3a9_story.html?tid=hpModule_6c539b02-b270- 11e2-bbf2-a6f9e9d79e19

16：https：//CITES.org/eng/news/pr/2013/20130523_un_lra.php

17：https：//themarjancentre.wordpress.com/2016/06/15/the-nature-of- militarization-3final/；http：//www. wild.org/blog/mep-continues-despite- attacks/；http：//www.wild. org/blog/ green-european-journal-response/；for a counterpoint to this approach, see：https：//www.greeneuropeanjournal.eu/ we-need-to- talk-about-militarisation-of- conservation/

18：http：//www.gameranger.org/ news-views/media-releases/170- media-statement-the-use-of-military- and-security-personnel-and-tactics-in-the-training-of-africa-s-rangers.html；https：//theconversation.com/ foreign-conservation-armies-in-africa- may-be-doing-more-harm-than-good- 80719?utm_source=twitter&utm_ medium=twitterbutton

19：https：//rusi.org/sites/default/ files/201509_an_illusion_of_ complicity_0.pdf；https：//www.nytimes.com/2015/10/30/opinion/ the-ivory-funded-terrorism-myth. html?mcubz=3；https：//theconversation. com/foreign-conservation-armies-in- africa-may-be-doing-more-harm-than- good-80719?utm_source=twitter&utm_ medium=twitterbutton；for opposing viewpoints, see：http：//www. lastdaysofivory.com/；http：//elephantleague. org/project/africas- white-gold-of-jihad-al-shabaab-and- conflict-ivory/

20：https：//CITES.org/eng/news/pr/2012/20121222_UNSC_elephant_ LRA.php；https：//sites.utexas.edu/ wildlife/files/201 5/05/Testimony.pdf

21：http：//www.nytimes.com/2012/09/04/world/africa/africas-elephants-are- being-slaughtered-in-poaching- frenzy.html?mcubz=3；http：//africanarguments. org/2013/01/14/the- ivory-wars-how-poaching-in-central- africa-fuels-the-lra-and-janjaweed- by-keith-somerville/

22：http：//www.nytimes.com/2012/09/04/world/africa/africas-elephants-are- being-slaughtered-in-poaching-frenzy. html?pagewanted=all&_r=0

23：在这种情况下，尽管它并未被充分利用作为一种威慑武器，仍适用战争掠夺罪。有关此主题的更多信息，请参见：https：// www.opensocietyfoundations org/reports/corporate-war-crimes- prosecuting-pillage-natural-resources.

24：http：//www.gameranger.org/ news-views/media-releases/170- media-statement-the-use-of-military- and-security-personnel-and-tactics-in-the-training-of-africa-s-rangers.html；https：//theconversation.com/ foreign-conservation-armies-in-africa- may-be-doing-more-harm-than- good-80719?utm_source=twitter&utm_ medium=twitterbutton。

25：https：//theconversation.com/foreign-conservation-armies-in-africa-may- be-doing-more-harm-than-good- 80719?utm_source=twitter&utm_ medium=twitterbutton；有关参与反偷猎操作的私人安全公司和非营利组织的一些示例，请参阅：Rhula Intelligent Solutions（http：//www. rhula.net/）；Maisha Consulting（http：//maishaconsulting. com/environmental- security/）；VETPAW（http：//vetpaw.org/）。

26：2014—2017年野外研究过程中的作者访

谈和观察。

27：示例请参见 http：//www.newsweek.com/201 7/08/18/trophy-hunting- poachers-rhinos-south-africa-647410. html；https：//adamwelz.wordpress. com/201 7/08/14/commentary-on- nina-burleighs-newsweek-article-on- race-war-centered-on-rhinos-in-south- africa；https：//www.militarytimes.com/veterans/2015/05/07/reports-nonprofit- vetpaw-kicked-out-of-tanzania/。

28：有关建议的标准和准则的示例，请参阅：https：//www.asisonline.org/ About-ASIS/Who-We-Are/Presidents- Perspective/Pages/Standards- for-Private-Security-Contractors.aspx；http：//www.gameranger.org/ news-views/media-releases/170- media-statement-the-use-of-military- and-security-personnel-and-tactics-in- the-training-of-africa-s-rangers.html；http：//psm.du.edu/national_regulation/united_states/laws_regulations/。

29：http：//lowvelder.co.za/220456/ intensive-protection-zone-set-become- safe-haven-rhino/；https：//www. dailymaverick.co.za/article/2017-07- 24-poaching-sa-heads-for-1000-rhino- killings-for-the-fifth-year-in-a-row/。

30：40 毫米下挂榴弹发射器（UBGL）系统：例如，https：//www.sanparks.org/about/news/？id=56814；http：//www.timeslive. co.za/sundaytimes/stnews/2016/07/22/ SANParks-plans-to-lob-grenades-at- rhino-poachers

31：https：//www.nytimes.com/2016/11/28/science/a-forgotten-step-in-saving- african-wildlife-protecting-the-rangers.html?mcubz=3&_r=0

32：https：//www.environment.gov. za/mediarelease/molewa_ worldrangerday2017

33：http：//news.nationalgeographic. com/2015/11/151124-zimbabwe- elephants-cyanide-poaching-hwange- national-park-africa/；voices. nationalgeographic.org/2014/08/17/ poisons-and-poaching-a-deadly-mix- requiring-urgent-action/；http：//www. ifaw.org/united-states/news/more-poisoned-arrows-used-poach-tsavo- elephants

34：https：//www.theguardian.com/environment/2017/aug/19/ super-gangs-africa-poaching- crisis?CMP=Share_iOSApp_Other

第十九章：濒危野生动植物种国际贸易公约组织和贸易：这是拯救大象的组织吗？

亚当·克鲁斯

1：CITES.org What is CITES.
2：Reeve, R（2002）；88.
3：CITES.org How CITES Works.
4：CITES.org What isCITES?
5：CITES.org The CITES Appendices.
6：CITES.org Conference of the Parties.
7：CITES.org The CITES Appendices.
8：CITES.org The CITES Secretariat.
9：CITES.org CITES Compliance Procedures.
10：Nowak, K（2016）.
11：CITES.org.
12：Lemieux, AM & Clarke, RV（2009）.
13：Humane Society International（2017）.
14：Currey, D & Moore, H（1994）.
15：CITES.org 津巴布韦共和国总统穆加贝致辞。
16：CITES.org Resolution Conf. 10.10（Rev. CoP17）.
17：CITES.org MIKE and ETIS.
18：Wasser, SK 等（2007）.
19：Traffic.org（2017）.
20：WWF.org.
21：CITES.org CoP14 Prop. 6 Consideration of Proposals for Amendment of Appendices I and II.
22：Hsiang, S & Sekar, N（2016）.
23：Chase, MJ 等（2016）.
24：IUCN（2016）.
25：Cruise, A（2016）.
26：CITES.org Trade in Live Elephants from Zimbabwe to China.
27：CITES.org Conf. 11.20（Rev. CoP17）Definition of the term 'Appropriate and Acceptable Destinations'.
28：FWS.gov（2016）.
29：CITES.org CoP17 Prop. 16 Consideration of Proposals for Amendment of Appendices I and II.
30：CITES.org Reservations.
31：CITES.org Gaborone Amendment to the text of the Convention.
32：CITES.org CITES Trade Database.
33：Cruise, A（2016）.
34：出处同上。

第二十章：迁移大象：福利和保护之间存在冲突吗？

玛丽昂·E.加莱伊博士

1：Biggs, HC（2003）.
2：National Norms & Standards for Elephants（2008）.
3：Garai, ME 等（2004）.
4：Pretorius, Y, Garai, ME & Bates, LA（2018）.
5：Junker, J, Van Aarde, RJ & Ferreira, SM（2008）.
6：Scholes, RJ & Mennell, KG（2008）.
7：13% from 1992 to 1994; Garai unpublished survey data.
8：Pretorius, Y, Garai, ME & Bates, LA（2018）.
9：Sukumar, R（1993）.
10：Garai, ME 等（2004）.
11：Garai, ME & Toffels, O（2011）.
12：Range: 8.9-22 years; Whitehouse, AM & Hall-Martin, AJ（2000）；Moss, CJ（2001）.
13：Poole, JH（1987）.
14：Garai, ME & Toffels, O（2011）.
15：Evans, K, Moore, R & Harris, S（2013）.
16：Slotow, R & Van Dyk, G（2001）.
17：Garai, ME & Carr, RD（2001）；see also Fernando, P Leimgruber, P & Pastorini, J（2012）.
18：Garai, ME（1997）.
19：与业主和经理的个人交流。
20：Garai, ME（1997）.
21：Lee, PC & Moss, CJ（2012）.
22：Garai, ME 等 In preparation.
23：Keese, N（2012）.
24：Bradshaw, GA（2009）.
25：Abe, EL（1994）.
26：Archie, EA & Chiyo, PI（2011）.
27：Kurt, F & Garai, ME（2007）.
28：Garai, ME & Toffels, O（2011）.
29：Shannon, G 等（2013）.
30：McComb, K（2000）.
31：Woolley, L-A 等 M（2008）.
32：Poole, JH & Moss, CJ（2008）.
33：Viljoen, JJ 等（2008）；Bradshaw, GA & Shore, AN（2007）.
34：Garai, ME 等 In preparation.
35：Pretorius, Y（2004）.
36：Elephant Specialist Advisory Group（ESAG）（2017）.
37：Bradshaw, GA（2009）.
38：Tingvold, HG 等（2013）.
39：Van Aarde, RJ & Jackson, TP（2007）.
40：根据 Hanski，I 和 Gilpin，M（1991）的定义。
41：Loarie, SR, Van Aarde, RJ & Pimm, SL（2009）.

第二十二章：建立一个避风港

科林·贝尔

• Van Aarde, R（2013）.
• Conservation Ecology Research Unit Publications.
• www.fws.gov/le/pdf/ CITES -and- Elephant-Conservation.pdf.
• CITES：Consideration of Proposals for Amendment of Appendices I and II.
• CITES.org/sites/default/files/eng/cop/17/ prop/KE_Loxodonta.pdf
• Marais, J & Ainslie, A（2010）.
• Junker, J（2008）.
• Purdon, A 等（2018）.
• World Travel & Tourism Council（WTTC）（2018）.

第二十三章：博茨瓦纳庇护所

凯利·兰登

1：覆盖整个大陆的调查显示，非洲大草原大象数量大量减少：https：//peerj.com/articles/2354/。

2：非洲大象的共同特征：https://www.scien
-cedirect.com/science/article/pii/S000632071
7303890。

第二十八章：纳米比亚西北部沙漠里的大象

凯斯·勒格特博士

1： 活 动 数 据：Leggett（2006）Independent research; genetic analysis：Ishida 等（2011）.
2：Viljoen（1987）.
3：出处同上.
4：Owen-Smith（1970）.
5：Viljoen（1987）.
6：出处同上.
7：出处同上.
8：Lindeque & Lindeque（1991）.
9：Killian（2017）.
10：Laws, 1970; Leuthold & Sale（1973）; Kerr & Fraser（1975）; Western & Lindsay（1984）; Ruggerio（1992）; Tchamba（1993）; White（1994）; Thouless（1995）; Dublin（1996）; Babaasa（2000）.
11：Babaasa（2000）.
12：Viljoen（1989）; Leggett, Fennessy & Schneider（2002）.
13：Jacobson 等（1995）; Fennessy, Leggett & Schneider（2001）.
14：Leggett, Fennessy & Schneider（2003）.
15：Poole（1996）.
16：Lindeque & Lindeque（1991）; Viljoen（1987）; Moss & Poole（1983）; Poole（1996）.
17：e.g. Poole（1996）.
18：Douglas-Hamilton（1972）; Moss & Poole（1983）.
19：Viljoen（1987）.
20：Owen-Smith（pers. com.）.
21：Leggett, KEA, Ramey, RR & MacAlister-Brown, L（2011）.
22： 本章中介绍的所有遗传信息均由丹佛自然历史博物馆的罗布·罗贝伊（Rob Robey）博士提供.
23：Wyatt & Eltringham（1974）; Guy（1976）; Kabigumila（1993）.
24：Leggett（2006）.
25：Guy（1976）.
26：Kabigumila（1993）.
27：Guy（1976）.
28：Poole（1982）.
29：Guy（1976）.
30：Barnes（1982）.
31：Wyatt & Eltringham（1974）; Guy（1976）; Kabigumila（1993）.
32：Leggett 等（2001）; Viljoen & Bothma（1990）.
33：Leggett（2006）.
34：Guy（1977）.
35：Stoinski 等（2000）.

第二十九章：塞卢斯禁猎区：失乐园？

科林·贝尔

1：每年有 3 万头象被偷猎 =6 万根象牙。每根象牙保守估计有 7 公斤，相当于每年约42 万公斤。

第三十一章：乞力马扎罗山脚下：肯尼亚的大象保护

保拉·卡胡姆布博士

1：http://www.traffic.org/home/2016/5/9/sophisticated-poachers-could-undercut-bold-kenyan-fight-agai.html
2：http://www.savetheelephants.org/ project/mike/
3：https ://CITES.org/eng/prog/mike/data_and_reports
4：https ://eawildlife.org/resources/ reports/Report_of_the_task_force_on_WildLife_Security.pdf
5：http ://spaceforgiants.org/giantsclub/
6：http ://WildlifeDirect.org/hands-off-our-elephants/
7：https ://WildlifeDirect.org/wp-content/uploads/2017/03/Rapid-Reference-Guide-2016.pdf
8：http ://WildlifeDirect.org/wp-content/uploads/2017/05/WL-Digest-2016.pdf
9：Kahumbu 等（2014）.
10：Kahumba 等（2014）.
11：http ://www.savetheelephants.org/ project/mike/
12：http ://wwf.panda.org/what_we_do/endangered_species/elephants/human_elephant_conflict.cfm
13：http ://elephantsandbees.com/deterring-elephants-with-the-sound-of-bees/

第三十三章：大象和孩子

卢卡·贝尔皮耶特罗

1： 斯蒂芬·科布（Stephen Cobb）估计，在1973 年和 1974 年有 3.5 万头大象。西蒙·特雷弗（Simon Trevor）在 1960 年曾在大卫·谢尔德里克领导下担任察沃管理人，他告诉我，1974 年有 4.5 万头大象。

第三十四章：需要紧急干预来拯救森林象

温南·维尔乔恩

1：Poulsen 等（2017）.

第三十五章：加兰巴国家公园：大陆分水岭上的保护区

纳夫塔利·洪尼格

1：Hillman Smith, K & Kalpers, J（n.d.）： 加兰巴.

第三十九章：扬卡里的大象

纳沙玛达·杰弗里&安德鲁·邓恩

1： 它成立于 1895 年，旨在通过科学、保护行动和教育来拯救野生动植物和荒野，并激发人们珍视自然的情感.
2： 要 了 解 更 多 信 息， 请 访 问：www.smartconservationsoftware.org.

第四十章：扎库玛：大象成功的故事

洛娜、瑞安·拉布沙涅

1：www.youtube.com/ watch?v=wn56eKvbqcs

第四十一章：马里的沙漠象

万斯·G.马丁、苏珊·坎尼

1：Maiga, M（1996）; Ganame, N（1999）; Canney, S 等（2007）.
2：Blake, S 等（2003）.
3：Sayer, JA（1977）; Douglas-Hamilton, I（1979）; Bouche, P 等（2009）; Dias, J 等（2015）; Jachmann, H（1991）; Canney, S 等（2007）.
4：Canney, S 等（2007）; Wall, J 等（2013）.
5：Canney, S 等（2007）.
6：Canney, S（2015）.
7：Ganame, N 等（2009）.
8：Canney, S & Ganame, N（2014）.
9：Canney, S（2017）.
10：Hill, M（2017）.

参考书目

Abe, EL (1994) The behavioural ecology of Elephant Survivors in Queen Elizabeth National Park, Uganda. PhD dissertation, Cambridge University.

Acemoglu, D & Robinson, JA (2013) The pitfalls of policy advice. Journal of Economic Perspectives 27(2): 173–192.

Adams, WM et al. (2004) Biodiversity conservation and the eradication of poverty. Science 306: 1146–1149.

Alden Wily, L (2011) Rights to resources in crisis: Reviewing the fate of customary land tenure in Africa. Rights and Resources Group, Washington DC.

Alexander, RD (1974) The evolution of social behavior. Annual Review of Ecology and Systematics 5: 325–383. Available at: http://www.jstor.org/stable/2096892

All Africa (2013) Tanzania: Five Tanzania Port Authority officials fired for corruption. [Online] Available at: http://allafrica.com/stories/201301230166.html [Accessed 29-08-2017].

Archie, EA & Chiyo, PI (2011) Elephant behaviour and conservation: Social relationships, the effects of poaching, and genetic tools for management. Molecular Biology. Available at: doi: 10.1111/j.1365–294X.2011.05237

Asner, GP & Levick, SR (2012) Landscape-scale effects of herbivores on treefall in African savannas. Ecology Letters 15(11): 1211–1217.

Babaasa, D (2000) Habitat selection by elephants in Bwindi Impenetrable National Park, south-western Uganda. African Journal of Ecology 38: 116–122.

Baillie, J, Hilton-Taylor, C & Stuart, SN (2004) IUCN Red List of Threatened Species. A Global Species Assessment. IUCN, Gland, Switzerland and Cambridge, United Kingdom.

Baldus, R (2009) Wild Heart of Africa. Rowland Ward, Johannesburg.

Barnard, PJ et al. (2007) Differentiation in cognitive and emotional meanings: An evolutionary analysis. Cognition and Emotion 21: 1155–1183.

Barnes, RFW (1982) Elephant feeding behaviour in Ruaha National Park, Tanzania. African Journal of Ecology 20: 123–126.

Bates, LA, Poole, JH & Byrne, RW (2008) Elephant cognition. Current Biology 18(13): 544–546.

Bechky, A (1990) Adventuring in East Africa. Sierra Club Books, San Francisco.

Bennett, EL (2014) Legal ivory trade in a corrupt world and its impact on African elephant populations. Conservation Biology 29(1): 54–60.

Berry, T (1999) The Great Work. Three Rivers Press, New York.

Bertschinger, HJ et al. (2008) Reproductive control of elephants. In RJ Scholes & KG Mennell (eds.), Elephant Management: A Scientific Assessment for South Africa: 257–328. Wits University Press, Johannesburg.

Bertschinger, HJ et al. (2018) Porcine Zona Pellucida vaccine immunocontraception of African elephant (Loxodonta africana) cows: A review of 22 years of research. Bothalia: African Biodiversity & Conservation Biology 48(2): 8.

Biggs, HC (2003) The Kruger experience: Ecology and management of savanna heterogeneity. Island Press, Washington DC.

Blake, S et al. (2003) The Last Sahelian Elephants: Ranging behaviour, population status and recent history of the desert elephants of Mali. Save the Elephants. Unpublished report.

Bleek-Lloyd Archive. Available at: http://www.aluka.org/stable/10.5555/al.ch.document.lydblkp30072

Blignaut, J, De Wit, M & Barnes, J (2008) The economic value of elephants. In RJ Scholes & KG Mennell (eds.), Elephant Management: A Scientific Assessment for South Africa: 446–476. Wits University Press, Johannesburg.

Bookbinder, MP et al. (1998) Ecotourism's support of biodiversity conservation. Conservation Biology 12: 1399–1404.

Bouché, P et al. (2009) Les éléphants du Gourma, Mali: Statut et menaces pour leur conservation. Pachyderm 45: 47–56.

Bradshaw, GA (2009) Elephants on the edge. Yale University Press, Sheridan Books.

Bradshaw, GA & Shore, AN (2007) How elephants are opening doors: Development neurology, attachment and social context. Ethology 113: 426–436.

Brashares, JS, Arcese, P & Sam, MK (2001) Human demography and reserve size predict wildlife extinction in West Africa. Proceedings of the Royal Society B: Biological Sciences 268: 2473–2478.

Brashares, JS et al. (2004) Bushmeat hunting, wildlife declines, and fish supply in West Africa. Science 306: 1180–1183.

Brennan, AJ & Kalsi, JK (2015) Elephant poaching & ivory trafficking problems in Sub-Saharan Africa: An application of O'Hara's principles of political economy. Ecological Economics 120: 326.

Brettell, NH (1994) Selected Poems. Snailpress, Cape Town.

Bunnefeld, N et al. (2013) Incentivizing monitoring and compliance in trophy hunting. Conservation Biology 27: 1344–1354.

Bunney, K, Bond, WJ & Henley, M (2017) Seed dispersal kernel of the largest surviving megaherbivore – the African savanna elephant. Biotropica 49(3): 395–401.

Burn, RW, Underwood, FM & Blanc, J (2011) Global trends and factors associated with the illegal killing of elephants: A hierarchical Bayesian analysis of carcass encounter data. PLOS ONE 6(9): e24165.

Campbell, J (2015) Tackling the illicit African wildlife trade. Council on Foreign Relations. Available at: http://www.cfr.org/africa-sub-saharan/tackling-illicit-african-wildlife-trade/p37031

Canney, S (2015). Locals benefit from elephant protection. WILD Mali Elephant Project blog. Available at: http://www.wild.org/blog/locals-benefit-elephant-protection/

Canney, S (2017). Ground-breaking initial success in protecting Mali's elephants – but it must be sustained. National Geographic blog. Available at: http://voices.nationalgeographic.org/2017/04/07/ground-breaking-initial-success-in-protecting-malis-elephants-but-it-must-be-sustained/

Canney, S & Ganame, N (2014) Engaging youth and communities: Protecting the Mali elephants from war. Nature and Faune 28(1): 51–55.

Canney, S et al. (2007) The Mali elephant initiative: A synthesis of knowledge, research and recommendations concerning the population, its range and the threats to the elephants of the Gourma. WILD Foundation, Save the Elephants, Environment & Development Group, USA.

Carlson, K, Wright, J & Donges, H (2015) In the line of fire: Elephant and rhino poaching in Africa. In Small Arms Survey 2015: 6–35. Cambridge University Press, United Kingdom.

Caro, T (2011) On the merits and feasibility of wildlife monitoring for conservation: A case study from Katavi National Park, Tanzania. African Journal of Ecology 49: 320–331.

Castree, N (2010) Neoliberalism and the biophysical environment 1. Geography Compass 4: 121.

Chabal, P & Daloz, JP (1999) Africa Works: Disorder as Political Instrument. The International African Institute in association with James Currey, Oxford, & Indiana University Press, Bloomington, Illinois.

Chaiklin, M (2010) Ivory in world history – early modern trade in context. History Compass 8(6): 535.

Challender, DWS & Macmillan, DC (2014) Poaching is more than an enforcement problem. Conservation Letters 7(5): 1–11.

Chamaillé-Jammes, S et al. (2008) Resource variability, aggregation and direct density dependence in an open context: The local regulation of an African elephant population. Journal of Animal Ecology 77(1): 135–144.

Chamaillé-Jammes, S, Fritz, H & Madzikanda, H (2009) Piosphere contribution to landscape heterogeneity: A case study of remote-sensed woody cover in a high elephant density landscape. Ecography 32(5): 871–880.

Chamaillé-Jammes, S, Valeix, M & Fritz, H (2007) Managing heterogeneity in elephant distribution: Interactions between elephant population density and surface-water availability. Journal of Applied Ecology 44(3): 625–633.

Chapman, M (ed.) (2002) The New Century of South African Poetry. Ad Donker, Johannesburg.

Chapron, G et al. (2014) Recovery of large carnivores in Europe's modern human-dominated landscapes. Science 346: 1517–1519.

Chase, MJ & Griffin, CR (2009) Elephants caught in the middle: Impacts of war, fences and people on elephant distribution and abundance in the Caprivi Strip, Namibia. African Journal of Ecology 47: 223–233.

Chase, MJ et al. (2016) The Great Elephant Census.

Chase, MJ et al. (2016) Continent-wide survey reveals massive decline in African savannah elephants: Peerj 4: e2354. Available at: https://peerj.com/articles/2354/#p-3 [Accessed 05-02-2017].

Chen, F (2015) Poachers and snobs: Demand for rarity and the effects of antipoaching policies. Conservation Letters 9(1): 65.

Chevallier, R & Harvey, R (2016) Is community-based natural resource management in Botswana viable? SAIIA Policy Insights 31. SAIIA, Johannesburg.

Child, BA et al. (2012) The economics and institutional economics of wildlife on private land in Africa. Pastoralism: Research, Policy and Practice 2: 1–32.

CITES Address by the President of the Republic of Zimbabwe, CDE RG Mugabe. Available at: https://cites.org/sites/default/files/eng/cop/10/E10-open.pdf [Accessed 04-02-2017].

CITES Available at: /sites/default/files/eng/cop/17/prop/KE_Loxodonta.pdf

CITES Conference of the Parties. Available at: https://cites.org/eng/disc/cop.php [Accessed 05-02-2017].

CITES CoP14 Prop. 6 Consideration of Proposals for Amendment of Appendices I and II. Available at: https://www.cites.org/eng/cop/14/prop/E14-P06.pdf [Accessed 05-02-2017].

CITES CoP17 Prop. 16 Consideration of Proposals for Amendment of Appendices I and II. Available at: https://cites.org/sites/default/files/eng/cop/17/prop/060216/E-CoP17-Prop-16.pdf [Accessed 05-02-2017].

CITES Gaborone Amendment to the Text of the Convention. Available at: https://cites.org/eng/disc/gaborone.php [Accessed 05-02-2017].

CITES MIKE and ETIS. Available at: https://cites.org/eng/prog/mike_etis.php [Accessed 05-02-2017].

CITES Reservations. Available at: https://www.cites.org/eng/app/reserve_intro.php [Accessed 05-02-2017].

CITES Resolution Conf. 10.10 (Rev. CoP17). Available at: https://cites.org/sites/default/files/document/E-Res-10-10-R17.pdf [Accessed 04-02-2017].

CITES Trade Database. Available at: https://trade.cites.org/ [Accessed 05-02-2017].

CITES (2014) Elephant conservation, illegal killing and ivory trade:19. CITES Standing Committee, Geneva. Available at: http://www.cites.org/sites/default/files/eng/com/sc/65/E-SC65-42-01_2.pdf [Accessed 01-03-2017].

CITES (2016) Consideration of Proposals for Amendment of Appendices I and II. Available at: www.cites.org/eng/cop/17/prop/index.php

CITES (2016) Criteria for Amendment of Appendices I and II. Annex 5, Resolution Conf, 9.24 (Rev. CoP 16).

CITES (2016) Report on the Elephant Trade Information System (ETIS). Proceedings of the Seventeenth Meeting of the Conference of the Parties, 24 September–5 October 2016: 26. Available at: doi: 10.1016/S0378-777X(84)80087-6

CITES (2017) Annex 5, Resolution Conf, 9.24 (Rev. CoP 17).

CITES (2017) The CITES Appendices. Available at: https://cites.org/eng/app/index.php

CITES (n.d.) What is CITES? Available at: https://cites.org/eng/disc/what.php [Accessed 04-02-2017].

CITES, IUCN, TRAFFIC (2013) Status of African elephant populations and levels of illegal killing and the illegal trade in ivory. Available at: http://goo.gl/Z3uuZE [Accessed 28-02-2017].

Ciuti, S et al. (2012) Effects of humans on behaviour of wildlife exceed those of natural predators in a landscape of fear. PLOS ONE 7: e50611.

Clegg, BW & O'Connor, TG (2016) Harvesting and chewing as constraints to forage consumption by the African savanna elephant (Loxodonta africana). PeerJ 4: e2469.

Cohn, P & Kirkpatrick, JF (2015) History of the science of wildlife fertility control: Reflections of a 25-year international conference series. Applied Ecological Environmental Science 3: 22–29.

Crookes, DJ & Blignaut, JN (2015) Debunking the myth that a legal trade will solve the rhino horn crisis: A system dynamics model for market demand. Journal for Nature Conservation 28: 11–18. Available at: http://www.econrsa.org/system/files/publications/working_papers/working_paper_520.pdf [Accessed 30-08-2016].

Crosta, A, Beckner, M & Sutherland, K (2015) Blending Ivory: China's Old Loopholes, New Hopes. Elephant Action League, Los Angeles.

Cruise, A (2016) Fighting illegal ivory trade, EU lags behind. National Geographic blog. Available at: http://news.nationalgeographic.com/2016/06/ivory-trafficking-european-union-china-hong-kong-elephants-poaching/ [Accessed 05-02-2017].

Ciuti, S et al. (2012) Effects of humans on behaviour of wildlife exceed those of natural predators in a landscape of fear. PLOS ONE.

Cumming, GS, Cumming, DHM & Redman, CL (2006) Scale mismatches in social-ecological systems: Causes, consequences, and solutions. Ecology & Society 11: 14.

Curran, LM et al. (2004) Lowland forest loss in protected areas of Indonesian Borneo. Science 303: 1000–1003.

Currey, D & Moore, H (1994) Living Proof: African Elephants; The Success of the CITES Appendix 1 Ban. Environmental Investigation Agency (EIA), London.

De Boer, WF et al. (2013) Understanding spatial differences in African elephant densities and occurrence, a continent-wide analysis. Biological Conservation 159: 468–476.

Defenders of Wildlife (n.d.) Basic facts about elephants. Available at: http://www.defenders.org/elephant/basic-facts [Accessed 03-02-2017].

Delsink, AK & Kirkpatrick, JF (2012) Free-Ranging African Elephant Immunocontraception: A New Paradigm for Elephant Management. 1st edn. Humane Society International, Cape Town.

Delsink, AK et al. (2002) Field applications of immunocontraception in African elephants (Loxodonta africana). Reproduction 60: 117–124.

Delsink, AK et al. (2006) Regulation of a small, discrete African elephant population through immunocontraception in the Makalali Conservancy, Limpopo, South Africa. South African Journal of Science 102: 403–405.

Delsink, AK et al. (2013a) Lack of spatial and behavioural responses to immunocontraception application in African elephants (Loxodonta africana). Journal of Zoo and Wildlife Medicine 44(4S): S52–74.

Delsink, AK et al. (2013b) Biologically relevant scales in large mammal management policies. Biological Conservation 167: 116–126.

Department of Environmental Affairs and Tourism (DEAT) (2008) National Environmental Management: Biodiversity Act, 2004 (Act 10 of 2004): National Norms and Standards for the Management of Elephants in South Africa. Government Notice No. 251. Government Gazette No. 30833, South Africa.

Dias, J et al. (2015) Gourma Elephants Survey, Mali, 2015. Wildlife Conservation Society, New York.

Di Minin, E & Toivonen, T (2015) Global protected area expansion: Creating more than paper parks. BioScience 65(7): 637–638.

Di Minin, E et al. (2013a) Understanding heterogeneous preference of tourists for big game species: Implications for conservation and management. Animal Conservation 16: 249–258.

Di Minin, E et al. (2013b) Creating larger protected areas enhancing the persistence of big game species in the Maputaland-Pondoland-Albany biodiversity hotspot. PLOS ONE 8: e71788.

Di Minin, E, Leader-Williams, N & Bradshaw, CAJ (2016) Banning trophy hunting will exacerbate biodiversity loss. Trends in Ecology and Evolution 31(2): 99–102.

Douglas-Hamilton, I (1972) On the ecology and behaviour of the African elephant. PhD thesis, University of Oxford.

Douglas-Hamilton, I (1979) The African elephant action plan. Final report to USFWS. IUCN, Nairobi.

Douglas-Hamilton, I & Douglas-Hamilton, O (1975) Among the Elephants. Book Club Associates, London.

Du Toit, JG (2001) Veterinary care of African elephants. South African Veterinary Foundation, Pretoria.

Dublin, H & Niskanen, LS (2003) Guidelines for the in situ translocation of the African elephant for conservation purposes. IUCN/SSC AfESG.

Dublin, HT (1996) Elephants of Masi Mara, Kenya: Seasonal habitat selection and group size patterns. Pachyderm 22: 25–35.

Duffy, R (2014a) Interactive elephants: Nature, tourism and neoliberalism. Annals of Tourism Research 44: 88–101.

Duffy, R (2014b) Waging a war to save biodiversity: The rise of militarized conservation. International Affairs 90(4): 833.

Duffy, R et al. (2015) Toward a new understanding of the links between poverty and illegal wildlife hunting. Conservation Biology 30(1): 19.

Dunham, KM et al. (2014) Aerial survey of elephants and other large herbivores in the Sebungwe (Zimbabwe) WWF-SARPO Occasional Paper, 12. World Wide Fund for Nature, Harare.

Elephant Action League (EAL) (2015) Pushing ivory out of Africa: A criminal intelligence analysis of elephant poaching and ivory trafficking in East Africa: 2. Available at: https://eia-international.org/wp-content/uploads/EIA-Vanishing-Point-lo-res1.pdf [Accessed 28-02-2017].

Elephant Action League (EAL) & Wildleaks (2015) Flash Mission Report: Port of Mombasa, Kenya.

Elephant Specialist Advisory Group (ESAG) (2017) Understanding Elephants. Guidelines for Safe and Enjoyable Viewing. Struik Nature, Cape Town.

Emslie, RH (2013) African rhinoceroses – Latest trends in rhino numbers and poaching. African Indaba Newsletter 1(2).

Environmental Investigation Agency (EIA) (2014) Vanishing point: Criminality, corruption and the devastation of Tanzania's elephants. EIA, London.

Equator Prize (UNDP) (2017) Meet the winners. Available at: http://www.equatorinitiative.org/2017/06/27/ep-2017-meet-the-winners/

Evans, DN (2010) An eco-tourism perspective of the Limpopo River Basin with particular reference to the Greater Mapungubwe Transfrontier Conservation Area given the impact thereon by the proposed Vele Colliery: 18. Tourism Working Group of the Greater Mapungubwe Transfrontier Conservation Area (GMTFCA).

Evans, K, Moore, R & Harris, S (2013) The social and ecological integration of captive-raised adolescent male African elephants (Loxodonta africana) into a wild population. PLOS ONE 8(2): e55933. Available at: doi: 10.1371/journal.pone.0055933

Eyewitness News (EWN) (2016) Kenya seizes nearly 2 tonnes of ivory from shipment bound for Cambodia. 23 December (Online). Available at: http://ewn.co.za/2016/12/23/kenya-seizes-nearly-2-tonnes-of-ivory-from-shipment-bound-for-cambodia [Accessed 30-03-2017].

Fattebert, J et al. (2013) Long-distance natal dispersal in leopard reveals potential for a three-country metapopulation. South African Journal of Wildlife Research 43: 61–67.

Fayrer-Hosken, RA et al. (2000) Immunocontraception of African elephants. Nature 407: 149.

Fennessy, JT, Leggett, KEA & Schneider, S (2001) Faidherbia albida, distribution, density and impacts of wildlife in the Hoanib River catchment, Northwestern Namibia. Desert Research Foundation of Namibia. Occasional Paper, 17: 1–47.

Fernando, P, Leimgruber, P & Pastorini, J (2012) Problem-Elephant Translocation: Translocating the Problem and the Elephant? PLOS ONE 7(12) e50917. Available at: doi: 10.1371/journal.pone.0050917

Festa-Bianchet, M (2003) Exploitative wildlife management as a selective pressure for life-history evolution of large mammals. In M Festa-Bianchet & M Apollonio (eds.), Animal Behavior and Wildlife Conservation: 191–210. Island Press, Washington DC.

Foley, JA et al. (2005) Global consequences of land use. Science 309: 570–574.

Forest Resources Management and Conservation Act 10 of 1996; Department of Environmental Affairs (2014): Environmental Impact Assessment Regulations. Government Gazette No. 10328, South Africa.

Foucault, M (2004) The Birth of Biopolitics. Picador, New York.

Ganame, N (1999) Conservation et valorisation ecotouristique des elephants. Association Française des Volontaires du Progrès, Bamako. Unpublished report.

Ganame, N et al. (2009) Study on the Liberation from Human and Livestock Pressure of Lake Banzena in the Gourma of Mali. WILD Foundation, Boulder, Colorado.

Gandiwa, E et al. (2013) Illegal hunting and law enforcement during a period of economic decline in Zimbabwe: A case study of northern Gonarezhou National Park and adjacent areas. Journal for Nature Conservation 21: 133–142.

Garaï, ME (1992) Special relationships between female Asian elephants (Elephas maximus) in Zoological Gardens. Ethology 90: 197–205.

Garaï, ME (1997) The development of social behaviour in translocated juvenile African elephants (Loxodonta africana). PhD thesis, University of Pretoria.

Garaï, ME & Carr, RD (2001) Unsuccessful introductions of adult elephant bulls to confined areas in South Africa. Pachyderm 31: 51–57.

Garaï, ME & Töffels, O (2011) Afrikanische Elefanten im Zoo und im

Freiland: Ein Vergleich. Das Elefanten-Magazin 19: 60–66.

Garaï, ME et al. (2004) Elephant reintroductions to small fenced reserves in South Africa. Pachyderm 37: 28–36.

Gary, R (1958) The Roots of Heaven. Penguin, Harmondsworth, United Kingdom.

Graham, MD et al. (2009) The movement of African elephants in a human-dominated land-use mosaic. Animal Conservation 12: 445–455.

Gujadhur, T (2001) Joint venture options for communities and safari operators in Botswana. IUCN/SNV CBNRM Support Programme. Occasional Paper, 6. IUCN/SNV, Gaborone.

Guldemond, R & Van Aarde, R (2008) A meta-analysis of the impact of African elephants on savanna vegetation. Journal of Wildlife Management 72: 892–899.

Guy, PR (1976) Diurnal activity patterns of elephant in the Sengwa Region, Rhodesia. East African Wildlife Journal 14: 285–295.

Guy, PR (1977) Coprophagy in the African elephant (Loxodonta africana, Blumenbach). East African Wildlife Journal 15(2): 174.

Hall-Martin, A & Bosman, P (1986) Elephants of Africa. Struik Publishers, South Africa.

Hanks, J (2003) Transfrontier Conservation Areas (TFCAs) in southern Africa: Their role in conserving biodiversity, socioeconomic development and promoting a culture of peace. Journal of Sustainable Forestry 17: 127–148.

Hanski, I & Gilpin, M (1991) Metapopulation dynamics: Brief history and conceptual domain. Biological Journal of the Linnean Society 42: 3–16.

Harvey, R (2015) Preserving the African elephant for future generations. SAIIA Occasional Paper, 219. South African Institute of International Affairs, Johannesburg.

Harvey, R (2017) China's ban on domestic ivory trade is huge, but the battle isn't won. The Conversation (Africa). Available at: https://theconversation.com/chinas-ban-on-domestic-ivory-trade-is-huge-but-the-battle-isnt-won-71090 [Accessed 09-08-2017].

Harvey, R, Alden, C & Wu, Y (2017) Speculating a fire sale: Options for Chinese authorities in implementing a domestic ivory trade ban. Ecological Economics 141: 22–31.

Hayman, G & Brack, D (2002) International environmental crime: The nature and control of international black markets: 7. Workshop report, Royal Institute of International Affairs (RIIA), London.

Hedges, S & Gunaryadi, D (2010) Reducing human-elephant conflict: Do chillies help deter elephants from entering crop fields? Oryx 44(1): 139–146.

Helm, CV & Witkowski, ETF (2012) Continuing decline of a keystone tree species in the Kruger National Park, South Africa. African Journal of Ecology 51: 270–279.

Hiedanpää, J & Bromley, DW (2014) Payments for ecosystem services: Durable habits, dubious nudges, and doubtful efficacy. Journal of Institutional Economics 10(2): 175–195.

Hill, M (2017) Mali elephants win big. Available at: http://www.wild.org/blog/mali-elephants-win-big/

Hillbom, E (2012) Botswana: A development-oriented gate-keeping state. African Affairs 111: 67–89.

Hillman Smith, K & Kalpers, J (n.d.) Garamba: Conservation in Peace and War. Published by the authors.

Hoare, RE (1999) Determinants of human-elephant conflict in a land-use mosaic. Journal of Applied Ecology 36: 689–700.

Hoare, RE (2000) African elephants and humans in conflict: The outlook for co-existence. Oryx 34: 34–38.

Hopkinson, L, Van Staden, M & Ridl, J (2008) National and International Law. In RJ Scholes & KG Mennel (eds.), Elephant Management: A Scientific Assessment for South Africa: 477–536. Wits University Press, Johannesburg.

Hsiang, S & Sekar, N (2016) Does legalization reduce black market activity? Evidence from a global ivory experiment and elephant poaching data. Available at: http://www.nber.org/papers/w22314.pdf

Huismann, W (2014) PandaLeaks: The Dark Side of the WWF. Nordbook, Germany.

Humane Society International (2017) Elephant ivory trade-related timeline with relevance to the United States. Available at: http://www.hsi.org/assets/pdfs/Elephant_Related_Trade_Timeline.pdf

Ihwagi, FW et al. (2015) Using poaching levels and elephant distribution to assess the conservation efficacy of private, communal and government land in northern Kenya. PLOS ONE 10: e0139079.

International Fund for Animal Welfare (IFAW) (2013) Criminal nature: The global security implications of the illegal wildlife trade. Yarmouth Port, Massachusetts.

International Union for Conservation of Nature (IUCN) (2008) Loxodonta africana. [Online] Available at: http://www.iucnredlist.org/details/12392/0 [Accessed 03-02-2017].

Ishida, Y et al. (2011) Distinguishing forest and savanna African elephants using short nuclear DNA sequences. Journal of Heredity. Available at: doi: 10.1093/jhered/esr073

IUCN (2016) Poaching behind worst African elephant losses in 25 years. Available at: https://www.iucn.org/news/poaching-behind-worst-african-elephant-losses-25-years-%E2%80%93-iucn-report [Accessed 05-02-2017].

Jachmann, H (1991). Current status of the Gourma elephants in Mali: A proposal for an integrated resource management project. IUCN, Gland, Switzerland.

Jacobson, PJ, Jacobson, KM & Seely, MK (1995) Ephemeral Rivers and Their Catchments: Sustaining People and Development in Western Namibia. Desert Research Foundation of Namibia, Windhoek.

Junker, J (2008) An Analysis of Numerical Trends in African Elephant Populations. University of Pretoria.

Junker, J, Van Aarde, RJ & Ferreira, SM (2008) Temporal trends in elephant Loxodonta africana numbers and densities in northern Botswana: Is the population really increasing? Oryx 42(1): 58–65.

Kabigumila, J (1993) Feeding habits of elephants in Ngorongoro Crater, Tanzania. African Journal of Ecology 31: 156–164.

Kahumbu, P et al. (2014). Scoping study on the prosecution of wildlife related crimes in Kenyan courts – January 2008 to June 2013. WildlifeDirect.

Kahumbu, P (n.d.) Beneath Kilimanjaro: Elephant conservation in Kenya. Occasional Paper.

Keese, N (2012) Anketten, Freilauf, Gruppengeburt? Das Elefanten-Magazin 21: 36–38.

Kerley, GIH & Landman, M (2006) The impacts of elephants on biodiversity in the eastern Cape subtropical thickets. South African Journal of Science 102: 395–402.

Kerr, MA & Fraser, JA (1975) Distribution of elephant in a part of the Zambezi Valley, Rhodesia. Arnoldia 7: 1–14.

Killian, W (2017) Elephant numbers up, conflict down. The Sun Newspaper, Namibia. Available at: https://www.namibiansun.com/news/elephant-numbers-up-conflicts-down

Knappert, J (1981) Namibia: Land and Peoples, Myths and Fables. EJ Brill, London.

Kodandapani, N, Cochrane, MA & Sukumar, R (2004) Conservation threat of increasing fire frequencies in the Western Ghats, India. Conservation Biology 18: 1553–1561.

Kurt, F & Garaï, ME (2007) The Asian Elephant in Captivity: A Field Study. Cambridge University Press India Pvt. Ltd. Under the Foundation Books imprint, New Delhi.

Lavorgna, A (2014) Wildlife trafficking in the internet age. Crime Science 3(5): 2.

Laws, RM (1970) Elephants as agents of habitat and landscape change in East Africa. Oikos 21: 1–15.

Laws, RM, Parker, ISC & Johnstone, CB (1970) Elephants and habitats in North Bunyoro, Uganda. East African Wildlife Journal 8: 163–180.

Le Vaillant, F (2007) Travels into the Interior of Africa via the Cape of Good Hope. I Glenn (ed.). Van Riebeeck Society, South Africa.

Lee, PC & Moss, CJ (2012) Wild female elephants (Loxodonta africana) exhibit personality traits of leadership and social integration. Journal of Comparative Psychology 126(3): 224–232.

Leggett, KEA (2006) Home range and seasonal movement of elephants in the Kunene Region, northwestern Namibia. African Zoology 41:17–36.

Leggett, KEA, Fennessy, JT & Schneider, S (2001) A preliminary study of elephants in the Hoanib River catchment, northwestern Namibia. DRFN Occasional Paper, 16: 1–52.

Leggett, KEA, Fennessy, JT & Schneider, S (2002) Does land use matter in an arid environment? A case study from the Hoanib River Catchment, northwestern Namibia. Journal of Arid Environments 53: 529–543.

Leggett, KEA, Fennessy, JT & Scheider, S (2003) Seasonal distributions and social dynamics of elephants in the Hoanib River catchment, northwestern Namibia. African Zoology 38: 305–316.

Leggett, KEA, Ramey, RR & MacAlister-Brown, L (2011) Matriarchal associations and reproduction in a remnant subpopulation of desert-dwelling elephants in Namibia. Pachyderm 49: 20–32.

Leithead, A (2016) Why elephants are seeking refuge in Botswana. BBC News. Available at: http://www.bbc.com/news/world-africa-37230700 [Accessed 05-09-2017].

Lemieux, AM & Clarke, RV (2009) The international ban on ivory sales and its effects on elephant poaching in Africa. British Journal of Criminology 49: 451.

Leuthold, W & Sale, JB (1973) Movements and patterns of habitat utilization of elephants in Tsavo National Park, Kenya. East African Wildlife Journal 11: 369–384.

Levy, B (2014) Working with the Grain: Integrating Governance and Growth in Development Strategies. Oxford University Press, New York.

Lindeque, M & Lindeque, PM (1991) Satellite tracking of elephants in northwest Namibia. African Journal of Ecology 29: 196–206.

Lindsay, K et al. (2017) The shared nature of Africa's elephants. Biological Conservation 215: 260–267.

Lindsey, PA et al. (2013) The bushmeat trade in African savannas: Impacts, drivers, and possible solutions. Biological Conservation 160: 80–96. Available at: doi: 10.1016/j.biocon.2012.12.020

Linnell, J, Salvatori, V & Boitani, L (2008) Guidelines for population level management plans for large carnivores in Europe. A Large Carnivore Initiative for Europe report prepared for the European Commission.

Loarie, SR, Van Aarde, RJ & Pimm, SL (2009) Elephant seasonal vegetation preferences across dry and wet savannas. Biological Conservation 142: 3099–3107.

Lochner, H (2018) Planet Okavango. 1st edn. HPH Publishing, Johannesburg.

Lunstrum, E (2014) Green militarization: Anti-poaching efforts and the spatial contours of Kruger National Park. Annals of the Association of American Geographers. Available at: doi: 10.1080/00045608.2014.912545

Maiga, M (1996) Enquête socio-économique sur les interactions homme-elephants dans le Gourma malien. Institut Supérieur de Formation et de Recherche Appliquée, Bamako.

Maisels, F et al. (2013) Devastating decline of forest elephants in Central Africa. PLOS ONE 8(3): e59469. Available at: doi: 10.1371/journal.pone.0059469

Majani, F (2013) Corrupt officials ensure the battle against poaching remains futile. Mail & Guardian. [Online] Available at: https://mg.co.za/article/2013-08-08-00-corrupt-officials-ensure-the-battle-against-poaching-remains-futile/ [Accessed 29-08-2017].

Makhabu, SW, Skarpe, C & Hytteborn, H (2006) Elephant impact on shoot distribution on trees and on rebrowsing by smaller browsers.

Acta Oecologica 30(2): 136–146.

Marais, J & Ainslie, A (2010). In Search of Africa's Great Tuskers. 1st edn. Penguin Books, South Africa.

Massay, GE (2017) In search of the solution to farmer-pastoralist conflicts in Tanzania. SAIIA Occasional Paper, 257. South African Institute of International Affairs, Johannesburg. Available at: https://www.saiia.org.za/occasional-papers/1209-in-search-of-the-solution-to-farmer-pastoralist-conflicts-in-tanzania/file

Matthiessen, P (1982) Sand Rivers. Bantam Dell Publishers, New York.

McComb, K et al. (2000) Unusually extensive networks of vocal recognition in African elephants. Animal Behaviour 29: 1103–1109.

McLellan, E et al. (2014) Illicit wildlife trafficking: An environmental, economic and social issue. Perspectives No. 14. United Nations Environment Programme (UNEP), Nairobi.

Montesino Pouzols, F et al. (2014) Global protected area expansion is compromised by projected land-use and parochialism. Nature 516: 383–386.

Moss, CJ (2001) The demography of an African elephant (Loxodonta africana) population in Amboseli, Kenya. Journal of Zoology 255: 145–156.

Moss, CJ & Poole, JH (1983) Relationships and social structure in African elephants. In RA Hinde (ed.), Primate Social Relationships: An Integrated Approach. Blackwell Scientific Publications, Oxford.

Mwambingu, R (2017) Mombasa Port fails to tame corruption cartels. Mediamax. Available at: http://www.mediamaxnetwork.co.ke/business/286491/286491/

Naidoo, R et al. (2015) Complementary benefits of tourism and hunting to communal conservancies in Namibia. Conservation Biology 30(3): 628–638.

National Norms & Standards for Elephants (2008) Government Gazette No. 30833, South Africa.

Naughton, L, Rose, R & Treves, A (1999) The social dimensions of human-elephant conflict in Africa: A literature review and case studies from Uganda and Cameroon. African Elephant Specialist Group, Human-Elephant Conflict Task Force of IUCN, Gland, Switzerland.

Naylor, RT (2005) The underworld of ivory. Crime, Law and Social Change 42: 261–295.

Nicholson, B (n.d.) The Last of Old Africa. Safari Press, California.

Norton-Griffiths, M (2007) How many wildebeest do you need? World Economics 8(2): 41–64.

Nowak, K (2016) CITES Alone cannot combat Illegal Wildlife Trade. South African Institute of International Affairs, Cape Town.

Nyhus, P & Tilson, R (2004) Agroforestry, elephants, and tigers: Balancing conservation theory and practice in human-dominated landscapes of Southeast Asia. Agriculture, Ecosystems and Environment 104: 87–97.

O'Connor, TG (2017) Demography of woody species in a semi-arid African savanna reserve following the re-introduction of elephants. Acta Oecologica 78: 61–70.

Orr, T (2016) Re-thinking the application of sustainable use policies for African elephants in a changed world. SAIIA Occasional Paper, 241. South African Institute of International Affairs, Johannesburg.

Owen-Smith, GL (1970) The Kaokoveld: An ecological base for future development planning. Unpublished report.

Owen-Smith, RN (2002) Adaptive herbivore ecology: From resources to populations in variable environments. Cambridge University Press, United Kingdom.

Packer, C et al. (2013) Conserving large carnivores: Dollars and fence. Ecology Letters 16: 635–641.

Peck, J & Tickell, A (2002) Neoliberalizing space. Antipode 34(3): 380–404.

Pickford, P & Pickford, B (1998) The Miracle Rivers, the Okavango and Chobe of Botswana. Southern Books, South Africa.

Pinnock, D (2018) The problem of an elephant that just wants to stay home. Daily Maverick. Available at: https://www.dailymaverick.co.za/article/2018-04-20-the-problem-of-an-elephant-that-just-wants-to-stay-home/ [Accessed 25-04-2018].

Plumptre, AJ et al. (2007) Transboundary conservation in the greater Virunga landscape: Its importance for landscape species. Biological Conservation 134: 279–287.

Poole, JH (1982) Musth and male-male competition in African elephants. PhD thesis, University of Cambridge, United Kingdom.

Poole, JH (1987) Rutting behaviour of African elephants. Behaviour 102: 283–316.

Poole, JH (1996) The African elephant. In K Kangwana (ed.), Studying Elephants, Nairobi, Kenya: AWF Technical Handbook Series No. 7. African Wildlife Foundation.

Poole, JH (2004) Sex differences in the behaviour of African elephants. In RV Short & E Balaban (eds.), The Differences between the Sexes: 331–346. Cambridge University Press, 1994.

Poole, JH & Moss, CJ (2008) Elephant sociality and complexity. In C Wemmer & CA Christen (eds.), Elephants and Ethics: Toward a morality of coexistence: 69–98. The John Hopkins University Press, Baltimore.

Poulsen, JR et al. (2017) Poaching empties critical Central African wilderness of forest elephants. Current Biology 27(4): R134–R135.

Pretorius, Y (2004) Stress in the African elephant on Mabula Game Reserve, South Africa. Masters dissertation, University of KwaZulu-Natal, Durban.

Pretorius, Y, Garaï, ME & Bates, LA (2018) The status of African elephant Loxodonta Africana populations in South Africa. Oryx 1–7. Available at: https://www.cambridge.org/core and at doi: 10.1017/S0030605317001454

Purdon, A et al. (2018) Partial Migration in Savanna Elephant Populations Distributed across Southern Africa. National Center for Biotechnology Information, Bethesda, Maryland.

Reeve, R (2002) Policing International Trade in Endangered Species: The CITES Treaty and Compliance. The Royal Institute of International Affairs. Earthscan Publications Ltd, London.

Ripple, WJ et al. (2015) Collapse of the world's largest herbivores. Science Advances 1(4): 1–12.

Roberts, AM (2014) Detailed look at the ivory trade and the poaching of elephants. Quinnipiac Law Review 33.

Ross, K (2010) Okavango, Jewel of the Kalahari. Struik Nature, Cape Town.

Ross, RJ (2015) The Selous in Africa, a Long Way from Anywhere. Officina Libraria, Milan.

Ruggerio, RG (1992) Seasonal forage utilization by elephants in centrál Africa. African Journal of Ecology 30: 137–148.

Rutina, LP, Moe, SR & Swenson, JE (2005) Elephant Loxodonta africana driven woodland conversion to shrubland improves dry-season browse availability for impalas Aepyceros melampus. Wildlife Biology 11(3): 207–213.

Sayer, JA (1977) Conservation of large mammals in the Republic of Mali. Biological Conservation 12(6): 245–263.

Scholes, RJ & Mennell, KG (2008) Elephant Management. A Scientific Assessment for South Africa. Wits University Press, Johannesburg.

Scovronick, NC & Turpie, JK (2009) Is enhanced tourism a reasonable expectation for transboundary conservation? An evaluation of the Kgalagadi Transfrontier Park. Environmental Conservation 36: 149–156.

Selier, SAJ & Di Minin, E (2015) Monitoring required for effective sustainable use of wildlife. Animal Conservation 18: 131–132.

Selier, SAJ et al. (2014) Sustainability of elephant hunting across international borders in southern Africa: A case study of the Greater Mapungubwe Transfrontier Conservation Area. Journal of Wildlife Management 78: 122–132.

Selier, SAJ et al. (2016) The legal challenges of transboundary wildlife management at the population level: The case of a trilateral elephant population in southern Africa. Journal of International Wildlife Law and Policy 19: 101–135.

Selier, SAJ, Slotow, R & Di Minin, E (2015) Elephant distribution in a transfrontier landscape: trade-offs between resource availability and human disturbance. Biotropica 47: 389–397.

Selier, SAJ, Slotow, R & Di Minin, E (2016) The influence of socioeconomic factors on the densities of high-value cross-border species. Peerj 4: e2581.

Shannon, G et al. (2008) The utilization of large savanna trees by elephant in southern Kruger National Park. Journal of Tropical Ecology 24(3): 281–289.

Shannon, G et al. (2011) Relative impacts of elephant and fire on large trees in a savanna ecosystem. Ecosystems 14: 1372–1381.

Shannon, G et al. (2013) Effects of social disruption in elephants persist decades after culling. Frontiers in Zoology. Available at: http://www.frontiersinzoology.com/content/10/1/62 and at doi: 10.1186/1742-9994-10-62

Short, RV & Balaban, E (1994) The Differences between the Sexes: 331–346. Cambridge University Press, United Kingdom.

Sianga, K et al. (2017) Spatial refuges buffer landscapes against homogenisation and degradation by large herbivore populations and facilitate vegetation heterogeneity. Koedoe 59(2): 1–13.

Sitati, NW et al. (2003) Predicting spatial aspects of human-elephant conflict. Journal of Applied Ecology 40: 667–677.

Skarpe, C et al. (2004) The return of the giants: Ecological effects of an increasing elephant population. Ambio 33: 276–282.

Slotow, R & Van Dyk, G (2001) Role of delinquent young 'orphan' male elephants in high mortality of white rhinoceros in Pilanesberg National Park, South Africa. Koedoe 44: 85–94.

Slotow, R et al. (2008) Lethal management of elephants. In RJ Scholes & KG Mennell (eds.), Elephant Management: A Scientific Assessment for South Africa: 370–405. WITS University Press, Johannesburg.

Smith, RJ et al. (2003) Governance and the loss of biodiversity. Nature 426: 67–70.

Snyman, S (2014) Partnership between a private sector ecotourism operator and a local community in the Okavango Delta, Botswana: The case of the Okavango Community Trust and Wilderness Safaris. Journal of Ecotourism 13(2–3): 1–20.

Somerville, K (2017) The toxic legacy of Tanzania's ivory. The Marjan Centre. [Online] Available at: https://themarjancentre.wordpress.com/ [Accessed 02-03-2017].

Songhurst, A, McCulloch, G & Coulson, T (2015) Finding pathways to human-elephant coexistence: A risky business. Oryx 50(4): 713–720.

Stigand, CH (1913) Hunting the Elephant in Africa and Other Recollections of Thirteen Years' Wanderings. Macmillan, New York.

Stoinski, TS et al. (2000) A preliminary study of the behavioral effects of feeding enrichment on African elephants. Zoo Biology 19: 485–493.

Stokes, EJ et al. (2010) Monitoring great ape and elephant abundance at large spatial scales: Measuring effectiveness of a conservation landscape. PLOS ONE 5: e10294.

Sukumar, R (1993) Minimum viable populations for elephant conservation. Gajah 11: 48–52.

Tchamba, MN (1993) Number and migration patterns of savanna elephants (Loxodonta africana africana) in northern Cameroon. Pachyderm 16: 66–71.

Thouless, CR (1995) Long distance movements of elephants in northern Kenya. African Journal of Ecology 33: 321–334.

Thouless, CR et al. (2016) African Elephant Status Report 2016: An update from the African Elephant Database. Occasional Paper, series of the IUCN Species Survival Commission, No. 60. IUCN/SSC/African Elephant Specialist Group, Gland, Switzerland.

Tingvold, HG et al. (2013) Determining adrenocortical activity as a measure of stress in African elephants (Loxodonta africana) in relation to human activities in Serengeti ecosystem. African Journal of Ecology. Available at: doi: 10.1111/aje.12069

Tinley, K (1973) An ecological reconnaissance of the Moremi Wildlife Reserve. Okavango Wildlife Society.

TRAFFIC (2017) First Southern African Auction takes Place. Available at: http://www.traffic.org/home/2008/10/28/first-ivory-auction-from-southern-africa-takes-place.html [Accessed 04-02-2017].

Tremblay, S (2017) Leading elephant conservationist shot dead in Tanzania. The Guardian. Published 17 August 2017.

Trouwborst, A (2015) Global large carnivore conservation and international law. Biodiversity and Conservation 24(7): 1567–1588.

Turkalo, AK, Wrege, PH & Wittemyer, G (2013) Long-term monitoring of Dzanga Bai forest elephants: Forest clearing use patterns. PLOS ONE 8(12): e85154. Available at: doi: 10.1371/journal.pone.0085154

Turkalo, AK, Wrege, PH & Wittemyer, G (2016) Slow intrinsic growth rate in forest elephants indicates recovery from poaching will require decades. Journal of Applied Ecology. Available at: doi: 10.1111/1365-2664.12764

United Nations Office on Drugs and Crime (UNODC) (2003) Convention against Corruption: iii. UNODC, Vienna.

United Nations Office on Drugs and Crime (UNODC) (2013) Transnational Organized Crime in Eastern Africa: A Threat Assessment: 30. UNODC, Vienna.

United Nations Office on Drugs and Crime (UNODC) (2016) World Wildlife Crime Report. UNDOC, Geneva.

United Nations Office on Drugs and Crime (UNODC) and Elephant Action League (EAL) (2015) Pushing ivory out of Africa: A criminal intelligence analysis of elephant poaching and ivory trafficking in East Africa: 2. Available at: https://eia-international.org/wp-content/uploads/EIA-Vanishing-Point-lo-res1.pdf [Accessed 28-02-2017].

Valeix, M et al. (2011) Elephant-induced structural changes in the vegetation and habitat selection by large herbivores in an African savanna. Biological Conservation 144(2): 902–912.

Van Aarde, RJ (2009) Elephants: Facts and Fables. 1st edn. Conservation Ecology Research Unit, University of Pretoria & IFAW.

Van Aarde, RJ (2013) Elephants: A Way Forward. 1st edn. Conservation Ecology Research Unit, University of Pretoria.

Van Aarde, RJ (2017) Elephants: A Way Forward. CERU/IFAW, University of Pretoria.

Van Aarde, RJ & Jackson, TP (2007) Megaparks for metapopulations: Addressing the causes of locally high elephant numbers in southern Africa. Biological Conservation 134: 289–297.

Van Aarde, RJ et al. (2008) Elephant population biology and ecology. In RJ Scholes & KG Mennell (eds.), Elephant Management: A Scientific Assessment for South Africa: 84–115. Wits University Press, Johannesburg.

Van de Walle, N (2001) African Economies and the Politics of Permanent Crisis, 1979–1999. Cambridge University Press, United Kingdom.

Van der Duim, R, Lamers, M & Van Wijk, J (2015) Novel institutional arrangements for tourism, conservation and development in eastern and southern Africa. In R van der Duim, M Lamers & J van Wijk (eds.), Institutional Arrangements for Conservation, Development and Tourism in Eastern and Southern Africa: 1–16. Springer Publishing Company, New York.

Vasilijevi, M et al. (2015) Transboundary conservation: A systematic and integrated approach. Best Practice Protected Area Guidelines Series No. 23: 107. IUCN, Gland, Switzerland. Available at: doi: 10.2305/IUCN.CH.2015.PAG.23.en

Viljoen, JJ et al. (2008) Translocation stress and faecal glucocorticoid metabolite levels in free-ranging African savanna elephants. South African Journal of Wildlife Research 38(2): 146–152.

Viljoen, PJ (1987) Status and past and present distribution of elephants in Kaokoveld, South West Africa/Namibia. South African Journal of Zoology 22: 247–257.

Viljoen, PJ (1989) Habitat selection and preferred food plants of desert-dwelling elephant population in the northern Namib Desert, South West Africa/Namibia. African Journal of Ecology 27: 227–240.

Viljoen, PJ & Bothma, J du P (1990) Daily movements of desert-dwelling elephants in the northern Namib Desert. South African Journal of Wildlife Research 20: 69–72.

Vogt, H (2015) East Africa's biggest port emerges as major transit point for smuggling, threatening Africa's elephants. The Wall Street Journal. Available at: https://www.wsj.com/articles/kenyan-port-is-hub-for-illicit-ivory-trade-1447720944 [Accessed 28-02-2017].

Von Gerhardt-Weber, KEM (2011) Elephant movements and human-elephant conflict in a transfrontier conservation area. MSc thesis, University of Stellenbosch.

Wall, J et al. (2013) Characterizing properties and drivers of long-distance movements by elephants (Loxodonta africana) in the Gourma, Mali. Biological Conservation 157: 60–68.

Wasser, SK et al. (2007) Using DNA to track the origin of the largest ivory seizure since the 1989 trade ban. Proceedings of the National Academy of Sciences 104(10): 4228–4233.

Wasser, SK et al. (2015) Genetic assignment of large seizures of elephant ivory reveals Africa's major poaching hotspots. Science 349(6243): 84–87.

Western, D & Lindsay, WK (1984) Seasonal herd dynamics of a savanna elephant population. African Journal of Ecology 22: 229–244.

Western, D, Russell, S & Cuthill, I (2009) The status of wildlife in protected areas compared to non-protected areas of Kenya. PLOS ONE 4: e6140.

White, LJT (1994) Sacoglottis gabonensis fruiting and the seasonal movement of elephants in the Lopé Reserve, Gabon. Journal of Tropical Ecology 10: 121–125.

Whitehouse, AM & Hall-Martin, AJ (2000) Elephants in Addo Elephant National Park, South Africa: Reconstruction of the population's history. Oryx 34(1): 46–55.

Wittemyer, G et al. (2008) Accelerated human population growth at protected area edges. Science 321: 123–126.

Wittemyer, G et al. (2014) Illegal killing for ivory drives global decline in African elephants. Proceedings of the National Academy of Sciences 111(36): 13117–13121.

Woodroffe, R & Ginsberg, JR (1998) Edge effects and the extinction of populations inside protected areas. Science 280: 2126–2128.

Woolley, L-A et al. (2008) Population and individual elephant response to a catastrophic fire in Pilanesberg National Park. PLOS ONE 3(9): e3233. Available at: doi:10.1371/journal.pone.0003233

World Travel and Tourism Council (2018) Travel and Tourism Economic Impact: Botswana.

World Wildlife Fund (2007) WWF Positions CITES CoP14. Available at: file:///Users/adamcrui/Downloads/wwf_cites_positions_enfinal%20(1).pdf [Accessed 05-02-2017].

Wu, Y, Rupp, S & Alden, C (2016) Values, culture and the ivory trade ban. SAIIA Occasional Paper, 244. South African Institute of International Affairs, Johannesburg.

Wyatt, JR & Eltringham, SK (1974) The daily activity of the elephant in the Rwenzori National Park, Uganda. East African Wildlife Journal 12: 273–289.

Young, KD & Van Aarde, RJ (2010) Density as an explanatory variable of movements and calf survival in savanna elephants across southern Africa. Journal of Animal Ecology 79(3): 662–673.

Yufang, G & Clark, SG (2014) Elephant ivory trade in China: Trends and drivers. Biological Conservation 180: 24.

1'30 TOURISM KENYA UHURU 1963

KENYA 35/- The Big Five - Elephant

REPUBLIQUE GABONAISE WWF ELEPHANT de FORET (Loxodonta africana cyclotis) Postes 1988 50f

RARE ANIMALS OF EAST AFRICA KENYA UGANDA TANZANIA Shs 2/-

ETAT INDEPENDANT 1 UN FRANC DU CONGO

REPUBLIQUE DU BENIN FAUNE AFRICAINE

Botswana Pt.80

TANZANIA Sh. 5/-

GAMBIA 10/- TEN SHILLINGS

COMPANHIA DE MOCAMBIQUE 1 ESCUDO

REPUBLIQUE FEDERALE DU CAMEROUN ELEPHANT CHUTES DU N'TEM 4F

REPUBLIQUE DU TCHAD

SOUTH AFRICA STANDARD POSTAGE

BOTSWANA 14c POSTAGE DUE

BOTSWANA 6c POSTAGE DUE

BOTSWANA 2c POSTAGE DUE

BOTSWANA 1c POSTAGE DUE

SWAZILAND 3½c ELEPHANT

NIGERIA REPUBLIC or ELEPHANTS 1d MAURICE FIEVET

U.S. 6c AFRICAN ELEPHANT HERD

POSTES 2016 République CENTRAF

1d POSTAGE & REVENUE SOUTHERN RHODESIA

REPUBLIQUE GABONAISE WWF ELEPHANT de FORET (Loxodonta africana cyclotis) Postes 1988 40f

Lake Manyara National Park VIEW FROM THE LODGE TOURIST ATTRACTIONS OF TANZANIA Tanzania 400/-

6d POSTAGE & REVENUE SOUTHERN RHODESIA

KENYA UGANDA 5/- TANGANYIKA

SILVER KENYA

FOLKLORE ET TOURISME POSTES ELEPHANT 20F REPUBLIQUE DU CONGO

KENYA UGANDA 15c TANGANYIKA

Tanzania ANIMAL SERIES ELEPHANT 500/-

3,50z ZAIRE PARC DES VIRUNGA Elephants

KENYA 1'30

POSTAGE REVENUE GAMBIA 1s ONE SHILLING 1s

REPUBLIQUE du Les Elephant Loxodonta africana

TANZANIA 1991 Loxodonta africana 200/-

COMPANHIA DE MOCAMBIQUE MARFIM ½ CENTAVO CENTAVO

REPUBLIQUE DU ZAIRE 4K

NAMIBIA N$ 2 Helge Denker 2002 At the height of the dusty dry season, desert-adapted elephants dig holes in the

Botswana
Elephant Herd Seeking Water • Ditshupo Mogapi
2016
P10.00

TANZANIA
2001
Loxodonta africana 35/.

WILD ANIMALS OF TANZANIA
ELEPHANTS
TANZANIA 700/=

ÉLÉPHANT
KENYA
1'30

TANZANIA NORTHERN CIRCUIT
KILIMANJARO NATIONAL
Tanzania 500/

Suid-Afrika
4d
Posgeld
Postage
SOUTH AFRICA

750 F
REPUBLIQUE
CENTRAFRICAINE

RÉPUBLIQUE GABONAISE
ÉLÉPHANT de FORET
Postes 1988 100f

SIERRA LEONE 5/
1933 1933
FIVE SHILLINGS

GAMBIA
£1

750 F
REPUBLIQUE
CENTRAFRICAINE

ÉLÉPHANT 100 F RÉPUBLIQUE DU TCHAD
aérienne

RÉPUBLIQUE CENTRAFRICAINE
Les Eléphants
Loxodonta cyclotis
650 F
POSTES 2011

750 F
REPUBLIQUE
CENTRAFRICAINE

GAMBIA
2'
TWO SHILLINGS

SOUTH AFRICA B4

SOUTH AFRICA R3.35

South Africa
ADDO ELEPHANT NATIONAL PARK
B5

0 F 900 F
REPUBLIQUE Loxodonta africana
CENTRAFRICAINE RÉPUBLIQUE CENTRAFRICAINE
0 F 900 F
REPUBLIQUE Eliphas maximus indicus
CENTRAFRICAINE RÉPUBLIQUE CENTRAFRICAINE

BOTSWANA
P5.40
Exceptional natural
and untouched beauty
OKAVANGO DELTA
1000th UNESCO WORLD HERITAGE SITE

TANZANIA TANZANIA
75/ 75/
Loxodonta africana AFRICAN ELEPHANT

175.00
MOÇAMBIQUE
Elefantes

REPUBLIQUE POPULAIRE DU CONGO
2 F
M.NONVOISIN GUILLAME
LOXODONTA AFRICANA POSTES 1971

République du Mali
TAUROTRAGUS
DERBIANUS
0 f

750 F
REPUBLIQUE
CENTRAFRICAINE

NAMIBIA
CENTENARY OF ETOSHA
Inland
Registered
Mail Paid
RESEARCH

ZAIRE 50 NK
PARC NATIONAL
DE LA GARAMBA

TANZANIA
Loxodonta africana 30/.

REPUBLIQUE CENTRAFRICAINE
Les Eléphants
Loxodonta africana
650 F
POSTES 2011

REPUBLIQUE CENTRAFRICAINE
Les Eléphants
Loxodonta cyclotis
650 F
POSTES 2011

REPUBLIQUE DU NIGER REPUBLIQUE DU NIGER
Postes 2016 Postes 2016
Eliphas maximus 850 F Loxodonta cyclotis 850 F
REPUBLIQUE DU NIGER REPUBLIQUE DU NIGER
Postes 2016 Postes 2016
Loxodonta africana 850 F Eliphas Maximus sumatranus 850 F

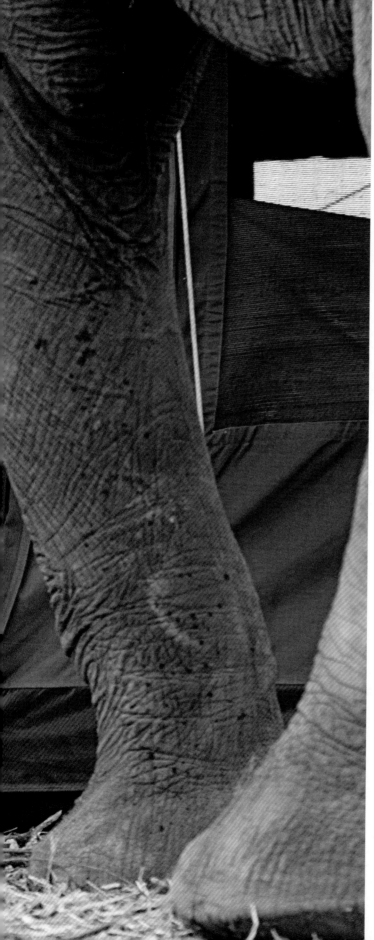

"我不相信会有人抬头看着大象，一点触动都没有。它们是如此巨大、站得如此之高，就像巨大的自由，让你迷恋于其中。"

———————

罗曼·加里

"这是一场战争。我们的
国家遗产还有我们的大象正在
消失。我们必须行动起来"

———————

保拉·卡胡姆布博士
直面野生动物组织

© 安德鲁·霍华德摄，博茨瓦纳克瓦依

译后记

刘洋：我和兆杰认识是在雁山，因为与世隔绝、亲近自然的生活状态，我们称自己为山民。或者，因为痴迷于蒙古族文化，喜欢聚在一起呼麦，一起读《元朝秘史》，玩一些古代战争题材的电子游戏，我们又管自己叫"林木中百姓"。

张弘兆杰："山民"，我们这样称呼自己，半是自嘲自己生活在郊区，半是羡慕历史上那些不惧强权、不向任何人折腰的猛士。夜里，我们以戏谑的口吻，虚构不可名状之物，在目不可视的地方觊觎着生活在雁山这片孤岛的我们。当然这一切只是过剩的自我意识和小布尔乔亚情绪的杂糅，没有人能够威胁我们，也没有什么怪物在暗处潜藏，等待我们踏入黑暗。但是，这对我们那些灰色的大朋友来说，就是另一个故事了。

刘洋：在翻译工作进行的过程中，发生了云南大象迁移的事件。作为本书中非洲象的远亲，西双版纳的亚洲象虽然体型小得多，但仍然深深牵动着全国网民的心——大象玩水了，大象睡觉很可爱，大象跑进人家后院了，消防官兵有多关心大象……信息通过互联网进入了我们的日常生活，让我们比以前的任何一个时代都要更接近这些庞然大物，我们终于有机会去深入地了解它们。而"了解"，本身就暗示了"爱"的可能。这也许就是《最后的大象》能够传递给读者的——一个"爱"它们，也是爱我们自己的机会。

张弘兆杰：它们或蜷缩在资源匮乏、人迹罕至的荒野，期待用恶劣的环境隔绝威胁；或是在人类定居点的蚕食下，为了生存，不得不冒险走入沦陷的家园。稍有不慎，便会失去性命。这一切，对于我们很多人来说是陌生的，但这不过是我们的历史在异国他乡的回响罢了。小时候，我就知道，上古的中原之地，原本密布大象、犀牛，数量多到可以作为保护性命的盔甲。而大象，也给我们留下了"曹冲称象"这样的精神财富。如今，云南以外的地方，早就看不到这些庞然大物的踪迹，只剩下一座形似大象的小山。而我们，本可以看到无数座活生生的小山漫步在旷野之中。

刘洋： 对于我来说，将本书译为中文，还有另一层乐观的含义。未来有一天（希望不会太久），我期待有研究者、学者、艺术家或者更广泛含义上的作者，用中文来书写关于大象的故事。这个故事不是关于象鼻山和象郡，不是那些已经离我们而去的、历史上的、文献里的，而是玩水了、睡着了、跑进人家后院了、惹消防官兵闹心了的象。它们离我们很近，但是也很远。现在近一些了，但是也还不够近。我希望这样一个中文的故事，会叫作《大象归来》之类的，"最后的"在我看来是悲观了一些……如果历史是螺旋上升的，是没有尽头的，那总该有个参照物吧？要不然我们怎么知道是螺旋上升而不是莫比乌斯环呢？这个参照物可别是大象。

张弘兆杰： 云南以北的大象已经是历史的注脚，而在非洲，它们还有希望。非洲各国的保护事业起伏动荡，受当地政局影响巨大。正如那里的人们正在努力探索如何在外人强加的秩序下共存，人和大象，也在努力适应不断变化的新形势。这不代表我们就能安坐一旁，宽慰自己要相信后人的智慧。也许等不到智慧的后人，非洲的大象就只能留在传说故事和荒野的尸骸里了。行动起来，运用这一代人的智慧，让这些巨兽能够陪伴我们，见证这颗蓝色星球的未来。

刘洋： 有一天我和兆杰也许真的会住进林木中：可能是我们搬到了林木中，也可能是林木长到了我们的家里。亚洲象、雪豹、金丝猴和其他林木中百姓，我们分享林木的馈赠，总有一天，也许吧。

刘洋、张弘兆杰

2022 年 1 月 24 日

最后的大象

ZUIHOU DE DAXIANG

图书在版编目（CIP）数据

最后的大象 / （南非）唐·皮诺克，（南非）科林·
贝尔编；刘洋，张弘兆杰译. --桂林：广西师范大学出
版社，2022.4

书名原文: The Last Elephants

ISBN 978-7-5598-4764-5

Ⅰ. ①最… Ⅱ. ①唐… ②科… ③刘… ④张…
Ⅲ. ①长鼻目－普及读物 Ⅳ. ①Q959.845-49

中国版本图书馆 CIP 数据核字（2022）第 028360 号

广西师范大学出版社出版发行

（广西桂林市五里店路 9 号　邮政编码：541004）

网址：http://www.bbtpress.com

出版人：黄轩庄

全国新华书店经销

广西广大印务有限责任公司印刷

（桂林市临桂区秧塘工业园西城大道北侧广西师范大学出版社

集团有限公司创意产业园内　邮政编码：541199）

开本：889 mm ×1 194 mm　1/16

印张：31　　字数：380 千

2022 年 4 月第 1 版　　2022 年 4 月第 1 次印刷

审图号：GS（2021）7860 号

印数：0 001~6 000 册　　定价：138.00 元

如发现印装质量问题，影响阅读，请与出版社发行部门联系调换。